森林保護学

鈴木和夫　編著

朝倉書店

はしがき

　21世紀に世界が共有すべき基本的な価値の一つとして，自然の尊重が挙げられる．自然とは人間の力を超えた森羅万象である．わが国は国土の7割が森林で，自然と森林は重層している．

　私たち人類は，これまでさまざまな科学技術を駆使して発展してきたが，変わらないことは，決して無機物から有機物はつくりだせないということである．そして，その有機物すなわち地球上の生物資源の9割は森林に存在する．そこにまず，自然の循環系である森林の重要性がある．

　沼田大學『森林保護学』(1950)は森林に加えられる自然災害の予防のために森林危害の発生環境解析を主眼に置いた．その後改訂した四手井綱英『森林保護学』(1976)はさらに人為災害と森林保育の問題を取り上げた．森林に影響を及ぼすストレス因子は生物的ストレスや非生物的ストレスなど無数にあるが，その多くは森林・樹木が生育する自然環境にある．本書は，現在モントリオール・プロセスとして取り組まれている持続可能な森林の観点から，まず「生物多様性の場としての森林」と「森林の活力と健全性」をテーマの主眼に据えて森林保護学を論考した．

　また，わが国では1980年代後半から環境財としての森林に対する関心が高まり，林業と自然保護との調和が検討されるようになった．そしてさらに，2001年に日本学術会議で地球環境・人間生活にかかわる森林の多面的な機能について検討された．近年，地球規模での自然の循環系であるエコロジーと人工の循環系であるエコノミーとの乖離が顕在化して，持続可能な森林の存在が国際的にも注目を集めている．森林・樹木の価値は，歴史的には経済財としての価値であったが，現在は市場の成立しない環境財としての認識が高まりつつある．このような森林の機能は，対価の支払いが行われない外部経済であり，今までこのような機

能については十分認識されてこなかったのである．そこで，本書では「森林の価値」について論及した．

21世紀の森林保護学は，社会の多様なニーズへ対応するための森林について考究する学問といえる．樹木医学がミクロな観点から森林・樹木の活力と健全性を診断しその保全を図る学問であるとすれば，森林保護学はマクロな観点から森林・樹木の健全性を考察しその価値を高める学問といえる．

いずれにしても森林の営みは，空間的にも広大で，時間的にも悠久の世界であって，人の営みのテンポとは大きく異なる．この悠久の世界をどのように考究・評価し，国民の合意を得るのかが，知の世紀といわれる21世紀の課題である．

2004年春

鈴 木 和 夫

執筆者一覧

鈴木 和夫　1944年茨城県生　1973年東京大学大学院農学系研究科博士課程修了
　　　　　東京大学大学院農学生命科学研究科教授・農学博士

中　静　透　1956年新潟県生　1983年大阪市立大学大学院理学研究科博士課程単位取得退学
　　　　　総合地球環境学研究所教授・理学博士

肘井 直樹　1957年愛知県生　1985年名古屋大学大学院農学研究科博士課程単位取得退学
　　　　　名古屋大学大学院生命農学研究科助教授・農学博士

高槻 成紀　1949年鳥取県生　1976年東北大学大学院理学研究科博士課程修了
　　　　　東京大学総合研究博物館助教授・理学博士

樋口 広芳　1948年神奈川県生　1975年東京大学大学院農学系研究科博士課程修了
　　　　　東京大学大学院農学生命科学研究科教授・農学博士

白石　進　1951年長野県生　1976年東京農工大学大学院農学研究科修士課程修了
　　　　　九州大学大学院農学研究院教授・農学博士

寶月 岱造　1947年長野県生　1976年東京大学大学院理学系研究科博士課程修了
　　　　　東京大学大学院農学生命科学研究科教授・理学博士

谷田貝光克　1943年栃木県生　1971年東北大学大学院理学研究科博士課程修了
　　　　　東京大学大学院農学生命科学研究科教授・理学博士

森川　靖　1944年千葉県生　1973年東京大学大学院農学系研究科博士課程修了
　　　　　早稲田大学人間科学部教授・農学博士

太田 誠一　1949年長崎県生　1977年名古屋大学大学院農学研究科博士課程修了
　　　　　京都大学大学院農学研究科教授・農学博士

服部 重昭　1947年岐阜県生　1970年名古屋大学農学部卒業
　　　　　名古屋大学大学院生命農学研究科教授・農学博士

小池 孝良　1953年兵庫県生　1981年名古屋大学大学院農学研究科博士課程退学
　　　　　北海道大学北方生物圏フィールド科学センター教授・農学博士

黒田 慶子　1956年奈良県生　1985年京都大学大学院農学研究科博士課程修了
　　　　　森林総合研究所関西支所生物被害研究グループ長・農学博士

梶　幹男　1946年千葉県生　1982年東京大学大学院農学系研究科博士課程修了
　　　　　東京大学大学院新領域創成科学研究科教授・農学博士

高橋 邦秀　1943年埼玉県生　1969年北海道大学大学院農学研究科修士課程修了
　　　　　北海道大学大学院農学研究科教授・農学博士

松本 陽介　1953年愛知県生　1983年東京大学大学院農学系研究科博士課程修了
　　　　　森林総合研究所海外研究領域長・農学博士

福田 健二　1964年東京都生　1988年東京大学大学院農学系研究科修士課程修了
　　　　　東京大学大学院新領域創成科学研究科助教授・博士（農学）

山本 福壽　1951年岐阜県生　1976年九州大学大学院農学研究院博士課程修了
　　　　　鳥取大学農学部教授・農学博士

吉川　賢　1949年奈良県生　1978年京都大学大学院農学研究科博士課程修了
　　　　　岡山大学農学部教授・農学博士

吉武　孝　1949年熊本県生　1973年宮崎大学農学部卒業
　　　　　森林総合研究所気象害・防災林研究室長・農学博士

伊藤進一郎　1948年三重県生　1973年東京大学大学院農学系研究科修士課程修了
　　　　　三重大学生物資源学部助教授・農学博士

執 筆 者 一 覧

大和万里子	1978年北海道生　2003年東京大学大学院農学生命科学研究科修士課程修了 東京大学大学院農学生命科学研究科博士課程
阿 部 恭 久	1951年神奈川県生　1976年東京大学農学部卒業 森林総合研究所九州支所研究調整官・博士（農学）
渡 辺 直 明	1953年東京都生　1978年東京農工大学大学院農学研究科修士課程修了 東京農工大学農学部助手・農学修士
柴 田 叡 弌	1946年京都府生　1971年三重大学大学院農学研究科修士課程修了 名古屋大学大学院生命農学研究科教授・農学博士
三 浦 慎 悟	1948年東京都生　1973年東京農工大学大学院農学研究科修士課程修了 新潟大学農学部教授・理学博士
田 畑 勝 洋	1943年福井県生　1972年名古屋大学大学院農学研究科博士課程修了 前森林総合研究所研究管理官・農学博士
島 津 光 明	1950年東京都生　1973年東京農工大学農学部卒業 森林総合研究所森林昆虫研究領域チーム長・博士（農学）
蒔 田 明 史	1955年京都府生　1987年京都大学大学院理学研究科博士課程修了 秋田県立大学生物資源科学部助教授・博士（理学）
太 田 猛 彦	1941年東京都生　1978年東京大学大学院農学系研究科博士課程修了 東京農業大学地域環境科学部教授・農学博士
熊 谷 洋 一	1943年東京都生　1972年東京大学大学院農学系研究科博士課程単位取得退学 東京大学大学院新領域創成科学研究科教授・農学博士
下 村 彰 男	1955年兵庫県生　1980年東京大学大学院農学系研究科修士課程修了 東京大学大学院農学生命科学研究科教授・博士（農学）
古 田 公 人	1943年京都府生　1968年京都大学大学院農学研究科修士課程修了 東京大学大学院農学生命科学研究科教授・農学博士

（執筆順）

目　　次

1. 総　　説 ……………………………………………………(鈴木和夫)… 1
2. 生物の多様性の場としての森林 ………………………………………7
   2.1 生物の多様性 ……………………………………(中静　透)… 7
      2.1.1 植　　物 ………………………………………………………8
      2.1.2 菌　　類 ……………………………………(鈴木和夫)… 15
      2.1.3 昆　虫　類 …………………………………(肘井直樹)… 21
      2.1.4 哺　乳　類 …………………………………(高槻成紀)… 31
      2.1.5 鳥　　類 ……………………………………(樋口広芳)… 37
   2.2 分子的にみた森林 ………………………………(白石　進)… 41
      2.2.1 遺伝的にみた森林 ……………………………………………42
      2.2.2 共生系としての森林 …………………………(寶月岱造)… 49
      2.2.3 森林と生物活性物質 …………………………(谷田貝光克)… 57
   2.3 森林が生みだす環境 ………………………………(森川　靖)… 62
      2.3.1 森林と生物生産 ………………………………………………67
      2.3.2 森林と炭素循環 ………………………………………………70
      2.3.3 森林と土壌環境 ………………………………(太田誠一)… 72
      2.3.4 森林と水保全 …………………………………(服部重昭)… 79

3. 森林の活力と健全性 ……………………………………………………85
   3.1 森林・樹木の活力 ………………………………(小池孝良)… 85
      3.1.1 樹木の構造と機能を測る ……………………(黒田慶子)… 86
      3.1.2 樹木の生理を測る ……………………………(小池孝良)… 94

3.1.3　樹木の生態を測る―植物季節― ………………………(梶　　幹男)… 101
　3.2　森林の健全性 …………………………………………………(高橋邦秀)… 109
　　　3.2.1　北方林の健全性 ……………………………………………………112
　　　3.2.2　森林と大気汚染 ………………………………………(松本陽介)… 118
　　　3.2.3　森林の衰退現象 ………………………………………(福田健二)… 123
　　　3.2.4　森林と砂漠化 …………………………………………(鈴木和夫)… 132
　3.3　気象環境の異常 ………………………………………………(山本福壽)… 138
　　　3.3.1　水分環境の異常 ………………………………(吉川　賢・山本福壽)… 139
　　　3.3.2　温度環境の異常 ………………………………………(山本福壽)… 148
　　　3.3.3　気象災害 ………………………………………(吉武　孝・鈴木和夫)… 155

4.　森林保護各論 ……………………………………………………………161
　4.1　生物被害 ………………………………………………………(鈴木和夫)… 161
　　　4.1.1　病　　害 ……………………………………………………………161
　　　4.1.2　樹木病害研究の概観 ………………………………………………165
　　　4.1.3　世界，アジア，日本の主要病害 …………………………………166
　　　4.1.4　松くい虫被害 …………………………………………(福田健二)… 174
　　　4.1.5　ナラ類の萎凋病 …………………………(伊藤進一郎・大和万里子)… 181
　　　4.1.6　複合病害 ………………………………………………(鈴木和夫)… 186
　　　4.1.7　腐朽害 …………………………………………………(阿部恭久)… 193
　　　　　　幹・根の外科手術 ……………………………………(渡辺直明)… 199
　　　4.1.8　虫　　害 ………………………………………………(柴田叡弌)… 205
　　　4.1.9　鳥獣害 …………………………………………………(三浦慎悟)… 219
　4.2　農　　薬 ………………………………………………………(田畑勝洋)… 226
　　　4.2.1　農　　薬 ………………………………………………………………227
　　　4.2.2　生物農薬 ………………………………………………(島津光明)… 236
　4.3　森林・樹木の保護 ……………………………………………(蒋田明史)… 239
　　　4.3.1　保安林と保護林 ………………………………………(太田猛彦)… 240
　　　4.3.2　天然記念物と森林・樹木 ……………………………(蒋田明史)… 247

5. 森林の価値 ……………………………………………………255
5.1 森林の価値とは何か ……………………………(鈴木和夫)…255
5.2 景観としての森林 ………………………………(熊谷洋一)…262
5.2.1 日本の景観と森林 ……………………………………262
5.2.2 森林景観とスケール …………………………………264
5.2.3 森林景観シミュレーション …………………………268
5.2.4 森林景観の創造 ………………………………………272
5.3 ふれ合い活動の場としての森林 ………………(下村彰男)…274
5.3.1 ふれ合い活動の場としての価値の高まり ……………274
5.3.2 ふれ合い活動の観点からの新たな森林の保全・管理 …276
5.3.3 森林環境の保全と管理 ………………………………279
5.4 森林・自然の保護の倫理 ………………………(古田公人)…282
5.4.1 環 境 倫 理 ……………………………………………282
5.4.2 森 林 環 境 ……………………………………………284
5.4.3 森林の保全と倫理 ……………………………………287
5.4.4 環境倫理と環境教育 …………………………………289

索　　　引 ………………………………………………………………291

1. 総　　　説

　森林保護学（forest protection）は，森林・樹木に対する生物的・非生物的要因によって引き起こされる森林・樹木の機能の異常を研究の対象とし，これらの機能の低下を予防あるいは低減する方法について考究するものであった．『森林保護学』(1950) を著した先達沼田大學（図 1.1）は，「森林危害の種類は無数にして（略）加害の因子を気象的，土地的，生物的に分ける場合もあるが，多くの森林危害は生態的因子の異常により起され，しかも単に一つの因子のみによるものでなくて，他の因子と関連してはじめて危害が拡大する」として危害の発生環境の解析が重要であることを指摘している．そして，森林における主要な危害は国により異なり，わが国では風害・雪害・火災，ヨーロッパでは風害・虫害，北米では火災・虫害・菌害・放牧による被害であるとした．これらは当時の世界各国の森林被害の状況を端的に表し

図 1.1　沼田大學

表 1.1　沼田大學著『森林保護学』(1950) 目次

第 1 章	総説
第 2 章	空気の成分［概説，煙害，塩風害］
第 3 章	光線［概説，光線不足，光線過多］
第 4 章	温度［概説，高温，低温］
第 5 章	水分［概説，乾燥，雨，雪］
第 6 章	風［概説，主風，暴風，防風林］
第 7 章	林地の悪化［概説，森林地被採取，粗腐植，木材伐採ならびに集材］
第 8 章	森林火災［概説，森林火災の原因，森林火災の種類，森林火災危険の要因，森林火災の予防，森林火災の消防］
第 9 章	落雷
第 10 章	昆虫［概説，葉を食害する昆虫，分裂組織を食害する昆虫，樹液を吸収する昆虫，昆虫の防除］
第 11 章	鳥獣類［鳥類，獣類］
第 12 章	有害植物［概説，雑草，ヤドリギ類，菌類］

図 1.2　四手井綱英

たもので，わが国では現在でも風害と雪害による気象災害が大きい．当時は生物学的な知見が十分でなかったこともあって，森林保護の対象は専ら森林危害についての自然環境要因の解析に力点が置かれた（表1.1）．そして，「営林の衝に当たるものは（略）危害のいかなるものであるかを判断して，適当の処置を講ずる能力は備えていなければならぬ」ことを強調した．振り返ってみると，わが国の森林保護は，1897年に制定された第一次森林法に遡る．とはいっても，当時は，火災・虫害・森林警察の規定，ただ1か条であった．森林病害虫からの積極的な保護政策は，1950年の「松くい虫等その他の森林病害虫の駆除予防に関する法律」（1952年に森林病害虫等防除法と改称）であったことから，この頃の森林保護の関心は第二次世界大戦中に荒廃した国土の緑化に向けられていた，といえる．

四半世紀が経過して，四手井綱英[注1]（図1.2）は，その後急速に発達して分化した森林保護に関する知見をそれぞれの専門に近い分野の門下生に分担執筆させて，気象災害，生物災害，人為災害とに大括りして（表1.2），改訂した（1976年）．その総説で，「くり返していうが保護を考える前に健全な森林を育成することが肝要なのは自明の理であるとしても，健全な森林とは何かに答えるのはすこぶる困難であり，育林学といわれるもののすべてが，健全な森林造成を目的としていることにもなるのである．」と述べており，初めて森林の健全性とは何かについて言及した．そして，第5章では森林保護学の基礎的課題として，育林的取り扱いの誤りによる不成績造林を取り上げ，木材生産を第一とする林業技術について，健全な森林造成とは何かを問うている．

もともと，森林保護ということばは『広辞苑』にはない[注2]．"The Dictionary of Forestry"[注3]によれば，人間（humans），家畜（livestock），病害虫（pests），

注1)　四手井教授は，所属する造林学という講座名はあまりにも実際的であるとして森林生態学という基礎学名に講座名を変更して，多目的性格をもつ森林が慎重に取り扱われなければならないとした．

注2)　一般に自然保護 nature conservation ということばが用いられ，自然を保護するという概念は，英語では preservation（保存：そのままの推移に任せる），conservation（保全：劣化などを防ぐ），reservation（保全：目的のために取っておく），reclamation（修復，再生（利用）），protection（保護：気を付けて守る）などとして用いられ，それぞれ用い方が微妙に異なる．

表 1.2 四手井綱英編著『森林保護学』(1976) 目次

第1章	総説
第2章	気象災害［陽光，温度，水，雪，風］
第3章	生物災害［昆虫，微生物，鳥獣］
第4章	人為災害［森林火災，大気汚染，林地の悪化，薬品害］
第5章	育林と保護［概説，育林的取り扱いの誤り］
第6章	森林保険

病原体 (pathogens)，気象要因 (climatic agents) によって引き起こされる被害の防除に関する林学の一分野と定義され，被害の予防と駆除に主眼が置かれていて，森林に加えられる人為災害や自然災害などの危害から森林を保護することを指している．この定義は，従来の森林保護学の概念と変わらないが，人為によって引き起こされる要因が強調されている点で大きな変化である．

一方，森林に関する唯一の国際的な研究機関である IUFRO (International Union of Forest Research Organizations, 1892年創設) は，従来六つある研究部門[注4]の一つを森林植物・森林保護 (Division 2 Forest Plants and Forest Protection) にあて，森林保護に関するテーマを取り扱ってきた．しかし，1980年代に森林の衰退現象がヨーロッパで広範囲に顕在化して，北米やわが国でもその原因について検討された結果，森林衰退にかかわる要因として，生物的因子として病害や虫害，非生物的因子として気象害や大気汚染などが挙げられるが，このような要因は俯瞰的に捉えなければならないとされた（図1.3）．このような時代的背景から，IUFRO の Division 2 にかかわる研究者が増大したこともあって再編されて，新たに Division 7 Forest Health（森林の健全性）が創設された (1996年)[注5]．このことは，人間活動に伴う森林環境の悪化が顕在化して，森林保護がより積極的に森林・樹木の健全性について考究すべきことを示している．健全性という概念は，価値観の概念であって，人によって見方が大きく異なるところであり，生物の多様性 (ecosystem health) の観点や持続可能な森林経営[注6]

注3) The Society of American Foresters によって刊行された最新の米国林業辞典 (1998).
注4) Div. 1 Forest Environment and Silviculture (1996年；Div. 1 Silviculture と Div. 8 Forest Environment に再編)，Div. 2 Forest Plants and Forest Protection (1996年；Div. 2 Physiology and Genetics と Div. 7 Forest Health に再編)，Div. 3 Forest Operations and Techniques, Div. 4 Inventory, Growth, Yield, Quantitative, and Management Sciences, Div. 5 Forest Products, Div. 6 Social, Economic, Information and Policy Sciences.
注5) 同部門は，抵抗性，病害，虫害，大気汚染の四つの Research Group に大括りされ，Resistance to pathogens, Root and butt rots, Cone and seed insects, Diagnosis, monitoring and evaluation など31の Working Party で構成されている．

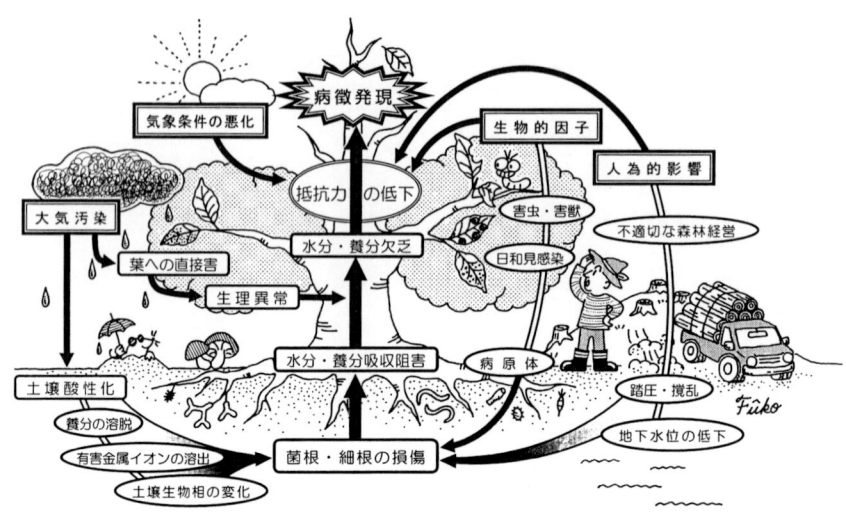

図 1.3 森林・樹木の健全性にかかわる要因

の観点からも，今後の展開が期待される．

わが国では，1980年代後半から環境財としての森林に対する関心が高まり，林業と自然保護に関する検討委員会報告（1988年）[注7]にみられるようにゾーニングによって林業と自然保護との調和が検討されるようになった．さらに地球環境や人間生活にかかわる森林の多面的な機能についても検討された（2001年）[注8]．森林・樹木の価値は，歴史的には木材生産や林産物生産による市場の成立によって取り引きされる経済財としての価値であった．わが国の国内総生産（GDP）は，1996年に500兆円を超えたが，そのなかで，木材の生産額が3,000億円台できのこ類などの林産物の生産額を合わせても6,000億円台とGDPの0.1%を占

注6) 近年，地球温暖化に代表されるように地球規模での環境の悪化に対して森林の重要性が認識されるにつれて，持続可能な森林経営（SFM；Sustainable Forest Management）が検討され，日本，米国，カナダ，ロシア，中国などヨーロッパ以外の温帯林諸国では，モントリオール・プロセスという七つの基準と67の指標が合意された（表1.3）(1995年)．基準（criterion）とは持続可能な森林経営の条件，指標（indicator）とは基準を計測するものである．これらの基準は，将来の世代の要望を満たす能力を損なうことなく現在の世代の要求を満たす森林の具備すべき条件であって，地球上における自然生態系の持続性（sustainability）が前提であることは論を待たない．

注7) 知床国有林や白神国有林などで天然林における林業活動と自然保護との間に意見の不一致が生じたことから，林野庁長官のもとに設置された委員会．

注8) 人の価値観やライフスタイルが変化するなかで，人間生存の根本にかかわる農林水産業の多面的な機能の定量的な評価が，農林水産大臣から日本学術会議に諮問され，翌年答申されて世間の注目を集めた．

表 1.3 モントリオール・プロセスの七つの基準

1. 生物多様性の保全
2. 森林生態系の生産力の維持
3. 森林生態系の健全性と活力の維持
4. 土壌および水資源の保全と維持
5. 地球的炭素循環への森林の寄与の維持
6. 社会の要望を満たす長期的・多面的な社会・経済的便益の維持および増進
7. 森林の保全と持続可能な経営のための法的,制度的および経済的枠組み

めるにすぎない.このように,自然の構成要素である森林・樹木の経済財としての価値は現在著しく低く見積もられている.そこで,GNPなどの経済的な指標は,天然資源の枯渇や環境の負荷の影響を受けないために真の豊かさを表していないとする批判に対して,環境政策と経済政策とを両立させる環境・経済勘定システム,いわゆるグリーンGDP[注9]の検討が進められている.森林・樹木の木材生産以外の機能は,市場の成立しない環境財であり,そのサービスに対して対価の支払いが行われない外部経済[注10]として認識される.このような機能は,自然環境保全,生活環境保全,教育・文化などのまさに人間生存の基盤に寄与する機能であって,森林生態系の複雑な仕組みによって成り立っているのである[注11].

20世紀の科学技術の目覚ましい進歩と近年のコンピュータの発達によるIT革命によって,ヒトは自然からあるいはこころの豊かさからさらに遠ざかる社会の仕組みがつくり上げられようとしている.このようななかで,ものの豊かさからこころの豊かさを重視する新しい価値観の転換が求められている.2000年9月の国連ミレニアム宣言は,21世紀に世界が共有すべき基本的な価値の一つとして,自然の尊重を取り上げている.自然は人間の力を超えた森羅万象である.わが国は国土の7割が森林であり,自然と森林とは重層している.このように考えると,21世紀の森林保護学は,人間生存のための森林の価値を究め,社会の多様なニーズへ対応するための森林機能を維持し,より積極的に森林の健全性を経

注9) 環境政策の見地から,環境悪化を貨幣評価換算して国内純生産から差し引いたもので,環境・経済統合勘定と呼ばれる.

注10) 経済活動は一般に市場での売買を通じて行われているが,市場外で何らの対価を支払わずにプラスを与えることを外部経済,マイナスを与えることを外部不経済という.環境問題の多くは外部不経済である.

注11) たとえば,森林生態系は,生産者としての植物界,消費者としての動物界,還元者としての菌界という生物界から成り立っているが,その構成要素の一員であるたった一個の個体(ヒト)であっても60〜100兆に及ぶ細胞から成り立っているのであって,その詳細は一生かかっても解き明かされそうもない.

済財として環境財として考究する学問といえる.

(鈴木和夫)

文　献

1) Helms, J. A. (ed.): The Dictionary of Forestry, 210p, Society of American Foresters, 1998
2) 片桐一正：これからの森林保護―考え方と技術開発の方向―. 山林 **1309**, 2-9, 1993
3) Larcher, W.: Physiological Plant Ecology (4th ed.), 513p, Springer, 2003
4) 日本学術会議：地球環境・人間生活にかかわる農業及び森林の多面的な機能の評価について（答申）, 104p, 日本学術会議, 2001
5) 日本林業技術協会（編）：森林・林業百科事典, 1236p, 丸善, 2001
6) 沼田大學：森林保護学, 244p, 朝倉書店, 1950
7) 太田猛彦他（編）：森林の百科事典, 826p, 丸善, 1996
8) 林業と自然保護に関する検討委員会：林業と自然保護に関する検討委員会報告, 24p, 林野庁, 1988
9) 四手井綱英：森林の価値, 228p, 共立出版, 1973
10) 四手井綱英（編著）：森林保護学, 236p, 朝倉書店, 1976
11) 鈴木和夫：樹木医学, 325p, 朝倉書店, 1999

2. 生物の多様性の場としての森林

2.1 生物の多様性

　1992年のリオデジャネイロ地球サミット以来，生物多様性（biological diversity, biodiversity）は重要な地球環境問題として捉えられるようになった．陸上における生物多様性消失の大きな理由として森林をはじめとする生息環境の消失がある．森林は陸上生態系のなかで最も高い生物多様性をもつ．したがって，生物多様性の保全のためには森林生態系の適切な管理が重要である．
　一方，森林の持続性を考える上でも生物多様性が重要視されるようになった．森林生態系はそれを構成する多様な生物によって多様な機能が発揮される．それぞれの生物は生態系のなかで役割をもち，複雑な相互作用のネットワークを形成している．その結果として，生態系の機能が発揮される．こうした生態系機能の一部が資源や生態系サービス（公益的機能）として人間に利用される．本来の生物多様性が保たれた森林はこうした生態系機能や生態系サービスの発揮に優れていると考えられている．
　生態系の存続はこうした生物間相互作用の存続そのものであるため，ある構成要因を欠くことが重要な相互作用系を失うことにつながり，ひいては生態系全体の変貌を引き起こす可能性がある．植物間の相互作用，花粉を運ぶ動物と植物，植食者と植物の防衛機構，土壌動物と分解，植物と菌類の物質交換と共生，および鳥・哺乳類の役割などは，健全な生態系を持続させるために必要な基本的メカニズムである．
　近年，持続的森林経営が世界的に重視され，その基準づくりが急がれている．モントリオール・プロセス，ヘルシンキ・プロセス，ITTO（国際熱帯木材機関）の基準などにも生物多様性が重要な指標として含まれているのは以上のような理由による．しかし，実際にはこれまでの森林管理や森林保護学のなかでは木材などの目的とする資源や樹種を効率よく生産するために，むしろ生物多様性は失われてきた．短期的に効率のよい生産を考えた森林管理ではなく，目的資源以外の

資源や生態系サービスを長期間で最大化するという発想から生物多様性を考える必要がある．

とはいえ，生物の種類は多く，その把握や管理には膨大な情報が必要である．特に熱帯林などでは人類が記載する前に絶滅している生物がたくさんあると考えられている．また，数多くのフィードバック機構を内在した相互作用系をもつため，わずかな初期条件の違いが大きく異なった結果につながる．このように，生物多様性の制御やそれを管理する手法は，大きな情報量と本質的に予測性の低いシステムをもつことが大きな特徴であるため，急速に研究が増えているにもかかわらず，今後の研究の発展に待つところが大きい．この章では，森林保護学の一環としての生物多様性研究についてみてみたい．

2.1.1 植　　物
a. 森林における植物の多様性を決める要因

自然状態での森林の植物多様性を決定する要因としては，①進化的・生物地理学的な歴史，②気候条件，③局所環境とその不均一性，④階層構造，⑤生物間相互作用，⑥攪乱，⑦確率過程が考えられる[1]．最初の2要因が主として地域の植物相（フロラ，flora）の形成に関与するグローバルな要因であるのに対して，続く4要因は地域の森林の群集組成に影響する要因である．最後の確率過程は他の要因とは異なった側面をもつが，最近注目されている要因でもある．

歴史的過程は，その地域のフロラの大枠を決定する．植物の進化は地球の歴史とともに起こっており，大陸移動とともにそれぞれの大陸に特有な生物相が形成されてきたし，氷期の大陸氷床の有無（北米やヨーロッパでは氷期に大陸氷床に覆われていたが，ユーラシア東岸ではそれを欠いていた）や氷床から解放された後の時間によって，フロラやその豊富さが異なる．また，日本のような島嶼環境では，大陸との連結・遮断の歴史がフロラの形成に重要な影響を及ぼしている．

気候条件に伴って植物の多様性が変化することは顕著な事実として知られているが，そのメカニズムは意外にも明らかになっているとはいえない．一般に，高温で湿潤な気候では植物の多様性が高く，低温になるほど，あるいは乾燥するほど多様性が低下する．このことから，生物生産力が植物の多様性を決めるとする考え方があるが，理論的には生産力が高いところで必ずしも多様性が高くなるとはいえず，むしろ種間競争が激化することで競争に強い種が優占して多様性は低下するとも考えられる．一方では，生産力と並行した森林構造の変化（生産力の

高い森林では森林構造が複雑で階層構造が発達して多種の共存が可能である)[2]，生育不適期間の長さと更新（低温や乾燥などで生育期間が限られると，更新のチャンスも時間的に集中するので多種が共存できない)[3]，葉の物質経済のちがい（物質生産に適した季節が長いほど葉のコストパフォーマンスが上がり，生育できる種類が多くなる)[4]などが多様性を決定するメカニズムとしては有望かもしれない．他にも，いくつかの説があるが，熱帯から極地方への大きな多様性の傾度は未だ十分に説明されてはいない．

　植物種の成長や生残は特定の環境に対して種特異的に反応する．たとえば，乾燥に強い種もあれば弱い種もあり，強い光条件を必要とする種もあれば弱い光条件で生残可能な種もある．環境がまったく均一なら，競争的排除理論により競争に強い1種が他種を排除する．しかし，そのような生態的地位（ニッチ，niche）の異なる種は，環境に不均一性があれば共存できる[5]．したがって，ある地域内に環境の不均一性がどの程度存在するのかは，種多様性を左右する．

　森林では，樹木によって主として光条件の垂直的な不均一環境（階層構造）が形成される．林冠部から林床に向かって，豊富な光資源が急速に減少していく．この垂直的な階層構造のなかでは，樹木の最大サイズと成熟個体当たりの稚樹新規加入率のトレードオフがあれば，共存が可能であることが理論的に示されている（森林構造仮説[2]）．簡単にいうと，最大サイズの大きな林冠木となりうる樹木は生存率が高い代わりに新しい個体の加入は少なく，低木は死亡率が高い代わりに常に新しい個体の加入がある，という状況があれば共存できるのである．

　植物は他の生物と数多くの相互作用をもっている．花粉の媒介や種子散布などは，どの生物と相互作用をもつかによって遺伝子の移動距離や子孫の定着の機会が異なる．このことが，攪乱や環境の条件によって種間の適応度（fitness）の差を生じさせる．また，菌根菌などとの共生により栄養塩と炭水化物の交換を行うことで成長速度が変化する場合もあり，共生菌にとっての好適な環境の有無が適応度につながる．歴史的（進化的）過程や環境によって，植物が特定のパートナーとの相互作用をもちうるか否かが決まる場合もある．

　種子散布の適応的意義として知られている，母樹周辺での高い死亡率回避仮説（いわゆるヤンツェン-コンネル仮説)[6]は，熱帯林の樹木の多様性を決定する要因として注目されている．樹木の更新が，林冠木の枯死によって生じた林冠ギャップで起こり，ある種の枯死後にその後継となる樹種が，それぞれの樹種の種子を散布しうる確率で決まるとするとき（ロッタリーモデル)[7]，母樹周辺で稚樹の

高い死亡率があると，同種が後継樹種となる確率は低くなる．したがって，このようなメカニズムがあると，森林にはより多様な樹種が共存できる．

攪乱に対する適応は，光条件（強光条件か耐陰性か）やデモグラフィー（小種子多産か大種子少産か）といった分化を起こしてきたと考えられている[1]．大きな種子ほど暗いところでの生存率は高いが生産できる種子の数は少ない．一方，小さな種子は遠くに多数の種子を散布できる代わりに，明るい場所（攪乱を受けたばかりの）でしか生存できない．攪乱の強度や頻度が高い場合には攪乱に適応した種が優占するが，攪乱の強度や頻度が低い場合には安定した林内に適応した種が優占するので，中規模の攪乱レジーム（disturbance regime）をもつ群集で多様性は最大になると考えられている（中規模攪乱説）[8]．一般に，自然の攪乱レジームは気候条件に伴って変わる場合が多い．たとえば，大陸の東岸は湿潤な気候がある一方台風などの影響を受けやすいし，乾燥気候では山火事の頻度が高くなる．また，地形の急峻な場所では斜面崩壊や地すべりなども起こりやすい．したがって，これまでは攪乱の影響が気候や地形などの条件と混同される場合も多かった．しかし，人間活動の影響による攪乱は気候条件とは独立な場合も多く，多様性に大きな影響を与えることは明白である．

最近は，以上のような各樹種の生態的地位の分化だけではなく，確率的な過程も多様性を決定する要因として論じられるようになった[9]．林冠ギャップなどのように樹木の更新が起こる場所に，すべての樹種の種子や実生が常に到達できれば，後継樹種はその場所の環境や各樹種の特性によって決定論的に決まる．しかし，すべての樹種が常に到達できない場合には，後継樹種は確率的に決まることになる（新規加入制限，recruit limitation）．その場合，森林の種組成は平衡状態ではなく，確率過程の優占する非平衡的状態（non-equilibrium）にあるといわれる．確率過程の貢献度は森林によって異なり，たとえば熱帯林では大きく温帯林では低いと考えられている[1]．

b. 森林施業と植物多様性の制御

森林の施業や管理として植物の多様性を制御することは，基本的に以上のような自然状態での多様性を決定メカニズムに応用することである．ただし，歴史的要因や気候条件，および確率過程に関しては，森林管理として現実的な方法をとれない．したがって選択可能な管理手法は，①環境の不均一性を考慮した樹種選定，②森林の垂直構造を考慮した植物間の競争制御，③生物間相互作用を考慮した群集管理，④施業による攪乱の調節，という四つに整理できる．また，これら

のメカニズムはそれらが主として働く生活史段階が異なっている（図2.1）．

施業を含む森林管理が植物の種多様性に及ぼす影響に関しては，近年急速に研究が進みつつあるが，具体的な適用のためにはまだ情報が不足している．特に，日本では経済

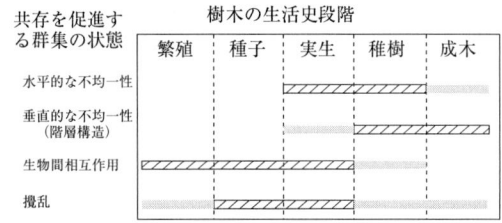

図2.1 森林樹木の共存を促進するメカニズムとそれが機能する樹木の生活史段階（文献[1]より改変）
斜線の部分ではそのメカニズムが特に強く働く生活史段階を示す．

樹種を対象とした施業方法の技術開発には多くの研究があるものの，それ以外の植物種の多様性を評価した研究はわずかである[11,12]．

環境の不均一性は，程度の差こそあれ，どこにでも存在する．生物多様性を保った森林管理のためには，環境に応じた樹種選定やゾーニングが重要である．環境条件を無視した大面積の一斉造林は，それ自体が樹木の多様性を大きく損なう施業である他，局所的な成長の低下や造林の失敗を招く可能性もある．したがって，環境条件を考慮した細かな樹種選定を行うことで，自然条件にあったかたちで生産性も高めることができる．また，モザイク状の森林配置をとることで，樹木以外の生物の多様性も高める可能性がある．一方では，植栽樹種自身が移入種で地域固有の生物層に影響を及ぼす場合もある．これらを考慮することは，一般的に適地適木といわれる技術に含まれるのであるが，生物多様性や森林の健全性が重要視される現在，あらためて見直すべき基礎だと考える．

森林の光環境とその空間分布を変えることで，樹種や林床植物の多様性を制御できる．天然林の林床は，林冠木の組成が多様であることや，林冠ギャップなどがあることなどにより，光環境が不均一であり，そのことが植物の多様性を高める要因となっている．林分内での樹木の齢分布の制御により階層構造が変化し，植物の多様性も影響を受ける[13]．しかし，人工一斉林の林冠がうっ閉した林分では，極端に貧弱な林床植生となる．植栽樹種の選定や，間伐枝打ちなど林冠層の調節によって，下層植物の多様性は大きな影響を受ける．また，林床のササ類を除去することで林床植物の種多様性が増加することも知られている．これらは階層構造のコントロールに他ならない．

生物間相互作用は複雑なフィードバック機構とネットワーク構造をもち，カオス的な変動も多いため，その制御は技術的にも難しい．しかし，樹木の更新や森

林の持続性に決定的役割をもつケースも多い．たとえば，送粉や種子散布の共生パートナー消失は，その樹種の繁殖や更新を大きく妨げる．このことは，林分単位ではなく，他の土地利用など景観レベルの影響も受ける．移入された動物によって，在来の送粉者個体群が影響を受け，植物の繁殖にも影響を与えることが危惧される場合もある．また，天敵の多様性減少が害虫の個体群動態に大きく影響するという理論的研究もある[14]．

人工林の樹種選択がもたらすリターの性質変化が林床植生に影響したり，倒木が特定の植物の発芽床として機能したりすることもある．一方，伐採時に大径の樹木を残したり，倒木をあえて林内に放置したりすることが特定の動物相の多様性に影響する例が知られており[15]，これらが送粉・種子散布動物や害虫の天敵などの個体群動態に影響する可能性もある．しかし，これら具体的な施業方法が動植物相互作用を通じて森林の持続性に与える影響に関する研究は，まったく情報不足である．

森林の施業や管理の多くは，人為的な攪乱のコントロールともいえるだろう．伐採の強度（皆伐(かいばつ)，択伐(たくばつ)，帯状伐採，母樹保残など）や伐期は攪乱の強度や頻度を変化させることと置き換えて考えられる．また，搬出作業や更新のための林床処理，里山の落ち葉かきなどは地表攪乱として位置づけられるだろう．これまでは，いろいろな施業方法が目的樹種の更新や成長，経済性という点から評価されてきたが，植物の多様性という点からの評価はまだ不十分である．

皆伐後の植生変化は生態遷移や植生の回復過程として古くから研究があるが，最近は種多様性に注目した研究が増えている[12]．また，持続的な森林管理手法を模索する最近の研究動向のなかで，択伐，傘伐(さんばつ)などより穏やかな施業方法に対する評価も増えてきた[16]．また，さまざまな森林の利用形態や施業方法を植物多様性から評価する試みも必要であるが，実際の適用を考えると情報としてはまだ不十分である．

c. 生物多様性と森林保護を考える上で考慮すべきこと

生物多様性の保全を考えるということは，ただ単に出現種数が大きい，あるいは多様度指数の高い森林型をつくるということではない．種の豊富さは一つの指標であって，どのような生物多様性を保全するのかを考慮する必要がある．その意味では，絶滅危惧種，希少種，固有種といった生物の歴史性や地理分布を特徴的に示す種を保全することが優先される．地域に固有な植物，森林，あるいは遺伝子は，その地域特有の環境とそこでの進化的歴史の結果である．したがって，

生物の多様性を保全することは，地域の環境や撹乱レジーム，生物間相互作用などの特殊性を保全することでもある．

また，キーストン（keystone）種（多くの種の生存の要となる役割をもつ種で，その種の消失が生態系全体の大きな変化を引き起こす），アンブレラ（umbrella）種（広い行動圏をもつ動物や食物網の頂点に位置する種などは，その種が生存する条件を満たせば多くの種の生存が確保される）などは生態系において重要な役割をもつ[17]．森林の場合には，樹木の個体群維持や森林の自己維持システムを保存するのに重要な種群がある．たとえば，送粉昆虫や種子散布動物，およびそれらの生活にとって重要な植物である．送粉昆虫のなかには，幼虫時に別の植物を重要な資源としている種があるし，種子散布動物のなかにはその樹木の結実期以外で重要な餌資源となる別の植物が必要な場合もある．このような種間相互作用のネットワークを損なわないかたちで森林を保全することが生物多様性保全の難しい点である（図2.2）．

一方，単に林分レベルでの種多様性が重要なだけでなく，景観レベルでの考慮も必要である．キーストン種やアンブレラ種には広域な行動圏をもつ動物が多く，それらの動物と相互作用をもつ植物も広域な範囲で影響を受ける．人間活動の影響が強い景観域では，森林など生物の生息環境が断片化・孤立化しているた

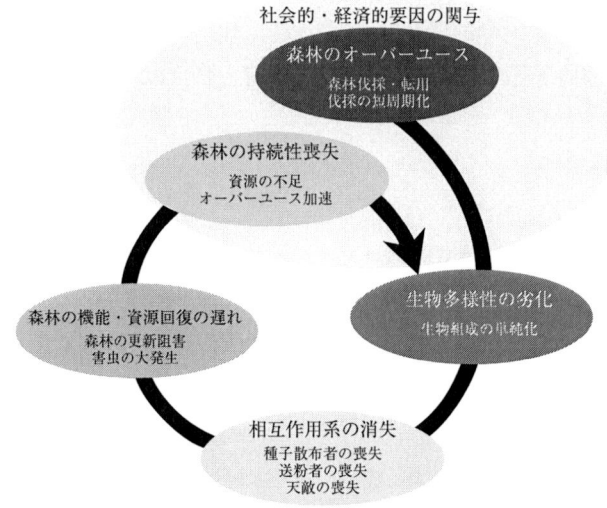

図2.2 森林の持続性と生物多様性消失の加速ループ

め,個体群が過小となり,遺伝的な多様性が失われたり,相互作用パートナーを失ったりすることで絶滅の確率を増す.断片化の影響については近年研究例が急増しており,孤立化（isolation）[18]や林縁効果（edge effect）などの知見は増えているが[19],生物間相互作用に与える影響などについては不明な点が多い.寿命の長い樹木の場合には,すぐに個体群の変動と結びつかない場合があるが,世代交代時に個体群の危機が突然訪れることもあるだろう.

　また,地域の植物相全体に対するそれぞれの森林タイプの貢献度は異なっている.一般には原生林などの人間活動の影響が少ない森林に重要な種が多いと考えられているものの,実際に絶滅が危惧されている種の多くは里山など人間活動の影響で個体群を存続させてきたと考えられる種も多い.また,人工林の貢献度もあきらかでない.したがって,各種の森林タイプが地域全体のフロラ構成にどう貢献しているかを定量的に評価しなくては有効な保全策が立てられない.とはいえ,森林タイプごとに用途が異なっているわけであるから,それぞれの森林タイプが期待されている経済的・社会的・生態学的価値を判断した上でのゾーニングや配置を考える必要がある.

　生物多様性が森林の持続性の指標となるのは,これら多様性がもつ生態系機能や生態系サービスの存在によるところが大きい.しかし,その実態に関する情報はまだまだ不足している.特に,これまでは自然状態での多様性維持機構が主として研究されてきたが,人間活動が森林生態系の自己維持機能,あるいは森林の管理にもたらす影響に関する研究はまだ端緒についたばかりといえる.これまで林業の目的樹種の生産性や管理に集中して蓄積・開発されてきた情報と技術を他の生物群に向ける必要がある.

（中静　透）

文　　献

1) Nakashizuka, T. : Species coexistence research in temperate, mixed deciduous forests. *Trends in Ecology & Evolution* **16**, 205–210, 2001
2) Kohyama, T. : Size-structure-based models of forest dynamics to interpret population-and community-level mechanisms. *Journal of Plant Research* **107**, 107–116, 1994
3) Iwasa, Y. *et al.* : Modeling biodiversity : Latitudinal gradient of forest species diversity, Biodiversity and Ecosystem Function (Schulze, E. D. and Mooney, H. A. eds.), pp.433–451, Springer, 1994
4) Kikuzawa, K. : Geographical distribution of leaf life span and species diversity of trees simulated by a leaf-longevity model. *Vegetatio* **122**, 61–67, 1996

5) Pacala, S. and Tilman, D. : Limiting similarity in mechanistic and spatial models of plant competition in heterogeneous environments. *American Naturalist* **143**, 222-257, 1994
6) Janzen, D. H. : Herbivores and the number of tree species in tropical forests. *American Naturalist* **104**, 501-528, 1970
7) Chesson, P. L. : A need for niche? *Trends in Ecology & Evolution* **6**, 26-28, 1991
8) Connell, J. H. : Diversity in tropical rain forests and coral reefs. *Science* **199**, 1302-1309, 1978
9) Hubbell, S. P. : The Unified Theory of Biodiversity and Biogeography, 375p, Princeton University Press, 2001
10) Nakashizuka, T. *et al*. : General conclusion : Forest community ecology and applications, Diversity and Interaction in a Temperate Forest Community, Ogawa Forest Reserve of Japan (Nakashizuka, T. and Matsumoto, Y. eds.), pp.301-313, Springer, 2002
11) 長池卓男:人工林生態系における植物種多様性.日本林学会誌 **82**, 407-416, 2000
12) 長池卓男:森林管理が植物種多様性に及ぼす影響.日本生態学会誌 **52**, 35-54, 2002
13) Hunter, M. L. Jr. (ed.) : Forest Ecosystems, 698p, Cambridge University Press, 1999
14) Wilby, A. and Thomas, M. B. : Natural enemy diversity and pest control : patterns of pest emergence with agricultural intensification. *Ecology Letters* **5**, 353-360, 2002
15) Lindenmayer, D. B. and Franklin, J. F. : Conserving Forest Biodiversity, 351p, Island Press, 2002
16) Johns, A. G. : Timber Production and Biodiversity Conservation in Tropical Rain Forests, 224p, Cambridge University Press, 1997
17) 鷲谷いづみ・矢原徹一:保全生態学入門, 270p, 文一総合出版, 1996
18) Iida, S. and Nakashizuka, T. : Forest fragmentation and its effect on species diversity in suburban coppice forests in Japan. *Forest Ecology and Management* **73**, 197-210, 1995
19) Bierregaard, R. O. Jr. *et al*. (eds.) : Lessons from Amazonia, 478p, Yale University Press, 2001

2.1.2 菌　　類

　生物は，リンネ（C. von Linné）[注1]によって初めて植物と動物の2界（kingdom）に分けられた．その後，3界，4界，5界，8界などの説が提案されたが，いずれも植物についての新しい区分の試みである．現在最も広く受け入れられているホイッタッカー（R. Whittaker）の5界説（1969年）では，生物界は，原核生物[注2]のモネラ界，真核生物[注3]の原生生物界，植物界，動物界，菌

注1) スウェーデン生まれ（1707-1778）．ウプサラ大学医学部教授，植物園長．わが国の植物を世界に紹介してに馴染みの深いツンベルグ（C. P. Thunberg）やシーボルト（P. F. von Siebold）らはリンネと同じく医者である．リンネは，世界で最初に自然物を区分して，植物・動物・鉱物に分けた（1735年）．

界に区分される．

a. 菌類とは

菌類を定義することは難しいが，一般に「きのこ・かび[注4]などの変形菌・真菌類の総称」(『広辞苑』)，あるいは「古くから植物に含まれ，光合成を行う藻類に対して光合成を行わないものを一括して菌類」(『生物学辞典』)と定義されている．共通した特徴は，葉緑素を欠く従属栄養生物で，菌糸または酵母として先端成長を行って生育する真核生物で，約5,000属，5万種を超える生物群である．

菌類の分類学的取り扱いには異論が多いが，現在は以下の分類が広く用いられている．

Ⅰ　変形菌類
Ⅱ　真菌類
　　　鞭毛菌類，接合菌類，子のう菌類，担子菌類，不完全菌類

変形菌類は粘菌類（slime moulds）ともいわれ広義の菌類の中に入れられているが，細胞壁をもたない菌類であり，他の細胞壁をもつすべての菌類（真菌類）とは菌体の仕組みがきわめて異なっている．菌体は，一定の形をもたない原形質の変形体で，細胞壁をもたず多核である．しばしば直径数cmの粘液塊となり，肉眼でも見ることができる．変形体は，アメーバ状に運動しながら，腐朽材の上などに存在する細菌や酵母菌などを捕食して成長する．やがて十分に成熟すると，胞子のうをつくり，その中に多数の胞子が形成され放出される．

真菌類は，進化の順に，鞭毛菌類，接合菌類，子のう菌類，担子菌類の四つに分けて考えられ，これらに有性生殖の過程が知られていないかあるいはない不完全菌類を加える（図2.3）．

鞭毛菌類と接合菌類は，菌糸体に隔壁（隔膜，septa）を欠くもので，従来外観上から藻菌類と呼ばれてきた．鞭毛菌類は，有性生殖によって鞭毛をもつ運動性の胞子（遊走子，zoospore）がつくられる菌類の総称である．接合菌類は，有性生殖器官として，接合型の異なる（＋と－）菌糸上に配偶子のうが形成され，これらが融合して接合胞子がつくられる．この接合胞子は発芽して胞子のうをつ

注2) 核膜をもたず細胞小器官が分化していない細胞（原核細胞）からなる細菌類などの生物．真核生物の対語．
注3) 核膜に包まれた核，すなわち真核を有する細胞（真核細胞）からなる生物を指し，細菌類などを除いたすべての生物．
注4) きのこを生じないものの総称．

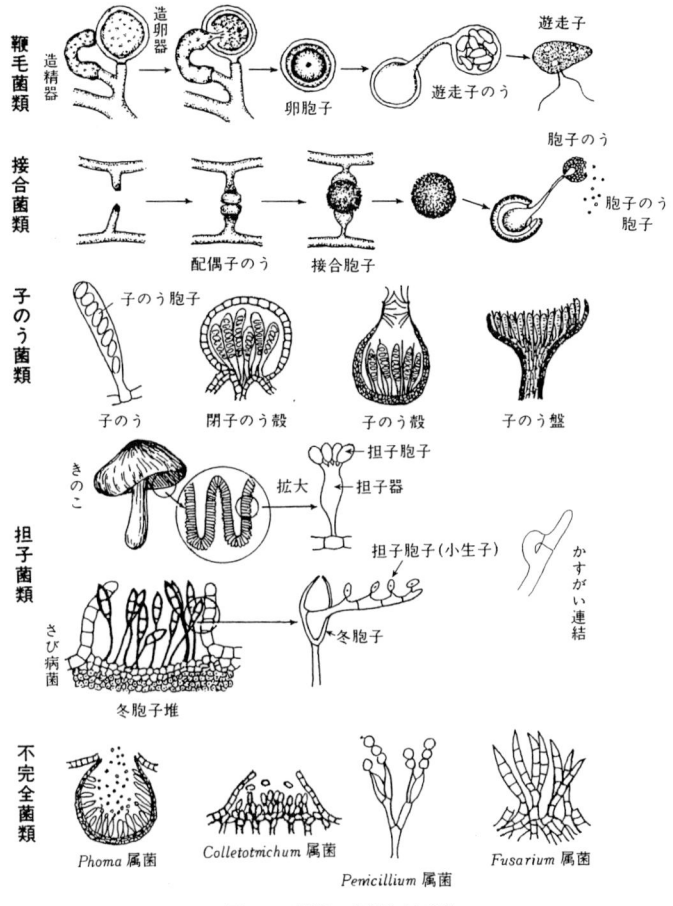

図 2.3 菌類の分類と子実体
子実体 (fruit body) とは胞子を生ずる菌糸組織の集合体の総称である.

くり,胞子のう内で鞭毛をもたない非運動性の胞子(胞子のう胞子,sporangiospore)がつくられ放出される.最近,森林においてその役割が注目されている共生菌のうち,内生菌根菌のほとんどは接合菌類の Endogone 属に属する.

　子のう菌類は,酵母菌のように微小で単細胞のものから,アミガサタケのように高さ 10 cm 位の子実体をつくるものまで多様である.有性生殖器官として,子のうと呼ばれるふくろ状の容器をつくり,その中に通常 8 個の有性胞子(子のう胞子,ascospore)をつくる.

担子菌類は，きのこと呼ばれる大型の子実体をつくるものが多い．有性生殖器官としては棍棒状または逆とっくり形の大型の担子器と呼ばれる細胞をつくり，その上に通常4個の有性胞子（担子胞子，basidiospore）をつくる．有性胞子の発芽による一次菌糸どうしの体細胞接合によってできた二次菌糸は，特殊な細胞分裂の結果，かすがい連結というかすがいを形成するものが多い．

不完全菌類は，新たに有性生殖が明らかにされると，分類学上正式な分類群が決められて，新たに学名が付けられる．その結果，無性（不完全）世代（asexual form, imperfect stage）と有性（完全）世代（sexual form, perfect stage）のそれぞれの名称をもつことになる．このような多型性（pleomorphism）をとる菌類の分け方として，アナモルフ（anamorph）とテレオモルフ（teleomorph）があり，従来用いられてきた無性世代と有性世代とに対応している．

b. 菌類の生態

菌類の営みは，食物源が動・植物の死体などである場合（腐生菌），生体である場合（寄生菌），共生を営む場合（共生菌）など多様である．このような食物源，すなわち栄養要求の違いは，それぞれにはっきりとした区別があるわけではない．生物の進化の方向が特殊化に向かう方向であるならば，腐生菌は原始的な菌類で，共生菌がより進化した菌類と考えられる．これらの菌類の寄生性の比較を表2.1に示した．

菌類はその生息環境を区分して，土壌菌類，空中菌類，水生菌類などと呼ばれる．一方，菌類のなかには，高浸透圧を好む好濃性菌類（osomophilic fungi）や40℃以上の高温で良好な生育を示す好熱性菌類（thermophilic fungi）などの異常環境で良好な生育を示す菌類が知られている．

一方，菌類の生育する宿主を区分して，菌生菌類，線虫寄生菌類，昆虫寄生菌類など，また，分解有機物を区分して，落葉層分解菌類，木材腐朽菌類，糞生菌類などと呼ばれる．

森林における菌類の生態について，ここでは森林の営みと関係が深い森林の更新および樹木との共生に関する事象について述べ，菌類による病気の記述については4.1.1項「病害」を参照されたい．

表 2.1 菌類の寄生性の比較

寄生性		病原性		菌類
		侵略力	発病力	
腐生菌		無	—	シイタケ
寄生菌	条件的寄生菌	弱	強	炭疽病菌
	条件的腐生菌	中	中	スギ赤枯病菌
	絶対寄生菌	強	弱	さび病菌
共生菌（菌根菌）		有	無	マツタケ

c. 森林の更新に関与する菌類

森林の更新に菌類が密接に関与している事象には，「ブナは，数年に一度の豊作年に大量の種子が林床に落下して翌春多数の稚苗が出現するが，秋にはそのほとんどが消失し生残率はきわめてわずかである」という現象に関与する苗立枯病，「北海道ではトドマツ林を登っていくと次第にエゾマツ林に移行する」という現象に関与する雪腐病がある．このような菌害によって天然更新の成否が決定されるとする説は菌害回避更新論と呼ばれる (4.1.3.d 項参照).

わが国の森林における菌類の生態について多くの知見が明らかにされたのは，被害材積 2,000 万 m^3 をはるかに超す未曾有の被害を引き起こした洞爺丸[注5]台風であった．当時，石狩川源流原生林は，第二次世界大戦によってわが国の森林が荒廃するなかで至宝的な森林であり，その学術上の総合調査が 1952 年から開始されていた．折しも，瞬間最大風速 50 m を超す台風によって，石狩川源流の林齢 150〜250 年の一見健全にみえたエゾマツ・トドマツの原生林は，壊滅的な打撃を受けた．その後の調査によって，風害木の 80% 以上は菌害木であり，主要な菌害は樹木の生きている部分から侵入する根株腐れであった．風害後，エゾマツにはヤツバキクイムシが，トドマツにはトドマツキクイムシが加害して風害被害に追い打ちをかけ，さらにならたけ病の被害が広まって，風害を免れた森林をも崩壊させるに至った．このことを契機に，菌類が森林の更新過程に密接に関与していることが明らかにされたのである．

d. 樹木との共生―菌根共生―

自然界では，ほとんどの植物の根は菌類と共生 (symbiosis) している．この共生系では，菌類は土壌中の窒素，リン，カリウムなどの無機養分や水分を効率よく吸収して植物に与え，植物は光合成によって得た有機物を菌類に与えている．この菌類と根の共生関係を初めて菌根 (mycorrhizae) と名づけたのは 19 世紀末トリュフ (truffle)[注6] の栽培に取り組んだフランク (A. B. Frank) であった (1885 年)．菌根菌は，森林のバイオマスに占める割合はわずかであるが，純生産量 (net primary production) に占める割合は 15〜75% にも達して，森林の炭

注5) 青函連絡船の船名．1954 年 9 月 26 日の台風 15 号によって洞爺丸他 4 隻が函館沖で沈没し，1,430 名が死亡した．

注6) 食用きのこでフランスではセイヨウショウロ *Tuber melanosporum* (子のう菌盤菌類) が珍重されている．菌根性きのこで地中で生育するため，匂いに敏感なイヌやブタを訓練して採集する．世界的珍味のフォアグラはトリュフとアヒルの肥大させた肝臓を食材とする．

素循環において大きな比率を占めている．また，土壌中では比較的溶けにくく輸送されにくいリンは，菌根菌の菌糸によって容易に取り込まれ宿主に輸送される．さらに，根を取り囲む外生菌根菌の菌鞘（きんしょう）は他の土壌微生物の侵入に対して防御壁となり，生物的・非生物的ストレスに対して耐性を高める機能をもつと考えられている．

菌根は，根の外側を覆う菌鞘の有無や皮層細胞内の菌糸の有無によって，外生菌根（ectomycorrhiza），内外生菌根（ectendomycorriza），内生菌根（endomycorrhiza）などに分けられる．外生菌根は，ハルティッヒネット（Hartig net）という独特の構造を根の皮層細胞間隙につくる．担子菌ハラタケ類の多くの菌類は，裸子植物ではマツ科，被子植物ではヤナギ科・カバノキ科・ブナ科などの樹木の根に菌根をつくる．また，高山や北方針葉樹林などの厳しい環境下に生育するほとんどの樹木が外生菌根をつくっている．内生菌根は，根の皮層細胞内に樹枝状（arbuscule）やのう状（vesicle）の形をした菌糸[注7]が入り込んでいて，ラン科・ツツジ科植物やコケ類，シダ類まで幅広い植物の根にみられる．また，無葉緑ランのオニノヤガラやツチアケビにナラタケ[注8]が内生していることはよく知られている[注9]．一方，外生菌根と内生菌根の両方の性質を示すものは内外生菌根と呼ばれる．

森林生態系の維持機能には，樹木と菌根菌との共生が重要な役割を果たしていると考えられている．具体的には，ヨーロッパの森林衰退現象に深くかかわる樹木-菌根菌の共生関係や，わが国のマツ林におけるマツタケなど外生菌根菌の制御など，森林における共生系を適切に管理し利用することが，今後期待されている．

(鈴木和夫)

文　献

1) Allen, M. F.（中坪孝之・堀越孝雄訳）：菌根の生態学，208p，共立出版，1995
2) 青島清雄：きのこの分類と同定，微生物の分類と同定，pp.139-154，東京大学出版会，1975
3) 二井一禎・肘井直樹：森林微生物生態学，322p，朝倉書店，2000

注7) 細胞内で物質交換機能を果たす樹脂状体と貯蔵機能を果たすのう状体がつくられるが，最近ではのう状体をつくらない種類もあるので，arbuscular菌根（AM）と呼ばれることが多い．
注8) 4.1.3.d項参照．
注9) 緑の葉をなくしたラン科の植物は，光合成で有機物をつくる能力はなく，すべての養分が菌類から供給される腐生植物である．

4) 今関六也:森の生命学, 261p, 冬樹社, 1988
5) 今関六也:菌類は植物か. 週刊朝日百科世界の植物 **116**, 2717-2719, 1978
6) 今関六也・本郷次雄:原色日本新菌類図鑑 I, 325p, 保育社, 1987
7) Kirk, P. M. *et al.* eds.: Ainsworth & Bisby's Dictionary of The Fungi (9th ed.), 655p, CABI Publishing, 2001
8) 奈良一秀他:モミ造林地における外生菌根の空間分布と形態的特徴, 東大演報 **87**, 195-204, 1992
9) 根田 仁:森林における野生きのこの多様性. 森林科学 **17**, 32-35, 1996
10) 鈴木和夫:樹木・森林の病害, 森林保護学, pp.5-56, 文永堂, 1992
11) 鈴木和夫:森林における菌類の生態と病原性. 森林科学 **17**, 41-45, 1996
12) 椿 啓介:菌界. 週刊朝日百科植物の世界 **1101**, 2-5, 14, 1997
13) 宇田川俊一他:菌類図鑑上, 780p, 講談社, 1978

2.1.3 昆虫類

a. 種の多様性

地球上の現存生物種の種数は,数百万から3,000万種以上と見積られているが,そのうち名前がつけられている種は,せいぜい170万種にすぎない.この記載種の約50〜60%は昆虫(Insecta)によって占められており,その多様さと数において生物多様性(biodiversity)の中核をなしている[1,2](図2.4).比較的目にとまりやすい植物や哺乳類,鳥類などに比べ,小型で移動性の高い昆虫では,未知の種の割合がはるかに大きいことが予想されるため,実際どれほどの種類の

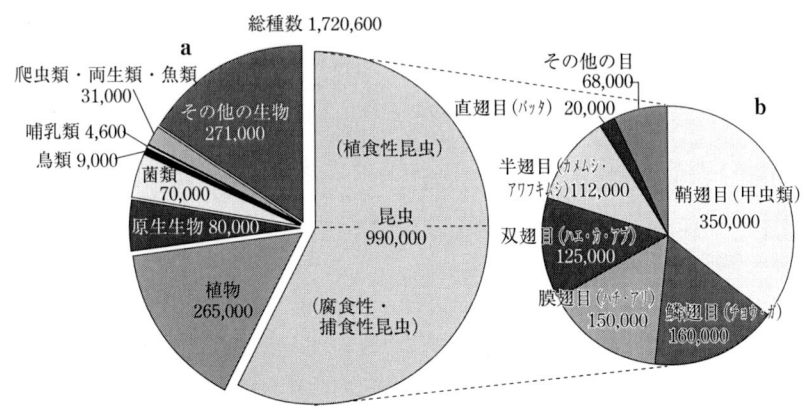

図2.4 記載されている生物の種数構成 (a),昆虫の分類群ごとの種数構成 (b)(文献[1,2]をもとに描く)

昆虫が地球上に生息しているのかを把握するのは難しい．

　昆虫は多足類の先祖にその起源をもち，化石資料によれば，約4億年前のデボン紀に，シミ（シミ目，Thysanura）やトビムシ（粘管目，Collembola）などの無翅昆虫がまず出現した．シダ類や裸子植物が繁茂する石炭紀前期に出現した原始有翅昆虫の多くが一旦滅亡したのち，約3億年前の石炭紀後期から二畳紀に入る頃には，今日みられるような完全変態を行う有翅昆虫が出現し始め，6,500万年前の第三紀初頭には，ほぼすべての目（order）が出揃ったと考えられている．今日われわれは，森林や草原だけでなく，氷河上や極地のコケの中，砂漠や水中に至るまで，ありとあらゆる環境において，多様な昆虫をみることができる．昆虫は，少量の食物で済み，小空間で高い適応性を発揮しうる小型の体や，水分の喪失を抑えるキチン質の体表構造，高い移動・分散性を保証する翅を得たことによって，地球上のさまざまな環境への進出を果たし，今日，30目にも及ぶ分類群を形成するに至った．小型の生物は短いサイクルで世代交代を繰り返すため，突然変異の発現や淘汰を受ける機会が多く，必然的に進化速度は大きい．昆虫の多様性の生成過程や維持機構において，こうした特質は重要な意味をもつ．

　生物の多様性はさまざまな要因と関係しており，多くの生物群では，一般に高温多湿で，生産力が高く，構造的に複雑で，適度の攪乱がある環境ほど多様性が高いと考えられていて，これらの要素は多様性創出のメカニズムの説明としてしばしば用いられる．特に，熱帯雨林はこれらの条件の多くを満たしており，その要素のいずれもが膨大な種類の昆虫の生息を予想させ，事実，さまざまなデータがそれを支持している．最終氷河期にも温暖であった熱帯地域の森林が，生物の避難場所（refugia）となり，その後の進化の過程でそれらの要因が作用して，より大きな多様性をもたらしたとする見方もある．天然の熱帯雨林は陸地の5％あまりを占めるにすぎないが，地球上の生物種の半数以上がここに生息しており，そのまた半数以上が昆虫によって占められると考えられている．ある意味では，熱帯雨林における昆虫の種数の把握が，地球上の昆虫の豊富さ，さらには生物の多様性を解明する鍵ともいえる[3]．

　ある生物群の種の豊富さを，種が比較的よくわかっている植物との関係から推定する方法がしばしば用いられている．たとえば，既知の植物数種とそれぞれに関係する菌類の種数との比から，地球上の菌類の種数を150万種と推定した例などがある．これより前，昆虫学者のアーウィン（Erwin）[4]は，パナマの熱帯雨林のある種の樹木の林冠部（または樹冠層，canopy）に生息する甲虫（コウチュウ

目（鞘翅目），Coleoptera）をくん蒸剤を用いて採集し，そのうちこの樹種のみに依存して生活する種（スペシャリスト）の数を全熱帯林の樹種数（約5万種）に乗じることによって，800万という甲虫の種数をはじき出した．現在判明している昆虫の種の約半数は，何らかのかたちで植物を餌とする植食性昆虫（phytophagous insect, herbivore）である．アーウィンはこのスペシャリスト甲虫の推定値にもとづき，さらに他の分類群，地域にまで広げて，地球上の節足動物（arthropod）の種数を約3,100万種と推定した．ただし，これらの数字はあくまでも，植食性昆虫の種のうちの20%が宿主植物に特異的であるという仮定にもとづいている．この値は地域により，また木本と草本の違いによっても当然異なるはずである．実際に，他の森林で調べられたスペシャリスト昆虫の割合は，10～50%以上と大きな開きがある．熱帯林における最近の研究では，大部分の植食性昆虫は近縁な複数種の植物を餌としており，単一の植物種だけに依存するスペシャリストの種数は必ずしも多くないことが指摘されている[5]．これにもとづけば，全世界の節足動物の推定種数は400～600万種に落ち着く．

　このような，宿主特異的な植食性昆虫の比率は，熱帯の植物種の豊富さと昆虫そのものの種の豊富さから考えると，地球上の生物多様性の全体像を知る手がかりとなる数字といえる．しかし，ある種の昆虫が，どの植物種のどの部位を餌としているのか，逆にいえば1種類の植物が何種類の昆虫に利用されているのかもまだよくわかっていない．

b. 昆虫の多様性を生みだす要因

　昆虫がその長い歴史のなかで，主として森林を舞台に適応放散（adaptive radiation）を繰り返し，今日の多様性を築きあげてきたことはほぼ疑う余地がない．もちろん，森林のもつ構造的な複雑さ，機能的な多様さだけが昆虫の多様性をもたらしたわけではなく，そうした森林の基本特性を背景として，昆虫どうしの関係を含めたさまざまな生物間の相互作用もまた，種の分化や生活史の進化，群集の形成過程において大きな影響を及ぼしてきたことは明らかである．では，これほど多くの種に個々のニッチを与えることができる森林とは，どのような環境なのだろうか．

　森林の最大の特徴は，多くの植物種の存在とともに，樹木の葉・枝，それらを支える幹や根の圧倒的な現存量にある．一次生産物の大きな塊が地上に常時存在しており，日々成長や再生産を繰り返しながら，高い生産力を発揮している．とりわけ植食性昆虫にとっては，この森林は食物の宝庫であり，多種・多数個体の

昆虫の存在を可能にしている．

　また，多くの森林は，樹冠層，低木層，草本層，土壌層（落葉・腐食層）など，複雑な階層構造を発達させていて，それによって生みだされる林内微環境の異質性は，昆虫をはじめとするさまざまな生きものに多様なすみ場所を提供する．たとえば，林内の気温は，林外の気温や葉面上，土壌層の温度とは明らかに異なるし，また一般に，土壌層は地上部に比べて外環境の影響を受けにくく，年変動や日較差も小さい．もう少し大きなスケールでみると，森林はそれ自体が外環境の長短期的変化に対する緩衝機能をもつ．すなわち，樹冠表面は熱や風雨を遮り，樹冠層や土壌層は物理的な影響の他，酸性雨など化学的変性に対しても緩衝能を発揮し，林内環境を林外のそれに比べて相対的に安定に保つ．物理的環境の安定性や変異性は，食物資源の質的・量的な特性，さまざまな生物間相互作用とともに，そこにすむ昆虫群集の構造や個体群動態（population dynamics）に対して大きな影響を及ぼす．

　森林では，高木種の他，下層植生を含めたさまざまな植物種がその基本構造を形成しており，地衣類や蘚苔類，菌類もまた重要な構成者として位置づけられる．また，植物器官として，葉や幹の他，枝や根，花，果実，種子など，生きものにとって多様な食物資源が存在する．さらに，他の生物を餌とする捕食（predation）や寄生（parasitism），あるいは植物遺体（リター litter，デトリタス detritus）を食べる腐食（saprophagy）へと栄養段階をたどっていくと，森林が多様な生物種の生存を可能にしている理由の一端が理解できる．

c. 植食性昆虫の多様性

　植食性昆虫は，多様性において昆虫を代表し，森林の保護にかかわる昆虫としてしばしば主役となる存在である．葉肉組織を食べる食葉性（および潜葉性）昆虫（chewer, miner），口吻で植物体液を吸う吸汁性昆虫（sap-sucker），虫こぶ（gall）を形成してその内部を摂食・吸汁するゴール昆虫，種子の内部を食べる昆虫（seed insect），蜜を吸うかたわら花粉を運ぶ役割を担う昆虫（pollinator）など，植物のおよそすべての部位に多種多様な昆虫が存在し（図 2.5），それぞれの植物種，利用部位，食性ごとに，類似の食性・生活史をもつ種の集まりである食性ギルド（guild）を形成している．このような，植物体の器官分化と昆虫の摂食形態の違いが，植食性昆虫の種の多様化を生みだしているともいえる．特に，大きな現存量と高い生産力をもつ熱帯林では，資源の豊富さは，類似した資源要求と利用形態をもつ多くの種の共存と大きな個体群密度を可能にする．

図 2.5 さまざまな森林昆虫
(a) アカマツ樹幹に産卵するニトベキバチ（福田秀志氏撮影），(b) 樹皮下穿孔虫の寄生バチキタコマユバチ（浦野忠久氏撮影），(c) スギ樹幹にとまるスギドクガ成虫（柴田叡弌氏撮影），(d) アカマツ針葉を食べるマツノキハバチ幼虫，(e) クロマツ新梢を後食するマツノマダラカミキリ（飼育個体），(f) スギ林土壌層から抽出されたトビムシの仲間．

このような環境にもかかわらず，なぜ森林は虫であふれることなく，緑に保たれているのだろうか．冬の低温や極度の乾燥を経験しない熱帯では，物理的な環境が制限要因になりにくいので，圧倒的な植物資源量のもとで昆虫の種や個体数は今よりさらに多くてもよいはずである．確かに，森林というシステムには自律的な制御機構が備わっていて，多くの場合，昆虫の密度は宿主植物を食べ尽くしてしまうほどの高密度になる前に低下するが，その機構を科学的に説明することは容易ではない．地球の緑が保たれているのは，あり余るほどの資源を利用できる植食性昆虫の個体数が，栄養段階の上位に位置する捕食者（predator）・捕食寄生者（parasitoid）によって強く調節されているため（トップダウン調節，top-down control）とする考え方がある（緑の地球仮説，または 3 人の提唱者の頭文字から HSS 仮説）．しかし，特に近年の多くの研究は，植食性昆虫があふれない理由を，それだけで説明することが難しいことを示している．むしろ，栄養段階の下位にある植物が上位の植食性昆虫の個体群密度を制限しているとみる，ボトムアップ調節（bottom-up control）の重要性が指摘されている．緑の地球仮説の

前提となっている．植食性昆虫にとっての植物資源はあり余るほどあるという仮定そのものが，危ういものになってきているのである[6]．

　昆虫の大発生のない通常の森林で，リター・トラップを用いて植食性昆虫の糞を集め，それをもとに植物の被食量を推定してみると，ほとんどの場合，葉の現存量もしくは森林の純生産量の数%以下にすぎないことがわかる．これだけをみれば，葉はいつでも豊富にあるように感じられるが，季節的に変化する窒素などの養分や物理・化学防御物質などの多寡により，植食性昆虫に本当に必要な資源量は，森林内にある葉の現存量と必ずしも一致していない．つまり，同じ「葉」であっても，展開したての柔らかくみずみずしい葉は，植食性昆虫にとって，古くて硬い葉とは別の資源と考える必要がある．

　また，新梢にゴールをつくったり，新葉だけを利用できる昆虫にとって，植物のフェノロジー（生物季節学，phenology）——いつ芽が出て，いつ葉が展開するのか——はきわめて重要な意味をもつ．これらの昆虫にとっては，植物は時間的に安定な，すなわちいつでもそこにある資源ではない．花や果実・種子を利用する昆虫にとっては，着花量・結実量はしばしば年によって大きく変動し，また植物個体間でも大きく異なるため，時間的・空間的いずれの点からみても決して安定な資源とはいえない．さらに重要な点は，植物は植食性昆虫によって一方的に食べられるだけではないということである．葉の硬化やトゲ，剛毛などによる物理的防御，アルカロイドやフェノール類など毒物の生産による化学的防御，植物が一定の代価（栄養物質や蜜の分泌）を払ってアリを雇い植食者を追い払わせる生物的防御など，ほとんどの植物は植食性昆虫に対する単一もしくは複合的な防衛手段を備えていることがわかってきている[5,7]．もちろん，植物も利用できるエネルギーには限りがあるので，防衛に必要なコストは自らつくりだした光合成産物のなかから賄われていることはいうまでもない．したがって，どの程度を成長や次世代生産に回し，どの程度を防衛に割くのかといった問題は，森林のなかでの植物の繁殖戦略を考えていく上でも重要な課題であり，さらに森林昆虫の植物利用様式と，それによってもたらされる多様性にも深くかかわっている．

　このようにみると，植食性昆虫は植物を利用するにあたってさまざまな制約を受けており，地球上の緑が植食者にとって必ずしも安定したあり余る資源ではないことがわかる．植物資源が時間的にも空間的（量的）にも制限的なものであれば，そこには同一または類似の資源をめぐって，植食者どうしの種間競争（interspecific competition）や種内競争（intraspecific competition）が起こり，食

性ギルド内の種構成や個々の種の個体群動態は必然的に影響を受ける．近年の研究例は，このようなボトムアップ調節が，植食性昆虫の多様性や存在様式に強い影響を及ぼし，緑の地球の維持に重要な役割を演じていることを明らかにしている[6]．

d. 森林昆虫の機能の多様性

1）密度調節　　トップダウン的な調節は，森林昆虫の群集構造（community structure）の形成や個体群の動態にどのようにかかわっているのだろうか．森林昆虫が急激に増加する大発生（outbreak）という現象は，ガなどの鱗翅目（Lepidoptera）やキクイムシ科甲虫でしばしばみられるが，不思議なことにそうした例の多くは熱帯林ではなく，温帯から寒帯地域の，しかも植物相の単純な森林に集中している．「単純な森林に比べ，熱帯林のような多様な森林では，害虫の大発生が起こりにくい」という命題は，経験則としては広く受け入れられているが，野外でのその機構の立証は難しい．熱帯林では一般に，植物の多様性やそれに伴う植食性昆虫の多様性とともに，上位の栄養段階に位置する捕食者の多様性も高く，それらの食物連鎖（food chain）によってつくりだされる食物網（food web）の構造も複雑なものになっている．食物網が複雑なほど密度調節が働きやすい理由としては，たとえある捕食者がいなくなっても，他の捕食者による代替ルートが複数確保されているため，といった説明がなされている．

　温帯から寒帯にかけての鱗翅目の大発生はしばしば，数年かけて上昇し，ある時点を境に比較的短い期間で終息するような周期性を示すことが知られている．その終息や周期性の発現には，寄生バチ（膜翅目，Hymenoptera）や寄生バエ・アブ（双翅目，Diptera），カラ類など昆虫食性の鳥，クモ，甲虫などの捕食者による密度調節機能が大きくかかわっており，また，最近の研究では，これらの他に，土中の菌類が重要な制御因子として作用していることが明らかになってきている[8,9]．森林内には常に一定量の捕食者が存在しており[7]（図2.6），これらは通常の植食性昆虫の密度レベルを低く保つ働きとともに，大発生時のある局面での緊急出動的な役割を担っている．

2）生食連鎖と腐食連鎖　　森林では植物が一次生産を行い，そこでつくられた光合成産物が植食者・捕食者へと利用されていく生食連鎖（grazing food chain）が成立している．この生食連鎖に流れる量はごくわずかであり，大部分の有機物は，落葉・落枝（litterfall）として枯死した根や樹木とともに土壌へと移動し，腐食連鎖（detritus food chain）へと流れ込む．このような，植物遺体

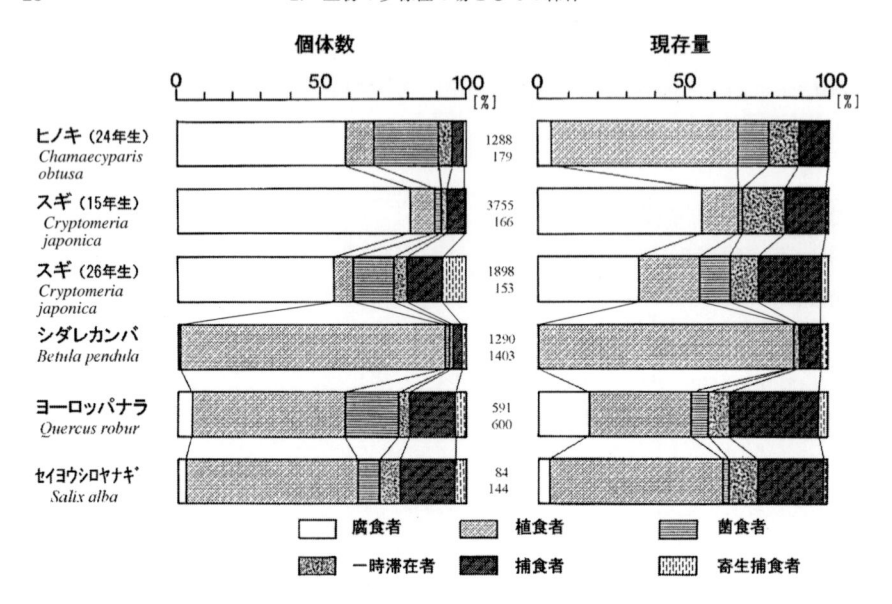

図 2.6 針葉樹林・広葉樹林における節足動物の食性ギルドの構成比率
いずれも 6 〜 7 月のデータ．文献[7] を改変．広葉樹林のデータは文献[10]．上段の数字は個体数密度 [m^{-2}]，下段の数字は現存量 [mg dry wt m^{-2}]．

の供給に始まり，それらの破砕・分解，有機物の無機化を経て，養分が植物に再利用されるまでの連鎖の主役は腐生菌などの微生物であるが，葉や枝の破砕・分解の過程においては，トビムシ（図 2.5）や，昆虫ではないが高い個体数密度をもつササラダニ（Oribatida：ダニ目，Acarina）などが，ミミズやヤスデなどの動物とともに重要な役割を果たしている．

しかし，森林内で膨大な量を占めている幹や枝は，そのままでは昆虫が利用できない資源である．樹木を支える構造物として木部の大部分を占めるセルロース（cellulose），リグニン（lignin）などの難分解性の高分子化合物は，昆虫に対する一種の防御物質ともいえる．セルロース自体は窒素を含まず，栄養価は低い．このため，これらを利用できる昆虫は，特殊化したものに限られる[8]．シロアリ（termite）の仲間は消化管内に共生微生物を住まわせ，消化酵素を分泌させることで木材を利用する．膜翅目の仲間であるキバチ（woodwasp）（図 2.5）は，特殊化した器官内に微生物（菌類）を入れて運搬し，それらを卵とともに材内に接種して，変性した木材組織を利用する．また，アンブロシア・ビートル（ambrosia beetle）と呼ばれるキクイムシ科甲虫では，キバチと同様に共生菌の

胞子を特殊な器官に入れて運び，木部深く穿ったトンネル内で繁殖させ，主にそれを食べて次世代が育つ．さらに，バーク・ビートル（bark beetle）と呼ばれる別のキクイムシの一群は，微生物（青変菌，blue stain fungi）を伴って生きた樹木までも攻撃し，枯死させた木の内樹皮付近を掘り進んで繁殖する．この仲間は，北米や北欧でしばしば針葉樹林の大害虫となっている．しかし，このような自ら繁殖源をつくりだすようなグループも，生きた木を利用するとはいえ，通常は何らかの理由によって衰弱した木を優先的に攻撃しているのではないかと考えられている．つまり，見方を変えれば，彼らは森林の更新を促しているともいえるのである．自らが利用した後で木材腐朽菌などの材内への進入を容易にするという意味からすれば，直接的に植物遺体を摂食するトビムシ，ササラダニなどと同様，彼らを腐食連鎖のなかでの分解者の一員として位置づけることができよう．

e. 森林昆虫群集の姿

森林は，植物を起点とする，多様な生物種を構成要素とするシステムとして成り立っている．システム外からの種の侵入や攪乱など，さまざまな原因によって自律機構が機能しなくなると，システムの均衡が崩れ始め，さまざまな兆候が現れる．たとえば，短期的には特定の植食性昆虫の大発生などによって樹木の成長阻害や枯死が起こり，長期的には環境や生物間相互作用の変化によって，構成生物種の絶滅や森林遷移の変調が起こる．これらはいずれも，森林保護学の主要な課題であるが，このような現象の機構解明を通して，システムとしての森林の維持・管理の方法を確立するためには，その基準ともなる全体構造の把握が必要である．すでにみたように，通常の昆虫の密度レベルで，食害という意味での植食性昆虫の存在はほとんど無視できるほどである．一方で，たとえば針葉樹林では，1年に1ha当たり平均10〜90 kg（乾重）の食葉性昆虫の糞が地上に落下し，腐食連鎖へと入っていく．多量のセルロースを含む針葉樹の葉の多くは，地表に落下してもなかなか分解されず，樹木がそのなかの養分を回収するのに時間を要するが，糞中には樹木の成長に必須の養分が，利用しやすいかたちで含まれている[11]．

しかし，このような植食性昆虫が固有の低密度で存在していることの機能的な意義が認識されているにもかかわらず，森林の中に通常，何がどのくらい住んでいるのかについては意外に知られていない．こうした情報は，生物多様性の観点からも，また密度変動や群集構造の変化を知るための背景情報としても重要であ

る. たとえば, ある方法で調べると, 直径約10 cm, 高さ7 m弱の若い1本のスギの木は, 乾燥重量で約5 kgの葉と約11 kgの幹をもち, 一見何もいないようにみえるその樹冠内には, 合計1万3,000頭, 570 mg (乾重) あまりの13目にも及ぶ節足動物 (昆虫, クモなど) が, 大小入り混じってすんでいる. また, 温帯地域での針葉樹, 広葉樹の樹冠層に生息する節足動物を, 食性機能群 (ギルド) の構成比で比較してみると, 針葉樹と広葉樹での節足動物相の違いがよくわかる[7] (図2.6). これらは, ある時間断面における, 森林節足動物群集のプロファイルと呼ぶことができよう. 一方, 熱帯林の樹冠層でも, さまざまな採集方法を駆使して昆虫の目録 (inventory) がつくられつつある. このような, 森林における生物相は, 樹冠層へのさまざまな接近方法や調査方法が考案・改良されていくに従って, より高い精度で定量的, 時系列的に把握できるようになるだろう. とりわけ熱帯林では, 地上50〜60 mにも達する林冠部分への到達の難しさがそれを阻んできたが, 近年の調査技術の急速な進歩によって, 樹冠層での多様な昆虫の姿が明らかにされようとしている[12]. 　　　　　　　　(肘井直樹)

文　献

1) Price, P. W. : Insect Ecology (3rd ed.), 874p, Wiley, 1997
2) Price, P. W. : Species interactions and the evolution of biodiversity, Plant-Animal Interactions, (Herrera, C. M. and Pellmyr, O. eds.), pp.3-25, Blackwell, 2002
3) 市岡孝朗：林冠における動物と植物の相互作用. 科学 **71**, 1198-1203, 2001
4) Erwin, T. L. : Tropical forests : their richness in Coleoptera and other arthropod species. *Colleopterists' Bulletin* **36**, 74-75, 1982
5) Novotny, V. *et al.* : Low host specificity of herbivorous insects in a tropical forest. *Nature* **416**, 841-844, 2002
6) 大串隆之：動物と植物の利用しあう関係, 286p, 平凡社, 1993
7) 肘井直樹：森林の節足動物群集, 日本の昆虫群集 (木元新作・武田博清編著), pp.61-78, 東海大学出版会, 1987
8) 二井一禎・肘井直樹 (編著)：森林微生物生態学, 322p, 朝倉書店, 2000
9) 金子　繁・佐橋憲生 (編著)：ブナ林をはぐくむ菌類, 232p, 文一総合出版, 1998
10) Moran, V. C. and Southwood, T. R. E. : The guild composition of arthropod communities in trees. *Journal of Animal Ecology* **51**, 289-306, 1982
11) Hunter, M. D. : Insect population dynamics meets ecosystem ecology : effects of herbivory on soil nutrient dynamics. *Agricultural and Forest Entomology* **3**, 77-84, 2001
12) Stork, N. E. *et al.* : Canopy Arthropods, 567p, Chapman & Hall, 1997

2.1.4 哺乳類
a. 森林の特徴
　哺乳類の生息地としての森林はどのような特徴をもっているだろうか．生息空間としての森林の特徴は立体的であるということである．典型的には四つの層（高木層，亜高木層，低木層，草本層）をもつ森林は一層である草原とさまざまな意味で対照的である．森林性の哺乳類のなかでも樹上性（arboreal）な種は特に森林との結びつきが強い．たとえばニホンザルやムササビ，モモンガなどは樹上性である．樹上利用は地上に比較すれば特殊化が必要であるために相対的に動物種が少なく，資源利用という点では競争者が少ない．このため果実食（frugivorous）であるサルや葉食（folivorous）であるムササビなどは資源に恵まれている．ツキノワグマも樹上をよく利用し，ブナの花や新芽，ナラ類の堅果などを食べるために木に登る．

　また，樹上は捕食者からの危険が少ない．地上性の種にとって逃走が面的な空間に限られるのに対して樹上性の場合は三次元空間であるから逃走の可能性が大きく，またしばしば見通しが悪いために捕食者の視界から逃れやすい．

　捕食者にとっても森林は草原に比較すればはるかに視界が悪いため，追跡型ではなく待ち伏せ型のハンティングをすることが有利である．被食者も静かに逃げるか，じっと身を隠す方が安全である．このため森林性の哺乳類にとっては感覚も，視覚よりは聴覚や嗅覚が重要である．このようなこととも関連して，草原では群れを形成する哺乳類が多いが，森林では単独あるいは数頭で生活する種が多い．

　森林が立体構造であることは樹木が高く生育することによる．樹木は巨大な生物体であり，さまざまな動物が利用する．なかでもムササビやリス，ヤマネなどは食物源として樹木を利用するだけでなく巣を樹幹につくる．ツキノワグマもしばしば樹洞を巣穴として利用する．

　膨大な生物量をもつ樹冠（canopy）は大量の植物体を地上に落とす．これが微生物や昆虫類の生活空間となるから，ヒミズ類，トガリネズミ類，ネズミ類などの食物となる．

　森林はまた安定性を特徴とする．草原であれば直射日光が当たるが，森林では光が樹冠で遮断され林内には一部しか射し込まない．このため林床では明るさや温度の変化が小さい．水の動きも同様で，雨や雪は時間をかけて徐々に地表に達する．このため林床の水量は安定して供給される[1]．また雪も同様で，森林内で

図 2.7　若葉を食べるニホンザル
冷温帯に生息するニホンザルは季節に応じてさまざまな食物を食べる．
宮城県金華山島において．

は雪が少ない．このため雪を苦手とする有蹄類(ゆうてい)は雪を避けて森林に移動することが多い．

　森林は一面で明瞭な変化をもつ．森林は立体的であり，草原に比べれば植物相的にも，構造的にも多様な植物種で構成されている．このため哺乳類の食料も多様であり，空間的にも時間的にもさまざまな食物が供給される．温帯であれば季節に応じて若葉が芽生えたり，花が咲いたり，果実が実ったりする．それに応じて，哺乳類は植物を選択的に利用する．この意味では森林は常に変化する環境であるといえる．

　森林の構成種が多様であれば，哺乳類の空間利用や食料供給も多様となり，多様な哺乳類が生息することができるし，それぞれの種の食性も多様となる．たとえばニホンザルは春には落葉広葉樹の若葉を，初夏には春に開花したサクラ類やキイチゴ類などの果実を，秋には堅果(けんか)や漿果(しょうか)を，そして冬には冬芽や樹皮などを食べるという具合に，メニューは多様である（図 2.7）．しかし森林の構成植物種が特定の種に限られることもある．たとえば日本のブナ林，特に多雪地のブナ林はブナの優占度が高い．このためブナの種子の豊作年にはおびただしい量の食料が供給され，これを利用するネズミ類やクマ，サルなどはほとんどブナの種子だけを食べる．このような利用のしかたは一般の森林性哺乳類の食性としては特異である．また冷温帯の落葉広葉樹林の林床はしばしばササ類に覆われるために低木類や草本類の生育が著しく抑制される．冷温帯に生息するニホンジカは冬季の

図 2.8 ミヤコザサを食べるニホンジカ
日本列島の冷温帯に生息するニホンジカにとって常緑であるササ類は冬の重要な食物となる．岩手県五葉山において．

食物としてササ類に依存的になるが，これも世界の温帯の有蹄類の食性としてはかなり特殊なものである（図 2.8）．

b. 哺乳類の役割

哺乳類は森林を利用するいっぽうで，森林生態系において生態的役割 (ecological role) を果たすこともある[2]．リス類やアカネズミなどはブナ科の堅果の他トチノキ，オニグルミなどの種子を貯食 (hoarding) し，種子散布に影響する．貯食されたドングリ類は地表にあるものよりも発芽率が高い．クマ類，キツネ，タヌキ，テン，それにサルなどは漿果類をよく食べるので，これらに含まれる種子を散布している可能性が大きいが，実態はよくわかっていない．ニホンザルは糞による種子散布の他一時的に頬袋につめて，移動中や移動先で取り出して食べるときに種子を散布する．

有蹄類は体が大きく，採食量も多いので，森林に大きな影響を及ぼすことがある．高密度な場合は森林の構成種の変化や更新の阻害が起きる．またカナダにおける最近の研究ではシカ類が低木類の葉を食べることによりリター供給量が減り，それが林床の生物群集に影響を及ぼしていることが示された[3]．日本でもニホンジカが高密度で生活する森林生態系があるので，そのような場所では同様の現象が起きている可能性が大きい．大型有蹄類が高密度で生活する場合は，低木層や草本層が貧弱になる．その影響はさまざまな生物群集に影響を及ぼし，密生した群落を好む鳥類が減少したり，捕食者の危険を避けるためにネズミ類が減少

するなどの現象が起きることが知られている．また排泄した糞を利用する昆虫類にとっても哺乳類は不可欠である．

生態的役割とは多少異なるが，哺乳類は肉食動物の被食者として森林の物質循環に影響している．シカ類はしばしばオオカミの，またネズミ類は猛禽類や中型肉食獣の主要な食料である．哺乳類の死体には腐肉食の昆虫が集まり，このような関係を通じて森林生態系の生物多様性に貢献している．

c. 森林の保全

現状の日本の森林の特徴の一つとして，原生的な森林が少なく，人為的な影響を受けた森林が多いという点も挙げられるだろう．後者の一つは伐採後に成立した萌芽林，もう一つは人工林（植林）である．いずれも自然林が伐採され，その後の管理のしかたの違いによって成立し維持される．伐採はきわめて劇的な変化をもたらし，森林への依存度の強い動物は基本的に生活空間を失うことになる．ムササビやヤマネなどは巣をつくる場所を失うし，巣をつくらない種も多くは隠れる場所や食料を失うことになる．

萌芽林はかつて薪炭生産のために周期的に伐採を受けた落葉広葉樹が優占する二次林で，萌芽能力のあるナラ類，サクラ類，シデ類などが優勢で，これにツツジ類，ガマズミ，ムラサキシキブなどの低木類，チゴユリ，カタクリ，ヒカゲスゲなどの草本類が生育する．現在では薪炭林としての機能は失われ，「雑木林」と呼ばれることが多い．雑木林は生物多様性が高いとされる[4]．これにはさまざまな原因があるが，一つには，伐採後に侵入する草原的あるいはやぶ的な群落にすむ動植物が残っており，同時に原生林の動植物のうち人為的攪乱にある程度耐性のある種が生育・生息して，両者が共存するからである．それら生物種の供給源の規模や距離や周期的な伐採の頻度などにより原生林的要素の大きなものから，草原的要素の大きなものまで幅がある．

雑木林ではシバ刈り，落ち葉かきなどにより林床も管理され，被覆力の大きいアズマネザサなどの生育が抑制されるので多様な植物が生育する．このように遷移（succession）の進行を抑止したり，特定の植物の生育を抑制するなどの管理のしかたも雑木林に多様性をもたらしている．

さらに空間的な特徴も雑木林に多様性をもたらしている．雑木林はしばしば面積が狭い．これには丘陵地や谷地など地形の複雑さも関係しているが，農家の基本単位が小規模であるために雑木林と人工植林あるいは田畑などの農地がモザイク状に配置されていることにもよる．そのために雑木林には周囲の原生林的な生

物，草原的な生物，栽培植物やそれを利用する動物，移入動植物など，異質な動植物が隣接しているためにその融合が起きやすい．キツネは林縁に巣をつくり，草原で小動物を捕らえ，雑木林で果実を食べるなど行動圏に多様な植物群落を内包している．また里山(さとやま)に生息するニホンジカも牧草地などで採食して，雑木林内や人工林内で休息，睡眠をする．

　多様な植物で構成される雑木林にはさまざまな葉食の昆虫が生息し，肉食性の他の動物を支えている．ことに鱗翅目の幼虫は育雛期(いくすうき)の鳥類に豊富な食料を提供する．雑木林ではナラ類の堅果，サクラ類，キイチゴ類などさまざまな低木類の漿果が豊富なので，鳥類や哺乳類にとっても食料源の豊富な生息地である．リス類やネズミ類はしばしば雑木林にいるし，キツネやタヌキ，テンなども高頻度で生息する．またアナグマも雑木林に多く，ミミズをよく食べる．哺乳類は鳥類に比較して夜行性の種が多いために生息が知られないことが多いが，最近の自動撮影カメラの発達によって人里に近い森林や都市の森林でさえ，実に多様な哺乳類が生息していることが明らかになっている（図2.9）．

　しかし雑木林には大型哺乳類は少ないかあるいはほとんどいない．クマ類は行動圏が広く，冬眠穴を必要とするなどの理由で広大な原生的自然を必要とするため，しばしば分断され，細い木で構成される雑木林には生息しにくい．またニホンジカやニホンカモシカなどは警戒心が強いため基本的には人里に近い場所は好まない．ただしシカは草原的環境で個体数を増加させることができるため伐採が行われたり，牧場が造成されると人里近くでも多くなる．またニホンカモシカは特別天然記念物に指定され，狩猟されることがないため東北地方などでは人里近くにも生息するようになった．これらに比較するとイノシシはむしろ人里近くに多い．イノシシは雑食性であり，根菜類や穀類などの農作物を好んで食べる．いっぽう，ノウサギは日本の哺乳類のなかでは草原にも生息する哺乳類で，雑木林がよく管理され，ススキ群落などが多かった時代には非常に多かったが，今は非常に少なくなった．このように雑木林の管理のしかたはそこに生息する哺乳類にも大きな影響を与える．

　もう一つの非自然林はスギやヒノキの針葉樹人工林であり，日本の森林面積の約半分を占める．人工林では収量を大きくするために密植されるし，植林木の育成のために競争種である広葉樹やつる植物などを抑制する管理が行われる．このため針葉樹が独占的に生育し，林床は暗く，生育する植物はきわめて貧弱である．その結果，草食性の昆虫をはじめとして小動物が少なく，これを利用する肉

(1) タヌキ
(2) テン
(3) アナグマ
(4) キツネ

図 2.9　自動撮影装置で撮影された哺乳類
(1)～(3) は東京都西部の日の出町（丸山司氏撮影），(4) は岩手県大船渡市で撮影．

食動物も少ない．これらの人工林が拡大した時代に，落葉樹林に生息していた哺乳類は深刻な悪影響を受けたと考えられる．

最近，これら人工林の管理が行われなくなっており，針葉樹が間伐が行われないまま枯れたり，台風などで倒れたりすることが多くなった．そのような部分にはしばしばクズなどのつる植物や低木類が侵入する．このような場所が哺乳類の生息にとってどのような意味があるのかについては明らかでない．

国土の約 2/3 を占める日本の森林は森林性の哺乳類にとっての生息地でもある．原生林の保護は典型的な森林性の哺乳類や大型哺乳類の，そして雑木林の適切な管理は中・小型の哺乳類の保全にきわめて重要な意味をもっている．人工林は哺乳類の生息地としての価値は低いが，その荒廃が哺乳類の生息にどのような意味をもつかは看過できない問題であろう．

哺乳類，ことに大型哺乳類が生息するためにはこれを支える多様な動植物がいなければならない．この意味で大型哺乳類はアンブレラ種（umbrella species）であり，かれらの存在は生物多様性を指標する．今後のわが国の森林の管理は，

森林を生物多様性の場として捉え，その指標種群としての哺乳類の生息地であることを念頭に置いて進められなければならない． (高槻成紀)

文　献

1) 村井　宏他（編著）：ブナ林の自然環境と保全，399p，ソフトサイエンス社，1991
2) 上田恵介（編著）：種子散布，助けあいの進化論2，134p，築地書館，1999
3) Pastor, J. *et al*. : Spatial patterns in the moose-forest-soil ecosystem on Isle Royale, Michigan, USA. *Ecological Application* 8, 411-424, 1998
4) 亀山　章（編著）：雑木林の植生管理—その生態と共生の技術—，302p，ソフトサイエンス社，1996

2.1.5　鳥　類

鳥類は羽毛をもち，体温が一定で，空を飛ぶ動物である．鳥類はこうした特徴を活かしてすぐれた機敏性と移動能力を備え，それを利用して立体構造をもつ森林を重要な生活場所としている．鳥類の約2/3は，何らかの種類の森林にすんでいる．

a. 採食習性と体のつくり

それぞれの鳥の種は，森林内の独自の資源を利用して生活している．生活上の資源として重要なのは，すみ場所あるいは採食場所，そして食物である．つまり，それぞれの種は，多少重複はあるものの，他の種とは異なる場所で異なる食物を独自の方法でとって食べている．そして，そうした生態，行動上の特性に合わせて，体の大きさ，くちばしや足の形状，翼や尾の形状など，体のつくりを特殊化，専門化させている．

少し具体例をみてみよう．メジロは枝葉の間を動きまわりながら昆虫や花の蜜などをとって食べ，それに都合のよい適度な長さの足といくらか下方に湾曲したくちばしをもっている（枝葉採食者，foliage forager）．また，舌は花の蜜をなめとりやすいように先がブラシ状に分かれている．ヒタキ類のキビタキは，枝にとまりながら昆虫が近くに飛んでくるのを待ち，近づいてくると飛びだしていって捕える（空間採食者，flycatcher）．枝葉の間を移動することが少ないことに応じて，短い足をもち，くちばしは飛んでいる昆虫をつかまえやすいように偏平である．樹幹生活者（trunk forager）であるキツツキ類のアカゲラは，幹や太枝に体を並行にしてとまり，くちばしで穴をうがち，材の中から穿孔性の昆虫を探しだ

して食べる．それに応じて，羽軸のかたい尾羽やがんじょうな足指，先がノミの刃のようになったくちばしをもっている．舌は穿孔性昆虫の坑道に差し入れることができるように，長く伸ばすことができる．地上生活者 (ground forager) であるキジ類のヤマドリは，がんじょうで長めの足をもち，地表付近から小動物や植物質のものをとって食べることに応じて，湾曲した短めのがんじょうなくちばしをしている．

　異なる場所や食物を利用し，それに適した体のつくりをもつということは，近縁種の間でもあてはまる[1,2]．たとえば森林にすむシジュウカラ類の4種，シジュウカラ，ヤマガラ，ヒガラ，コガラを例にすると，シジュウカラは，落葉広葉樹林などの明るい林を好み，地表面から林の下の方で主に昆虫などをとって食べる．他の3種に比べると，採食習性も体のつくりもあまり特殊化していない．ヤマガラは，照葉樹林や常落混交林にすみ，林の主に上の方で採食する．食物としては，昆虫以外に，エゴノキやスダジイなどのかたい木の実を割って食べる．それに応じてくちばしは，先が平ノミ状のがんじょうな形をしている．ヒガラは，針葉樹林あるいは針広混交林などの上の方にすみ，針葉の中にくちばしをさし込んで昆虫の幼虫を取り出して食べる．そのため，くちばしは細く尖ったキリのような形をしている．コガラは，広葉樹林や針広混交林にすみ，枝葉の間で採食する他，枯れ枝をほじって昆虫の幼虫を取り出して食べる．くちばしは溝彫りに使うノミのような形をしている．

　各種がこのように特殊化，専門化し，異なる資源を利用することによって，森林内に数多くの鳥の種がすむことが可能になっている．

b. 森林の構造や面積と鳥の多様性

　森林にすむ鳥の多様性は，森林の種類や構造，規模によってかなり違っている．まず，森林の種類との関連でみてみると，天然かそれに近い状態の照葉樹林，ブナ林，ミズナラ林，針広混交林の間では，鳥の種数や個体数にそう大きな違いはない．だが，これらとスギ，ヒノキなどの人工林との間には大きな違いがある．人工林には，成長が進んでいる場合でも，天然林と比較して種数で2/3，個体数で1/2ほどの鳥しかすんでいない．ただし，スギ，ヒノキ，あるいはカラマツなどの人工林でも，低木層などに落葉広葉樹を含む，極端な管理を避けた林では，かなり多くの鳥がすんでいる[3]．

　森林の構造との関連では，高木層，低木層，草本層などのそれぞれがよく発達している森林ほど，すんでいる鳥の多様性が高い傾向がある[3,4]（図2.10）．つま

り，森林が複雑な階層構造をもっているほど，より多様な鳥がすむということである．樹種との関連では，林内に多くの樹種があるほど，より多くの種がすむ傾向がある[5,6]．

人工林に比べて天然林により多くの種がすむのは，天然林は階層構造がよく発達しており，樹種の構成も複雑だからだろう．単純な人工林に比べて広葉樹を含む人工林により多くの種がすむのも，同じ理由からだろう．階層構造や樹種構成が複雑になればなるほど，鳥にさまざまな採食場所や食物を提供することになり，したがってより多くの種がすみつくことになるのだと思われる．

構造とも関連するが，森林の規模という点でいうと，同じ種類でも成熟した森林には，若い未発達な森林よりも多くの鳥がすむ[3,5]．これは天然林の場合でも，人工林の場合でもあてはまる．成熟した森林というのは，樹高が高く，階層構造もよく発達しているので，鳥により多くのすみ場所を提供することになる．また，老齢木はいろいろな大きさの樹洞(じゅどう)（tree cavity）をもつので，フクロウ類，シジュウカラ類，ゴジュウカラ類などの樹洞営巣性の鳥に営巣場所を提供することにもなる[5]．これらの鳥は，自分では巣穴を掘ることはないので，天然の樹洞のないところでは，キツツキ類の古巣を使う以外繁殖することができない．

また，森林の規模を広さとしてみた場合，より広大な森林にはより多くの鳥の種がすむ傾向がある[6~8]（図2.11）．この傾向は，異なる面積の林の中に同面積の

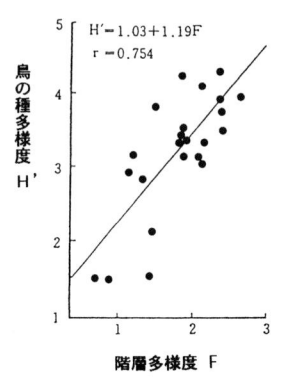

図2.10 森林の階層構造の多様度と鳥の多様度との関係[3]

階層多様度は，高木層，亜高木層，低木層，林床植生各層の存在と各層間の組み合わさり数の合計を，絶対葉量も考慮して算出した指数．

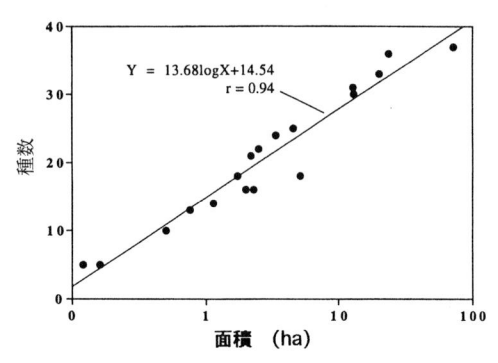

図2.11 孤立した森林の面積と生息する鳥の種数との関係[9]

区画をとって調べてもあてはまる．同面積の区画をとっても，大面積の森林にはより多くの種がすんでいるのである．

森林面積と鳥の種数との関係は，森林の異質性（forest heterogeneity）ということと関係している．森林というのは，一見，同じ構成要素のつながりで広がっているようにみえても，実はそうではない．森林のなかには老木が倒れて樹冠が開いているところもあれば，そのような場所で若い木々が背を伸ばしつつあるところもある．そして，このような森林の異質性は，森林の広さとともに増加する．したがって，森林が広ければ広いほど異質性が増し，その結果，違った環境選好をもつ鳥がすみつくことが可能になる．また，森林の面積の増大は，昆虫や植物の種数の増加をももたらすので，食生活の面でも，鳥により多様な食物を提供することになる．一方，森林の分断，縮小（forest fragmentation）は，そこにすむ鳥に対する捕食や托卵の割合を増加させることにもなる[10]．このことも，小さな林に少ない種数の鳥しか生息させない原因となっている可能性がある．

もう一つ，一定地域内に森林あるいは樹木がより広い面積である地域には，より多くの鳥がすむ傾向がある．一定地域内により多くの森林あるいは樹木があるほど，鳥の生活の場は広がるし，移動なども容易になるので，多くの鳥がすむのが可能になるのだろう．この関係は，森林の広さともかかわりがあるが，いわゆる緑地を増やすことの生態学的な意味として重要である．

以上のことから，鳥類の多様性を高く保ちつつ森林管理を実施するためには，単一樹種だけからなる針葉樹林よりも低木層などに広葉樹が多少でも混じる森林を発達させることが望ましい．樹種構成や階層構造が複雑になるからである．樹洞が発達した老齢木を一部でも残すことができれば，樹洞営巣性の鳥の繁殖を促すことになる．森林の分断，縮小はできるだけ避けることが望ましい．

（樋口広芳）

文　　献

1) 中村登流：森と鳥と，pp.18-88, 信濃毎日新聞社，1988
2) 樋口広芳：保全生物学，pp.17-19, 東京大学出版会，1996
3) 由井正敏：森に棲む野鳥の生態学，創文, pp.190-193, 1988
4) MacArthur, R. H. and MacArthur, J. W. : On bird species diversity. *Ecology* **42**, 594-598, 1961
5) Hino, T. : Relationships between bird community and habitat structure in Shelterbelts of Hokkaido, Japan. *Oecologia* **65**, 442-448, 1985
6) 日野輝明：森林性鳥類群集の多様性，これからの鳥類学（山岸　哲・樋口広芳編），

pp.224-249, 裳華房, 2002
7) 樋口広芳他：森林面積と鳥の種数の関係. Strix 1, 70-78, 1982
8) Askins, R. A. et al. : Effect of forest fragmentation on migratory songbirds in Japan. Global Environmental Research 4, 219-229, 2000
9) 平野敏明他：冬期における森林面積と鳥の種数との関係. Strix 8, 173-178, 1989
10) Terborgh, J. : Why American songbirds are vanishing. Scientific American 264, 98-104, 1992（藤田　剛訳：アメリカで小鳥たちが減っている．日経サイエンス 22 (7), 90-99, 1992）

2.2　分子的にみた森林

　生物群集を構成している最小単位は個体である．同種の個体が集まり個体群を形成する．個体と環境間はもちろん，同種の個体間，異種の個体間，個体群間，さらにこれらと環境間で，さまざまな相互作用を観察することができる．なお，個体群は，遺伝学では集団（メンデル集団）と呼ばれる．

　森林保護は，例外的事例がないわけではないが，特定の種を排除するのではなく，森林生態系全体と対象となる個体群の動態を予測し，適切に制御する生態的管理が基本である．このためには，森林生態系をより詳しく解明することが必要である．

　近年のDNA分析法の発達は，マイクロサテライトDNAなどのDNA分子マーカーを目印に，親から子への遺伝子の流れを追跡すること（親子鑑定）を可能にした．その結果，森林における複雑な更新のメカニズムの解明が進められている．天然林が保有する遺伝的多様性の維持，林内に形成された家系構造，地域集団間の遺伝的分化なども，DNA分子レベルで研究され，その動態の解明が進められている．一方，人工林の遺伝的多様性の評価や遺伝的改良も行われている．

　また，植物-昆虫-菌類間の共生・寄生，防御などの生物間相互作用の解明も分子レベルで研究されている．樹木と外生菌根菌は互いに養分を受け渡す密接な共生系を築いていることが明らかになってきた．さらにDNA分子マーカーの助けを借り，今まで実態がほとんど解明されていなかった地下部生態系の解明が急速に進められている．特に外生菌根菌の種構成とその変遷や繁殖機構などについて詳細なデータが蓄積されてきている．

　植物が産生するさまざまな二次的代謝産物（生物活性物質）は，進化の過程で，昆虫による食害や病原菌の感染に対する植物側の生体防御機構であることが

徐々に明らかとなってきている．イボタノキは広く分布している低木であるが，この葉に含まれるオレウロペンというフェノール性物質は，活性化すると強力なタンパク質変性作用を発揮する．これによりイボタノキは昆虫の食害から自らを防御している．一方，これを食害できるイボタガは多量のグリシンを含む消化液を分泌することによりオレウロペンのタンパク質変性作用を中和することができる．さらに，アレロパシーやフィトンチッド，ファイトアレキシンなどのケミカルコミュニケーションに関与している化学物質について解明が進んでいる．

今日の生態系研究の特色の一つは，DNA 分子（遺伝子）や化学物質を通して生態系で起こっているさまざまな生命現象の解明であり，分子生態学と呼ばれる新学問分野が形成されている．

2.2.1 遺伝的にみた森林
a. 遺伝と環境
1) 種内変異　　生物社会では，種間においても，また同一種内においても非常に豊富な差異（変異）が観察される．これらの変異のなかで，遺伝子によって支配されているものが遺伝変異である．ちなみに，生育環境の違いによって生じる変異を環境変異という．異なる種間で認められる変異が種間変異，同一種内で認められるものが種内変異である．当然，種間変異の方が大きく，種内変異が種間変異を越えることはない．生物学的多様性（生物多様性）は，生態的多様性，種多様性，遺伝的多様性の三つのレベルで評価される．種内変異と種間変異が，それぞれ遺伝的多様性と種多様性を生みだしている．

個体間，種間で多数の形態的な性質，生理的な性質，生態的な性質に違いが存在する．これらの性質の一つ一つを形質と呼ぶ．個体もしくは種が有する特徴は，多数の形質における違いが反映されたものである．

マツ材線虫病はわが国のマツ林に壊滅的な被害を及ぼす病害である．この病気の被害者（宿主）であるアカマツにも多くの形質において種内変異が存在している．そのなかの1形質である材線虫病に対する抵抗性に個体間で大きな違いのあることが認められている[1]（図 2.12）．また，病原体であるマツノザイセンチュウにも，マツへの加害性（病原力）に大きな種内変異が存在する[2]（図 2.13）．

2) 量的形質とポリジーン　　形質には，変異が不連続であり，定性的に捉えることができるものがある．このような形質は，ごく少数の遺伝子によって支配されており，質的形質という．1個の遺伝子の関与が大きいことから，質的形

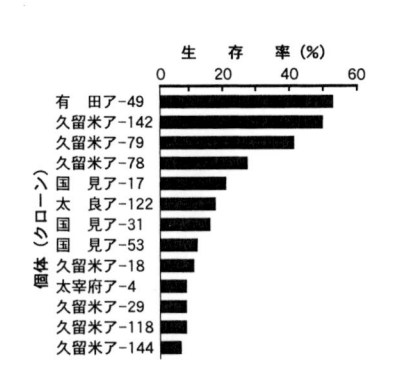

図2.12 アカマツにおける抵抗性の変異[1]
九州北部地域の被害林分における残存木から育成された13クローンに線虫を人工接種し、その生存率をクローンの抵抗性として評価した.

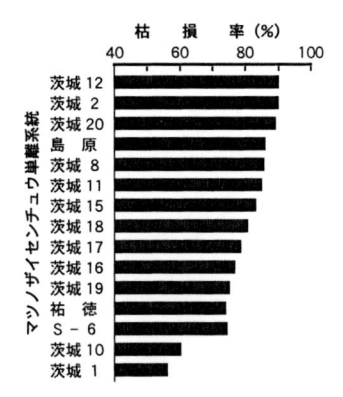

図2.13 マツノザイセンチュウにおける病原力の変異[2]
茨城県および九州地方で単離された15系統をクロマツに人工接種し、その枯損率から単離系統の病原力を評価した.

質遺伝子を主働遺伝子という.この質的形質はメンデルの法則に従って遺伝する.

一方,形質のなかには,樹高成長,肥大成長,抵抗性などのように,変異が連続的で,定量的に捉えなければならない形質もある.このような形質は,一つ一つの遺伝子の働きは微少であるが,多数の遺伝子(ポリジーン,微働遺伝子)によって支配されており,量的形質という.量的形質の遺伝はメンデル則では解析できないため,統計学的手法が用いられる.林木の多くの形質は,ポリジーンによって支配されている量的形質である.

3) 表現型と遺伝子型　ある量的形質において,ある個体の実測値(表現型値:P)は,その個体がもつ遺伝子により決まる部分(遺伝子型値:G)と生育している環境の効果(環境偏差:E)の和($P = G + E$)として表される.このことは,個体のさまざまな形質が,親から受け継ぐ遺伝子だけで決定されるのではなく,環境の影響を受けることを示している.表現型値(P)に占める遺伝子型値(G)の割合は,遺伝率(G/P)と呼ばれ,形質によりこの値に大きな違いが存在し,ほとんど環境効果を受けない形質から,環境の影響を強く受ける形質までさまざまである.樹木への抵抗性付与などの育種的対応は,その形質の遺伝率が高い場合にのみ可能である.

質的形質においても,必ずしも遺伝子だけで表現型が決まるわけではなく,同じ遺伝子型をもつ個体でも環境の効果により一部の個体でその表現型が発現しな

い場合や，表現型の発現の程度に差のみられる現象がある．前者のような表現型として発現する個体頻度を浸透率，後者の発現の程度を表現度という．

b. 天然林の遺伝的構造

1） ハーディ・ワインベルクの法則　種は他の種とは共有しない独自の集団を形成している．この集団を遺伝学ではメンデル集団と呼ぶ．メンデル集団を構成する全個体がもつ遺伝子全体を遺伝子プール（遺伝子給源）という．

集団の遺伝的組成は，対立遺伝子頻度（単に遺伝子頻度という場合がある）によって，最も的確に表すことができる．無作為な交配が行われている集団において，A_1 と A_2 の2種類の対立遺伝子が p, q の頻度で存在する集団において，次世代での3遺伝子型（A_1A_1, A_1A_2, A_2A_2）の頻度は，次式からそれぞれ p^2, $2pq$, q^2 となる．

$$(pA_1 + qA_2)^2 = p^2 A_1A_1 + 2pq A_1A_2 + q^2 A_2A_2$$

この遺伝子型頻度から計算される次世代における対立遺伝子 A_1 と A_2 の頻度は，再び p, q となり，世代により変化しない．この関係は，対立遺伝子数（A_1, A_2, A_3, …），遺伝子数（A, B, C, …）が増えた場合でも成り立ち，集団の遺伝子頻度は世代を重ねても不変である．このような状態をハーディ・ワインベルク平衡という．

このような平衡状態が続く限り，集団は遺伝的に変化することはないが，多くの種において，地域集団（亜集団）間で遺伝的に異なる変異を保有する．このような集団間の遺伝的分化は，やがて種の分化（別種）へと進む．このような集団間での遺伝的差異は，ハーディ・ワインベルク平衡が乱されることによるものであり，その一つの要因が自然選択（自然淘汰）である．

個体の環境への適応能力には個体間で違いがある．これは個体が保有している環境適応に関連する遺伝子型の違いに起因する．当然のことながら高い適応能力を有する遺伝子の集団中での頻度は増加し，適応能力が劣る遺伝子は減少する．この自然選択により影響を受けるのは，選択が働いた遺伝子のみであり，他の遺伝子における頻度が変化することはない．

突然変異も集団における遺伝子頻度の変化をもたらす．突然変異は，一方では生物進化をもたらす有用遺伝子の提供という重要な役割を担っているが，その大部分は有害な劣性遺伝子である．有害劣性遺伝子は，他殖性（他家受粉）植物では，ヘテロ接合型で集団中に低頻度で維持されることが多い．

植物体自体は移動することはできないが，花粉や種子が他の集団から飛来する

ことはよく認められる現象である．集団間での花粉，種子の交換により，両集団間で遺伝子流動（ジーンフロー）が生じる．移住集団の遺伝的組成が異なる場合には，受け入れた集団の遺伝子頻度を変化させる．しかし，花粉散布が風媒で種子散布が広範囲に及ぶ植物では，遺伝子流動が高頻度で起こり，均一化されるため，集団間の遺伝的分化が抑制されていると考えられる．

集団の遺伝子頻度は，偶然性によっても変化する．これを遺伝的浮動と呼ぶ．特に，集団を構成する個体数が少ない場合に顕著に起こる．アイソザイムやDNAなどの自然選択に中立的な分子マーカーで調べられた地域集団間の分化は，主としてこの遺伝的浮動を捉えたものである．遺伝的浮動は確率的に起こるとみなすことができるため，集団間の遺伝子頻度の違いから，集団間の系統関係を推測することができる．

2) 天然林集団の遺伝的構造　近年，分子マーカー（アイソザイム，DNA）を用いた集団遺伝学的研究により，多くの針葉樹をはじめとする風媒植物では，集団間の遺伝的分化が遅く，種内に保持されている遺伝変異のほとんどが地域集団内に存在し，集団間にのみ存在する変異は少ないことが明らかにされている．

酒井[3]は，遺伝変異を，①系統変異（系統発生的に異なることによるもの），②地理変異（日長反応，開葉時期などの変異で，緯度・標高によるもの），③生態変異（生育環境条件の違いによってできたもの），④分布変異（前述の遺伝的浮動により生じたもの），⑤家系変異（集団内の家系構造によるもの）の五つに分けている．

環境への適応性や諸害に対する抵抗性などは，系統進化のなかで特定の系統で獲得され，それが集団中に維持されている（系統変異）こともあるが，自然選択によって集団中の頻度が高まる（集団に固定することもある）．畠山[4]は，北海道に広く分布するトドマツの暗色雪腐病（図2.14），寒風害，雪害について，地域集団（産地）間での感受性の差異を調査し，生育地の気候条件（積雪量）の影響が大きいことを明らかにして

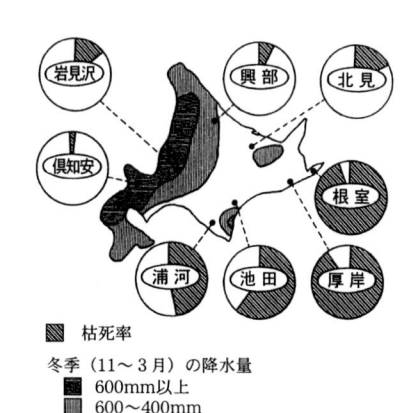

図2.14 トドマツ暗色雪腐病感受性の産地間変異
（文献[4]より改変）

いる．すなわち，トドマツは積雪量の多い日本海側では暗色雪腐病と雪害に対して高い抵抗性を有し，寒風害に感受性の個体が多い．逆に雪の少ない太平洋側のものは，暗色雪腐病と雪害に感受性で，寒風害に抵抗性である．

このことから，森林保護学の視点で最も重要なものは，自然選択によって生じた生態変異，地理変異である．

3） 天然林の遺伝的管理　　健全で生産性の高い天然林を育成するためには，適切な遺伝的管理が不可欠である．すでに択伐林型に誘導されている林分は別として，天然林には，一斉に更新して同齢個体群からなる天然林も多く存在している．このような林分において択伐林施業を行うことは，遺伝的に優良な個体の多い上層木が伐採されるため，天然林の著しい遺伝的劣化を引き起こす．

前述のように，他殖性植物では，有害な劣性遺伝子が低頻度ではあるが集団中に保持されている．このため少数の個体のみを残す保残木作業では，自殖や近親交配が行われる可能性が高まり，劣性遺伝子がホモ接合化し，生存力が低下する現象（自殖弱勢や近交弱勢）を示す個体が多数生まれ，適応性や抵抗性の低下が危惧される．自殖，近親交配が起こることがないよう残存母樹数に注意を払うとともに，個体間の血縁関係（家系構造）にも配慮し，残存木の配置を決定する必要がある．

環境条件が異なる地域では，選択圧の種類と大きさは違うと予想される．天然下種による更新が難しく，補植などが必要な場合，そのための種子源としては，生態条件が類似した近隣の林分を選ぶ必要がある．

また，森林保護を考える場合，樹木（宿主）側だけが自然選択を受けるのではなく，病原体側にも自然選択が働くことを忘れてはならない．たとえば，マツノザイセンチュウの被害林分では，感受性のマツ個体は枯損し，生き残った抵抗性個体とそれらの子孫により抵抗性が高まる．このような集団では，逆にザイセンチュウ側に強い選択が働き，強い病原力をもつ個体群へと変化する．

病原体の病原力の変化を抑制/遅延させるためには，異なる抵抗性メカニズム，すなわち，異なる抵抗性遺伝子が集団中に混在していることが望ましい．人工林では，異なる抵抗性遺伝子をもつ品種を複数混ぜることにより対応できるが，天然林でこのような対応は望めない．天然林集団の遺伝的多様性を高いレベルで維持させることにより，異なる複数の抵抗性遺伝子が集団中に存在する可能性を高める必要がある．

4） 遺伝資源としての天然林　　農林業における栽培化は，遺伝変異の減少

（遺伝的侵食）を引き起こしている．このことは，イネ，コムギなどの栽培作物において最も顕著であるが，森林においても，人工林造成に使用される種子採取源は限られており，また，天然林が減少していることから，遺伝的侵食が始まっている．長い生物進化のなかで蓄積されてきた遺伝変異を資源として認め，その保全の必要性が世界的に認識されるようになった．天然林は，それが内在している膨大な遺伝的変異のなかから，将来人類が必要とする有用遺伝子を探索するための潜在的遺伝資源であり，その重要性はきわめて高い．

わが国でも，農林水産省ジーンバンク事業で，多くの天然林が森林生物遺伝資源保存林などに指定され，保全が図られている．遺伝資源の保存法としては，種子貯蔵庫，樹木園など，生育地とは別の場所で保存する現地外保全と，森林生態系の中（現地）で保存する現地内保全（現地保全，生態系保全）に大きく分けられる．後者は，林木だけでなく森林に生息する動植物，微生物の遺伝資源も同時に保存できる利点がある．

c. 人工林の遺伝的改良

1） 人工林の遺伝変異　造林木は人為的な管理が困難な多様な環境条件下で長年月にわたり保育される．健全な人工林は，①造林適地の判定，②優良種苗の選択，③適切な保育作業の3要因，すなわち適地・適木（適品種）・適作業が相まって成立する．優良種苗の選択は，多くの場合，最適樹種の選択を指すが，多数のスギさし木品種が成立している九州地方では，最適品種の選択が行われている．

造林には，一般に種子から育てた実生苗が用いられることが多い．実生苗で造成した森林を実生林という．スギにおいて，アキタスギ，タテヤマスギ，ヨシノスギ，ヤナセスギなどは地域品種（地域性品種）と呼ばれ，その種子源を天然林にもつ実生品種である．一方，九州，京都，石川，富山，千葉地方では，さし木苗を用いたクローン林業が古くから成立している．熊本県阿蘇地方のヒノキ（南郷桧）林業や石川県能登地方のアテ（マアテ，クサアテ，エソアテ，カナアテ）林業もこの例である．なお，さし木品種には，複数のクローン（複合クローン）からなる品種と一つのクローン（単一クローン）のものとがある．

実生林は，特定の少数のクローン（遺伝子型）で構成されるさし木林に比べ，遺伝的多様性に富んでいる．このことから諸害への高い耐性を有していると考えられることが多いが，一概にいうことはできない．大庭[5]とLibby[6]は，被害の最高許容限度と樹木側の被害を受ける確率（抵抗性の強さとその存在率）との関

係により，混合すべき家系数やクローン数が変わること，繁殖方法による違いはほとんどないことを統計学的に明らかにしている．

2）林木育種　世界的に，森林保護に向けた育種的対応が盛んに進められている．かつてブラジルのユーカリ林では，幹胴枯病（みきどうがれ）による大きな被害が発生していたが，抵抗性育種に力を注いだ結果，この病気を克服し，今日ではパルプ原料の一大生産地となっている．

わが国においても，1970 年以降，林木育種センターが中心となって，凍害・寒風害・雪害・冠雪害（以上，気象害抵抗性育種事業），マツ材線虫病（マツノザイセンチュウ抵抗性育種事業），ハチカミ・スギカミキリ・スギザイノタマバエ（地域虫害抵抗性育種事業）への対応が進められており，一部ではすでに抵抗性種苗が普及している．

栽培技術（環境管理，育成管理）の改善により，諸害からのリスクは軽減される．しかし，作物栽培と違い，森林では，環境管理や育成管理に多くを期待することはできない．逆に自然力を満度に活用することが森林管理の特色でもある．気象害，病虫害，動物害を許容できる範囲で管理すること，もしくは共存することが森林保護の特徴といえる．唯一，種苗の改良（繁殖管理）には容易に対応できる．

3）種間雑種　近縁種間では，分布が重なる地域で種間雑種が形成され，両樹種の遺伝子給源間で遺伝子流動が起こることがある．有名な例として，アカマツとクロマツ間の雑種（アイノコマツ）形成がある．また，近縁種が垂直的にすみ分けしているモミ属では，モミとウラジロモミ間で大規模な雑種形成が観察される．最近では，ウラジロモミとシラベ間での雑種形成も報告されている．

種間雑種は，両親の樹種特性を併せもつこと，両親より著しく優れた特性（雑種強勢）が期待できることから，育種の有力な手法（交雑育種法）として行われている．クロマツ×タイワンアカマツによるマツ材線虫病抵抗性品種（和華松（わかまつ））や，成長に優れているニホンカラマツと耐鼠性を有するグイマツ間の種間雑種品種（グリーンなど）が造林に利用されている．世界的には，マツ属，カラマツ属（特に，ヨーロッパカラマツ×ニホンカラマツ），ポプラ属，ユーカリ属，アカシア属などで種間雑種品種の育成が進められている．　　　　　（白石　進）

文　　献

1) 戸田忠雄他：九州地区におけるマツノザイセンチュウ抵抗性個体の選定．林木育種場研究報告 **7**，145-178，1989
2) 藤本吉幸他：抵抗性育種からみたマツノザイセンチュウの加害性の変異．日林論 **92**，293-294，1981
3) 酒井寛一：生態遺伝学，108p，共立出版，1973
4) 畠山末吉：トドマツの暗色雪腐病抵抗性の産地間変異，天然林の生態遺伝と管理技術の研究（北方林業会編），pp.193-203，北方林業会，1983
5) 大庭喜八郎：林木育種の進め方，林木育種学（大庭喜八郎・勝田　柾編），pp.9-62，文永堂出版，1991
6) Libby, W. J. : The Clonal Option, 32p, Norsk Institutt for Skogforskning, 1983

2.2.2　共生系としての森林
a.　森林の共生系

　森林の主役は樹木である．稚樹が成長して林冠を形成し，花をつけ，できた種子を散布し，そこからまた稚樹が成長してくる．こうした樹木の成長と繁殖過程を通して森林は発達するが，森林の発達は，樹木だけの力で成り立っているわけではない．実際には，さまざまな生物が，森林という共通の空間を利用しながら共存しており，そのうちのあるものは，直接樹木の成長や繁殖を支えていることが次第にわかってきている．樹木は，1人で生きているわけではなく，他のさまざまな生物と直接的に共生して生きているのである．

　森林樹木と他の森林生物の直接的な共生関係のうち，外生菌根菌(がいせいきんこんきん)との共生は，最もよく研究されているものの一つである．森林の林床を掘ってみると，さまざまな樹木の根が出てくる．目を凝らしてその根を見てみると，妙にずんぐりとしていたり菌糸が多数纏わりついていたりする細根が見つかる．それが外生菌根と呼ばれる樹木と菌類の共生体である（図 2.15）．ここでは，樹木と外生菌根菌との共生を通して，共生系としての森林の一側面を眺めてみよう．

b.　外生菌根共生とは[1,2]

　寒帯林，温帯林では外生菌根菌と共生するマツ科，ブナ科の樹木が優占することも多く，また，熱帯林の主要な樹種であるフタバガキ科の樹木やユーカリも外生菌根を形成する．したがって，地球上の森林を構成する樹木のかなりのものが外生菌根を形成していると推定されている．外生菌根を形成する外生菌根菌は，

(a) (b)

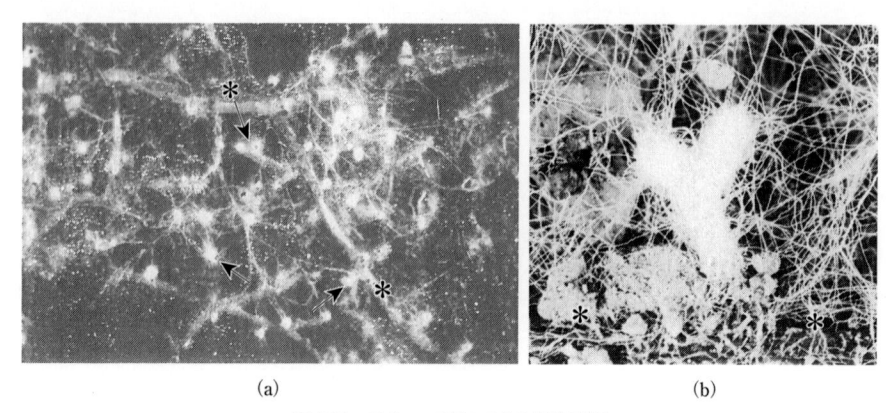

図 2.15　アカマツ苗にできた外生菌根
a：1～2 mm の根（＊印）にできた細根部分に外生菌根菌が共生し，菌根（矢印）が多数できている．
b：菌根から分離した菌株を人工的に接種してできた菌根．菌根から周囲に出ている菌糸束を根外菌糸体，細根の周辺を覆う菌糸を菌鞘，細根内の菌糸をハルティッヒネットと呼ぶ．

コツブダケ接種苗　　　　　　　非接種苗

図 2.16　菌根菌の成長促進作用
アカマツ苗にコツブタケ菌を接種して 4 か月後．コツブタケ接種によって，苗の成長が大きく促進されている．

ほぼ樹木のみを宿主とする共生菌である．その多くが担子菌類で，子実体，すなわちきのこをつくる．その他，少数ではあるが，子のう菌類，接合菌類に属すものも知られている．

　きのこから分離した外生菌根菌株を，菌根なしの苗に接種して人工的に菌根を形成させると，成長が大きく促進される例が，これまでに多数報告されている（図 2.16）．このとき，外生菌根を形づくる樹木と外生菌根菌は，菌根の中で相手に不足気味の栄養を互いに受け渡すことによって，それぞれ相手の成長に貢献する．そのため，実際の森林でも人工接種実験の場合と同様に，養分の受け渡しを通して，外生菌根菌が森林樹木の成長や生存に大きな役割を果たしているものと想定されている．実際の森林で，樹木による光合成生産量と地上部や地下部の菌糸体の量がさまざまな方法で計算されており，その計算値によると，樹木の光合

成産物のうち実に15%もが，外生菌根を通じて樹木から菌糸体に受け渡されている例もある．一方で，土壌中にあるリン酸を根外菌糸体が吸収し，それを菌根を通じて樹木に受け渡している．実際の森林では，菌根がついていない樹木を育てるのが難しいので，リン酸吸収に対する菌根共生の影響を正確には評価できないが，苗に対する人工接種試験の結果では，外生菌根共生によって樹木のリン酸吸収量が数倍に増加すると報告されている．おそらく，森林の成木でも同様のことが起こっているのであろう．外生菌根は，こうした栄養の受け渡しを通じて樹木の成長を支え，かつまた，森林生態系の物質フローを仲介している．

c. 外生菌根菌の繁殖

外生菌根菌が発揮する共生機能は，菌種や菌量などによって大きく異なっている．したがって，外生菌根共生が森林樹木の成長や森林内の物質フローに果たす役割を考える上で，どのような外生菌根菌種がどのように森林内で繁殖しているかは，きわめて重要な意味をもつ．外生菌根菌種の繁殖は，実際の森林の中でどのように行われるのだろうか．

多くの外生菌根菌は担子菌でありきのこをつくる．多くの場合きのこができると，そこから放出された単相の担子胞子は発芽し一次菌糸（単核菌糸）を伸長させる（図2.17）．このとき，菌糸の細胞は，単相の核を一つもっている．菌糸が発達して，同種の別の一次菌糸と出会うと接合して二核の二次菌糸細胞をつくる．この二核の細胞が繁殖して宿主樹木の細根に達すると，そこで感染して新たな外生菌根を形成する．外生菌根菌は，形成された外生菌根を通して，宿主樹木から光合成産物の供給を受けながら，菌根から土壌中へと，根外菌糸体を発達させる．根外菌糸体の菌糸は，別の細根に出会うとまた外生菌根を形成し，そこから新たに根外菌糸体を発達させる．こうして，胞子から始まった菌体は，その占有地域を周辺の樹木根や土壌へと拡大していく．根外菌糸体が定着すると，毎年新たに外生菌根を形成し，占有地域の拡大が継続されることになる．一方，発達した根外菌糸体からは，条件が整うときのこが形成され，その中で生殖細胞の二核が融合して倍数化した後，減数分裂によって担子胞子を形成する．成熟した単相の胞子はきのこから周辺に散布され，一部が発芽して再び上に述べた生活環を回ることになる．すなわち，外生菌根菌は，胞子散布を介した有性生殖と根外菌糸体の発達を介した栄養成長を両輪として，森林内で繁殖しているのである．

外生菌根菌には多数の種が知られており，実際の森林では，これらの種がそれぞれ上に述べたような生活環をたどりながら，共通の土壌空間に共存あるいは競

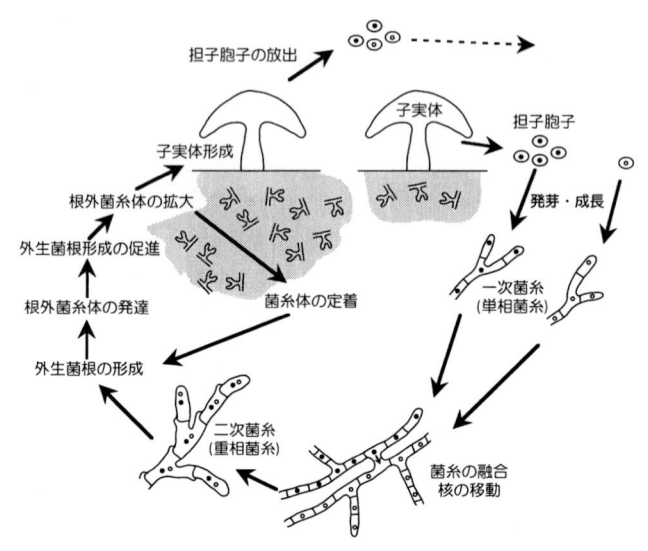

図 2.17　外生菌根菌（担子菌）の繁殖様式
小さな白丸と黒丸は，単相核を示している．外生菌根菌は子実体形成を経由する有性生殖過程と二次菌糸の拡大による栄養成長過程によって繁殖する．

合しつつ複雑な相互作用のなかで繁殖する．外生菌根菌の繁殖の実態は，そのかなりのプロセスが地下で起こっていることもあり，ほとんど解明されてこなかった．しかし，最近，分子生態学的手法が外生菌根菌の繁殖研究にも応用されるようになり，地下部のジェネットや群集構造など繁殖機構の一端を垣間見ることができるようになってきた．次に，これらの分子生態学的手法を用いた解析例を紹介しよう．

d.　外生菌根菌の分子生態学

分子生態学的方法を応用した野外での外生菌根菌の繁殖研究には，主に三つのタイプがある．同一の細胞に由来する同一の遺伝子型をもつ細胞集団をジェネットとかクローンとか呼ぶが，一つは，このジェネットの空間分布やジェネット間の遺伝的関係を，多型性が大きいDNA領域（DNA多型マーカー）の違いをもとに調べるタイプの研究である．二つ目は，個体群の対立遺伝子構成を比較して，個体群間の遺伝子フローを推定するタイプの研究である．三つ目は，種によって異なるDNA領域の違いを利用して，外生菌根菌の種を同定し，一定地域の群集構造を調べるタイプの研究である．

e. 外生菌根菌のジェネット解析

　半数性胞子に始まる有性生殖過程では，一般に，接合の段階で，細胞のもっている遺伝子型がもとのきのこからは異なったものとなる．一方，栄養成長過程では，一般に細胞の遺伝子型は変化しない．いいかえると，外生菌根菌の有性生殖では，新たなジェネットが生まれる一方，栄養成長では，同一ジェネットが大きくなっていく．したがって，森林内の外生菌根菌ジェネットの密度や大きさを調べることによって，胞子散布による繁殖と根外菌糸体の発達がどのようなバランスで起こっているかを推定することができる．対峙培養という古典的方法で発生したきのこの遺伝的同一性を検定した研究では，林齢の若いヨーロッパアカマツ林ではジェネットが小さく数多いのに，林齢の古い林では逆にジェネットが大きく数少ないことや，ジェネットの大きさが数年のオーダーでかなり大きく変化することなどが報告されている[3]．その後，ISSRやSSRといった分子マーカーを利用した分子生態学的方法が適用されるようになり，いくつかの菌種でのジェネット解析が，きのこのDNAを用いて行われている．古い攪乱の少ない森林でも，小さなジェネットが密度高く分布している例がいくつか報告されており，必ずしも地下部の菌糸体が年とともに単純にジェネットの範囲を広げていくわけではない．一方，山火事前に発生していたきのこのジェネットが山火事後に消滅し，その代わり異なるジェネットのきのこが発生することも報告されている[4]．外生菌根菌のジェネットはかなり不安定で，種特性や人為的攪乱など，さまざまな要因によって，有性繁殖と栄養成長のバランスや消長が大きく左右されるのかもしれない．外生菌根菌のジェネットに関する解析は，二次林でのものが多く例数も少ない．今後，同様の研究を，さまざまなタイプの森林で蓄積することが重要であろう．

　さて，上で紹介した例は，すべて発生したきのこの分析にもとづくジェネット解析であるが，それらは，地下部のジェネットと完全に同一ではない．したがって，ジェネットの本当の姿を知るには，地下部のジェネット解析が不可欠である．最近，ハナイグチの地下部ジェネットが，菌種に特異的なDNAマーカーを使って，菌根から直接調べられ，きのこの下には，幅1m程度の小さいジェネットが存在することが報告されている[5]（図2.18）．また，これらの地下部ジェネットは，1年以内に衰退してしまうこともわかっている．今後，他の種でも同様の研究が必要であろう．

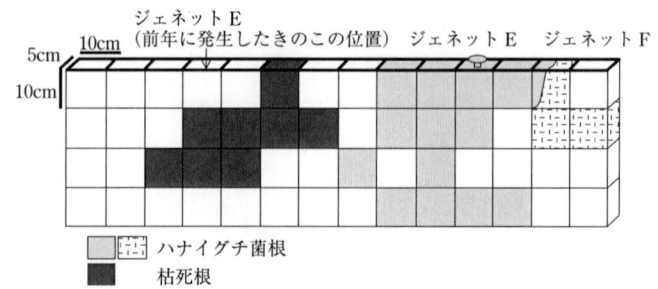

図 2.18 ハナイグチ菌の地下部ジェネット（文献[6]を一部改変）
きのこの下に掘った土壌断面から採取した各土壌ブロック中の菌根を採取し，マイクロサテライトマーカーによりジェネット解析を行った．グレイの部分は，きのこと同一のジェネットに属す菌が検出されたブロック．1年前に発生したきのこの下には，枯死した根が観察されたが，きのこと同一ジェネットの菌は検出されなかった．

f. 外生菌根菌個体群間の遺伝子フロー

　二つの個体群で遺伝的な交流が盛んであれば，両個体群内の全体的遺伝構成は似てくるが，交流がないと，一般に遺伝的構成は時間とともに異なってくる．比較すべき個体群の遺伝的違いの指標として，変異の大きい領域での対立遺伝子頻度分布の違いや希少対立遺伝子（rare allele）の頻度が有効であることが知られているが，このような対立遺伝子を同定するのに，最新のDNA技術が利用されている．外生菌根菌の場合，個体群間の遺伝的な交流は主に胞子散布を通じて行われるため，多型の多い遺伝子座の対立遺伝子頻度分布や希少対立遺伝子を個体群間で比較することにより，胞子散布の実状が推定できる．対立遺伝子頻度分布を調べるには，通常，それぞれの個体について，一遺伝子座に二つある対立遺伝子の両方が検出できる共優性マーカーがあればよい．近年このようなマーカーのうち，際だって有効性が高いマイクロサテライトマーカーと呼ばれるタイプのDNA多型マーカーが注目されている．外生菌根菌では，カラマツ林に発生するハナイグチの胞子散布に関して，マイクロサテライトマーカーを利用した対立遺伝子レベルの研究が報告されている．この研究では，胞子は，きのこの比較的近傍に多く散布されることが推定されている[6]．

g. 外生菌根菌群集の解析

　群集レベルで繁殖を捉える研究では，きのこの菌種同定が重要であるが，同時に，外生菌根を形成している菌根菌の同定も，この種の研究では不可欠である．森林では，シーズンになるとさまざまな外生菌根菌種のきのこが発生する．きの

こは，地下部にある外生菌根から発達した根外菌糸体の上に形成されるため，地下部の外生菌根菌の種構成や量は，最近まで，発生するきのこの種や量を調べることによって推定されてきた．しかし，実際の外生菌根菌群集の本体部分は地下部にあることから，より詳細な研究には，菌根を形成している種など，地下部の菌根菌を直接調べることが重要になってくる．従来は菌根の形態的特徴から菌根菌の種が推定されてきたが，実際には菌根形態だけからの菌種同定は難しいことが指摘されている．そこで最近では，このような種の同定には分子的方法が用いられるようになった．種内では変異が少なく種間では変異が大きい DNA 領域を利用して，その領域の特徴から種を判定する．通常この種の解析に利用される領域は，リボソーム DNA 内の internal transcribed spacer（ITS）と呼ばれる部分である．菌種同定は，試料のその部分の塩基配列とデータバンクに登録されているさまざまな菌種の塩基配列との相同性をもとに行われる．それぞれのきのこのITS 領域を PCR 増幅した後，それをさまざまな制限酵素で切断してできた断片の電気泳動パターンを比べることによって，種が同定されることもある．また，最近では，バクテリア群集を対象に開発された terminal‐RFLP 法も，通常のITS‐RFLP 法より解像度の高い解析が可能なため，外生菌根群集内の菌根菌の同定に利用されている．こうした解析から，地下部の外生菌根菌群集の構造や繁殖過程を窺い知ることができる．

外生菌根菌群集については，これまでに，地上に発生するきのことその直下の地下部外生菌根菌群集とでは，種構成がかなり異なっており，しかも，地下部群集の種構成の方が，地上部に比べ，ずっと豊富であることがわかっている．さらに，最近では，発生きのこ直下だけではなく，その周辺の地下部も合わせて外生菌根菌群集構造を詳細に調べた研究もなされ，きのこ直下にはそのきのこの菌糸体がたくさんの菌根を形成しているが，その範囲は比較的狭いこと，また，周辺も含めて全体的にみてみると，多数の菌根菌がパッチ状に割拠していることが報告されている[7]（図 2.19）．また，ケースによっては，これら地下部の菌糸体は比較的激しく消長しているらしいこともわかってきた．ピナスターマツ林の *Hebeloma cylindrosporum* [8] やカラマツ林のハナイグチ（*Suillus grevillei*）[5] では，きのこ直下にあったはずの同じ菌種の菌根が，1 年後には消滅していたケースが報告されている．

h. 今後の研究

以上紹介したように，外生菌根菌の DNA 解析によって，外生菌根菌の発達に

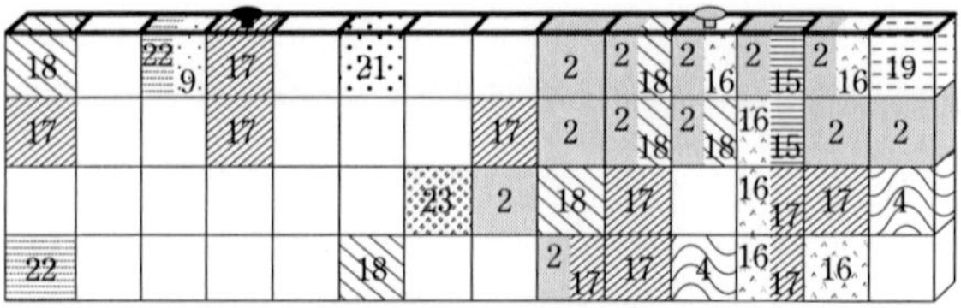

図 2.19 地下部外生菌根菌群集の種構成とその分布（文献[7] を一部改変）

図 2.18 と同一の土壌断面．各土壌ブロック中の菌根 DNA 試料を用いて，ITS 多型解析を行った．各ブロック内の番号は，優占する菌種の番号．断面から 11 種の外生菌根菌が検出された．2 はハナイグチ菌．

　は有性繁殖が大きく関与していること，有効な胞子散布はかなり狭いこと，きのこの下のジェネットは比較的小さいこと，地下部の菌根菌群集はたくさんの種がパッチ状に共存していること，地下部のジェネットおよび菌根菌群集は不安定で変化しやすいこと，などが報告されている．しかし，これらの研究成果は，特定な森林での特定な菌根菌に関するケーススタディ的なものがほとんどで，現時点では一般化するのに不十分なものが多い．外生菌根菌の繁殖に関して新たな知見が急速に蓄積されているとはいえ，外生菌根共生の研究に分子生態学的な手法が導入されてからまだ日が浅く，ジェネットの解析，遺伝子フローの解析，地下部菌根菌群集の解析，いずれのタイプの解析も研究例の蓄積が始まったばかりである．今の時点では，紹介した研究成果をそのまま一般的な真実と考えず，今後の研究の進展を今しばらく見守っているのがよいかもしれない．最近の手法的な進歩は目覚ましく，森林における外生菌根菌の繁殖機構の全体像が描けるまでに，それほど時間はかからないであろうから．　　　　　　　　　　　（寶月岱造）

文　　献

1) Smith, S. E. and Read, D. J. : Mycorrhizal Symbiosis (2nd ed.), 605p, Academic Press, 1997
2) 宝月岱造：森林生態系の隠れた役者─樹木と外生菌根菌の共生系─．蛋白質 核酸 酵素 **43**, 1246-1253, 1998
3) Dahlberg, A. and Stenlid, J. : Population structure and dynamics in *Suillus bovinus* as indicated by spatial distribution of fungal clones. *New Phytologist* **115**, 487-493, 1990
4) Bruns, T. *et al.* : Survival of *Suillus pungens* and *Amanita francheti* ectomycorrhizal genets was rare or absent after a stand-replacing wildfire. *New Phytologist* **155**, 517-523, 2002
5) Zhou, Z. *et al.* : Spatial distribution of the subterranean mycelia and ectomycorrhizae of

Suillus grevillei genets. *J. Plant Research* **114**, 179-185, 2001
6) Zhou, Z. *et al.* : Polymorphism of simple sequence repeats reveals gene flow within and between ectomycorrhizal *Suillus grevillei* populations. *New Phytologist* **149**, 339-348, 2001
7) Zhou, Z. and Hogetsu, T. : Subterranean community structure of ectomycorrhizal fungi under *Suillus grevillei* sporocarps in a *Larix Kaempferi* forest. *New Phytologist* **154**, 529-539, 2002
8) Guidot, A. *et al.* : Correspondence between genet diversity and spatial distribution of above- and below-ground populations of the ectomycorrhizal fungus *Hebeloma cylindrosporum*. *Molecular Ecology* **10**, 1121-1131, 2001

2.2.3 森林と生物活性物質
a. 樹木が生産する生物活性物質
昆虫などの動物は身の危険を感じれば走って逃げることができるが,植物は一度根を張ると葉を食べる害虫や病原菌が飛んできてもその場を動いて逃げることができない.だからといって植物はそれらの敵の襲来にただ黙っているわけではない.しっかりと自己防衛の武器をもち,敵から身を守っている.それが,抗菌性物質であり,殺虫・忌避物質であり,発芽・成長阻害物質である.植物がつくるこれらの生物活性物質は生態系をコントロールする要因の一つでもある.

b. アレロパシー
アレロパシー(allelopathy)はギリシャ語の allelo(相互の)と patheia(被害)を用いてドイツの植物学者モーリッシュ(H. Molisch)によってつくられた造語である(1937年).この造語の本来の意味からはアレロパシーは植物間の相互的有害作用と考えるのが妥当であるが,モーリッシュの考えるアレロパシーは,当初から有害作用のみならず有益な作用も含んでいた.その後,アレロパシーの概念としては,有害作用に限定する提案や,植物のみでなく微生物,昆虫,動物をも含めた生物起源の化学物質による作用を含む提案などが出されてきた.このような論争のなかで,現在は,植物が放出,あるいは分泌する化学物質が異種,あるいは同種の植物の発芽阻害や成長阻害をする現象と捉える[1]のが最も一般的である.アレロパシーはわが国では他感作用と訳され,その作用物質は他感物質あるいは他感作用物質と呼ばれている.

アレロパシーの最も身近にみられる例は荒れ地にわが物顔にその黄色い花を一面に咲かせ繁茂するセイタカアワダチソウである.地下茎からポリアセチレン化合物である他感物質(シス-デヒドロマトリカリアエステル)を分泌し,他の植物の発芽,成長を抑え繁殖する.他感物質は外から根を伸ばしてくる侵入者を抑

えるだけでなく，自分のテリトリーを広げるためのいわば，積極的な武器でもある．

樹木でもアレロパシーの例は多い（図2.20）．クルミの一種，クロクルミはその根からテルペン類の他感物質ユグロンを分泌し，根の及ぶ範囲での他の植物の繁殖を抑え，自分の木の周囲に裸地をつくる．コーヒーの木の根に含まれるカフェインやフェノール性化合物は雑草の成長を抑制する．

葉や茎から大気中に放出された揮発性成分が地中に蓄積されてアレロパシーを起こす例も知られている．ヨモギ属の芳香性灌木 *Artemisia californica* は葉から芳香性成分 1,8-シネオール，カンファーを放出し繁殖する．葉に精油含量の高いことで知られているフトモモ科ユーカリ類（*Eucalyptus globulus* など）は，葉から 1,8-シネオール，α-ピネン，カンフェンなどのテルペン類を放出し，強いアレロパシーを発揮することが知られている．ユーカリと同じフトモモ科のメラルーカ属樹種（*Melaleuca bracteata*）もアレロパシーをもち，この場合にはフェノール類がその原因物質と考えられている[2]．葉から放出される揮発性成分は，乾季，雨季の季節をもつ地域では乾季には雨に流されることなく地中に蓄積されて，その濃度が最大になる乾季の終わりに下層植生の発芽と重なるので，アレロパシーが顕著になる．

落葉や枯死した植物の根・樹皮の成分あるいはそれが分解して他感物質として作用することもある．この現象はイチジクやモモのようにそれらが植えられていた場所にその苗を植えると成長阻害の起きる忌地現象，あるいは連作障害を起こすものにみられる．イチジクの場合はベルガプテンが，モモの場合には地上に落ちた樹皮に含まれる青酸配糖体アミグダリンが土壌微生物で分解されて最終的に生じる安息香酸がその原因物質となっている．

アメリカスズカケノキのように雨露に葉の成分がとけ，流れ落ちて蓄積しアレロパシーを起こすものもある．

太平洋上に浮かぶ小笠原諸島は大陸の影響を離れ，固有種に恵まれているが，明治時代に炭材用に台湾から移入されたトウダイグサ科樹木アカギが繁殖し固有植生を駆逐して繁殖し，固有種の保護上問題になっている．このアカギの葉からはアレロパシーのある成分フリーデリンが単離されている[3]．

植物の細胞分裂・成長，植物ホルモンの作用，植物の膜の透過性，ミネラル・リン・カルシウムなどの養分吸収，光合成，エネルギー代謝や呼吸などに他感物質が影響を与え[1]，また，アレロパシーの現象が把握され，他感物質の構造も明

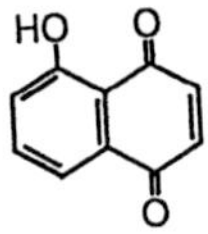

2.2 分子的にみた森林

ユグロン
(1)

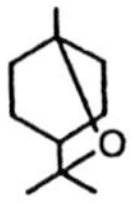

1,8-シネオール
(2)

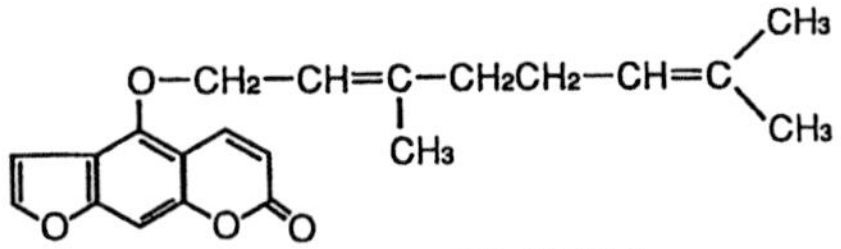

ベルガプテン
(3)

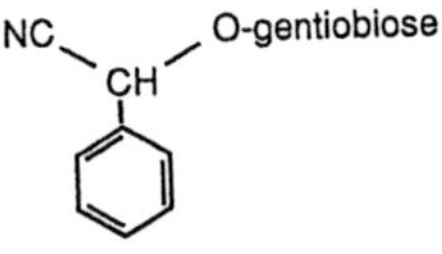

アミグダリン
(4)

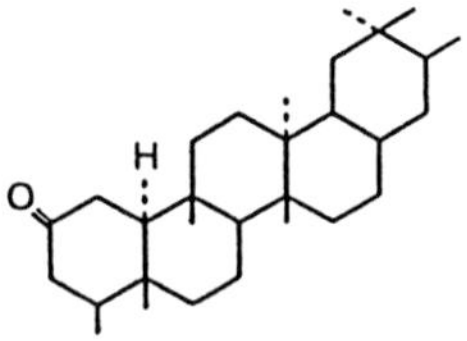

フリーデリン
(5)

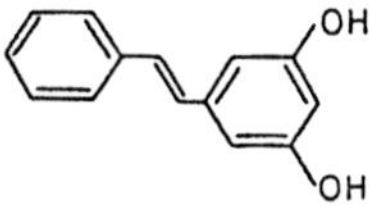

ピノシルビン
(6)

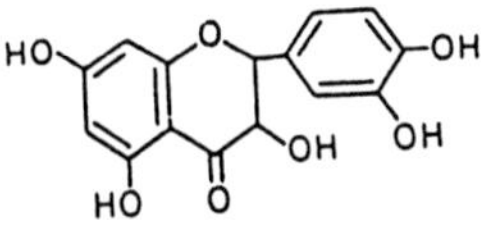

タキシホリン
(7)

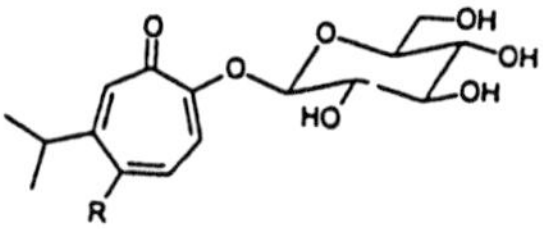

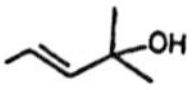

トロポロン配糖体
(8) R = H
(9) R =

ピノセンブリン
(10)

ブラウシン
(11)

マンソノンE
(12)

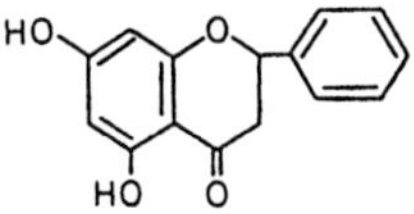

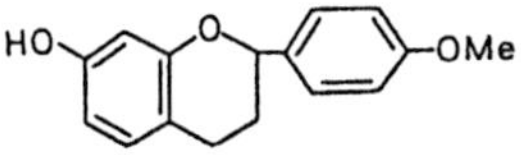

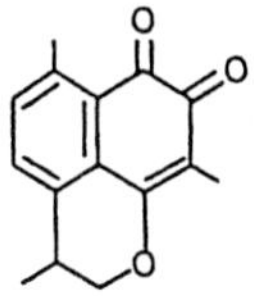

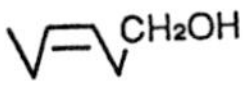

シス-3-ヘキセノール
(青葉アルコール)
(13)

図 2.20 樹木がつくる生物活性物質

らかにされているものも多いが，他感物質の作用機構は複雑で不明な点が多い．

c. 抗菌作用

植物には抗菌性成分を含んでいて病害に抵抗性を有するものがある．たとえば，ドウダンツツジはケイヒ酸誘導体の抗菌性成分を含んでいて同じツツジ科の

サツキやツツジに比べて病原菌に侵されにくい．トウダイグサ科シラキも葉に抗菌性成分を含み，病原菌による病斑がほとんどみられない．ベイモミ樹皮に含まれるモノテルペン，リモネンはキクイムシの一種 *Scolytus ventralis* に殺虫作用があり，このキクイムシと共生する変色菌 *Trichosporium symbioticum* の生育を阻害するのでこの両者に対する抵抗手段と考えられている[4]．植物は抗菌性物質を体内に蓄え，病原菌から身を守るが，それらのあるものは経験的にわれわれの生活のなかで使われてきた．クマザサには酸類，フェノール類などの抗菌性物質が含まれていて，笹の葉寿司やちまきに使われ，食品をかびから守るのに使われてきた．ヒバやヒノキは耐朽性成分を含み，腐りにくいので家屋の用材として使われてきた．特にヒバ材に含まれるヒノキチオールは広範な細菌，かびに対して強い抗菌作用があることが知られている．

植物が健全なときから本来有している抗菌性成分とは異なり，病原菌の感染を受けた後につくりだされる抗菌性物質がある．それがファイトアレキシン（phytoalexin）である．樹木では病原菌に侵されたレッドパイン（*Pinus resinosa*）辺材中にファイトアレキシンとしてフェノール類ピノシルビンが見いだされ，その後，スコッチパイン（*Pinus sylvestris*）からも類似化合物が見いだされている．ピノシルビンは健全なマツ科樹木の心材中に含まれているが，辺材中には見いだされていない．ダグラスファー（*Psuedotsuga menziessi*）材からはフラボン類のタキシホリン，イタリアホソイトスギ（*Cupressus sempervirens*）樹皮から7員環化合物トロポロン配糖体，傷ついたラジアータパイン（*Pinus radiata*）辺材中にピノセンブリン，傷ついたコウゾ（*Broussonetia kazinoki*）材からはブラウシンが見いだされている．ニレ立枯病に感染したオランダニレ（*Ulmus* x *hollandica*）の枝にはテルペンのマンソノンEが見いだされている．

d．昆虫に対する作用

植物は襲いかかる害虫に対して多様な生物活性物質を駆使して身の安全を守っている．それらは摂食阻害物質，忌避物質，殺虫物質などである．

さらには外敵の襲来を仲間に知らせる情報伝達物質の存在も近年明らかにされている．テンマクケムシで食害されたヤナギの葉でケムシを飼育するとケムシの生育が悪くなる．これはヤナギがケムシの嫌がるポリフェノールを摂食阻害物質としてつくりだすからである．ところが，被害木に隣接するヤナギの葉でケムシを飼育しても成長が妨げられる．被害木から隣接木に敵の襲来を知らせる警告物質—その成分はまだ明らかではないが—が放出され，それを受けて隣接木も摂食

阻害物質をつくりだしたためである[5]．このような警告物質は情報伝達物質とも呼ばれる．マイマイガ幼虫に食害されたシラカンバの葉では摂食阻害物質フェノール配糖体が増加する．この化合物は若齢の幼虫を死に至らしめる．この場合にも葉から放出された情報伝達物質が隣接木に摂食阻害物質の生成を促す．この場合の情報伝達物質はシス-3-ヘキセノール（青葉アルコール）である[6]．青葉アルコールはトランス-2-ヘキセナール（青葉アルデヒド）とともに青葉の香りの代表的物質で，抗菌性があることでも知られており，植物に共通に含まれる不飽和脂肪酸リノレン酸が酵素リポキシゲナーゼによって分解され生成する．

摂食阻害物質としてよく知られているのがタンニンやアルカロイドである．いずれも渋みや苦みがあり虫にとっては食べるのが苦手で，この含量が高い樹木は虫に食害を受けにくい．他には寄主植物ではないが，野菜の害虫ハスモンヨトウガ幼虫に対するテルペン，シロモジオール類や，ニレノキクイムシに対してクルミ樹皮および根に含まれるキノン化合物ユグロンなどが知られている．

害虫がよってきたらそれを追い払う物質が忌避物質である．わが国の代表的な林業樹種であるスギの辺材，内皮はスギカミキリによって害を受ける．ところがスギにはスギカミキリに対して抵抗性品種と感受性品種がある．これらの辺材および内皮の精油および精油成分のスギカミキリに対する忌避性を調べると，明らかに抵抗性品種の精油には感受性品種に比べて強い忌避作用がある．また，抵抗性品種の精油成分中にはスギカミキリに強い忌避作用を示すα-テルピネオール，ネロリドール，δ-カジネン，β-オイデスモールなどのテルペン類の含有率が高い[7]．

殺虫成分としては東南アジアで古くから害虫駆除に使われてきたデリス（*Derris elliptica*）の根に含まれるロテノイドがよく知られている．合成農薬が現在のように出まわる以前にはロテノイドはタバコのニコチン，除虫菊のピレスノイドとともに，三つの主要な天然殺虫成分の一つであった．熱帯に生育するニガキ科の樹木 *Quassia amara* の材と樹皮のように水抽出物が害虫駆除に使われてきた例や，マメ科の低木クズイモ（Yam Bean, *Pachyrhizus eosus*）のように種子の乾燥粉末が殺虫用に用いられている例もある．

e. その他の生物活性と生物活性物質の利用法

森林植物がつくりだす生物活性物質には上述以外にもたとえば，薬理作用，抗酸化作用，消臭作用，快適性増進作用などにかかわるものがあり，そのなかには，精油，樹脂などとして植物からとりだされ医薬，殺虫剤，香料，抗菌剤など

として古くから生活のなかで利用されてきたものもある．植物の生物活性物質の利用法には2通りあり，その一つは抽出・分離・精製などの操作を経てとりだして利用する方法であり，もう一つは植物が生きたまま，その生物活性を発揮させて利用する自然のなかでの利用法である．前者は従来よく行われてきた方法であり，後者は森林樹木が放出する揮発性成分による森林浴効果や，アレロパシーのある植物を制圧植物として利用した雑草防除，害虫忌避作用のある植物による害虫防除などである．自然のなかで生物活性物質をよりよく機能させるには植物の特徴を十分に把握することが必要であり，その点で人の意のままになる方法とは異なり難しさが伴うが，植物本来の姿のまま利用し，環境への負荷が少ないという点からも今後注目されつつある利用法である． 　　　　　　（谷田貝光克）

文　　献

1) Rice, E. L. : Allelopathy（2nd ed.），422p, Academic Press, 1984
2) Yatagai, M. *et al.* : Composition, miticidal activity and growth regulation effect on radish seeds of extracts from *Melaleuca* species. *Biochem. Sys. Ecology* **26**, 713–722, 1998
3) Ohira, T. and Yatagai, M. : Extractives from the wood and leaves of *Bischofia javanica* Blume. *Mokuzai Gakkaishi* **38** (2), 204–208, 1992
4) Raffa, K. F. *et al.* : Effects of grand fir monoterpenes on the fir engraver, *Scolytus ventralis*（Coleoptera : Scolytidae），and its symbiotic fungus. *Environmental Entomology* **14** (5), 552–556, 1985
5) Rhoades, D. F.: Responses of alder and willow to attack by tent caterpillar and webworms : Evidence for pheromonal sensitivity of willows. *ACS Symp. Ser.* **208**, 55–68, 1983
6) 菅原　亮他：樹木のケミカル・コミュニケーションⅢ—シス-3-ヘキセン-1-オール雰囲気下のシラカンバ葉で増加したフェノール成分—．東大演習林報告 **88**, 1–14, 1992
7) Yatagai, M. *et al.* : Volatile components of Japanese cedar cultivar as repellents related to resistance to *Cryptomeria* bark borer. *J. Wood. Sci.* **48**, 51–55, 2002

2.3　森林が生みだす環境

46億年前に誕生した地球は，およそ33億年前の生命の誕生以来，環境が生命を育み，生命はまた環境を育んで，豊かな地球生命圏をつくりあげた．この生命圏を維持するシステムは，太陽の光エネルギーを化学エネルギーに変換する植物の光合成生産が基盤であり，人間を含めたあらゆる動物はこの化学エネルギーの

利用によっている．

　地球の陸上生態系では，植生のバイオマスが乾重で1兆8,379億t[1]であり，人間や家畜を除く動物のバイオマスはおよそ10億tである[1]．陸上の生態系システムはこの生産者と消費者の生物量のバランスにたって長年，維持されてきたといえよう．

　およそ1万年前の人類は400万人で，この陸上動物10億tのほんの一部であった．しかし，土地生産力の低い土地で農耕を手にした人類は，やがて土地生産力の高い森林を転用し，文明の発達とともにその人口を飛躍的に増加させた．現在，60億人を超える人間のバイオマスはおよそ1億t，人間の飼育する家畜は4億tである[2]．

　明らかに，自然の陸上生態系のシステムである陸上動物10億tに，人間と家畜の5億tが過剰に存在していることになる．したがって，温暖化や森林減少といった地球環境の変化は，明らかに人間活動の影響であるといえよう．特に，産業革命以降，熱エネルギーを仕事に変換すること（たとえば蒸気機関）を手にした人類は，森林の転用，化石燃料消費に拍車をかけ，人口を著しく増加させ，環境問題は人類の生存そのものに影響を与え始めている．

　地球環境は生命の誕生とその後の進化にとって重要であるが，特に大気圏は生命維持のための快適な環境形成に重要である．すなわち，大気中に含まれている水蒸気，二酸化炭素，オゾン，メタン，亜酸化窒素などは地球からの赤外放射を吸収して地表付近の気温を上昇させる効果があり，これを温室効果と呼んでいる．このような効果のおかげで地球の平均気温はおよそ15℃に保たれている．しかし，このような大気がなければ地表は零下の世界であり，月の世界と様相は同じであろう．

　ところが，近年，このような温室効果ガス濃度が急速に増加しており，温暖化に伴う気候変動が懸念されている．気候変動は農耕地の食糧生産減少や海水面上昇による生活空間への脅威など，人類の生存にかかわる問題であることから，早急な温室効果ガスの削減対策が望まれている．二酸化炭素についてみれば，産業革命前の濃度はおよそ0.027%であったが，近年は0.035%を超え，年に0.4%以上の割合で増え続けている．二酸化炭素濃度の上昇は，化石燃料消費ばかりではなく，北方林の森林火災や熱帯林の消失にも原因がある．

　森林の形成は，有機物を地上空間に配し，地中には根圏を形成し，生態系としての機能を発揮する．根圏では，長時間をかけた土壌有機物の蓄積があり，土地

の生産力を向上させている．

　文明の発達と人口増加は，この森林のもつ豊かな土地生産力に依存してきている．森林を耕作地や放牧地に変えて食糧生産を得る土地利用は，先進諸国ではほぼ最大でこれ以上の開発がなく，開発途上国では現在進行形である．この違いが明らかに南北問題の一つの解決しがたい課題となっている．

　すなわち，すでに森林を破壊・消滅させたヨーロッパ，北米の農地化がなぜ地球環境問題で責任を問われないのか，なぜ先進国と同様な発展をめざす開発途上地域の農地化（焼き畑）の問題がとりざたされるのか，過去の責任をとれない先進国の悩み，現在の国民の生活向上が一向に進まない開発途上国の悩み，これらは，明らかに何らかの解決をめざすわれわれの責務といって過言ではない．

　森林から木材を得ているが，近年，木材の生産価値以上の，いわゆる多面的機能の重要性が謳われるようになり，いわゆる森林の公益的機能を評価するようになった．図2.21は，こうした森林の公益的機能をまとめたものである[3]．いかに多くの公益的機能があるか理解できよう．

　開発途上国の森林は，過度の焼き畑や放牧によって著しく荒廃し，草地化したものや，火災後，劣化した二次林と化したものなど多様である．草地化した荒廃地は人口収容力を失うので，緑化によって土地生産力を向上させ，また生物多様性を回復させていく努力が必要である．森林火災の規模が大きな場合は，地域固有の樹種の消失によって，もとの森林に戻ることは難しい．そのため，二次林を地域固有の森林に誘導することが必要である．

　このような多様な立地条件に森林を回復させていく視点として，地域住民への利益を考慮する必要がある．ヴァンダナ・シバ（1981）は地域固有の森林とユーカリ人工林を比較し，地域社会への貢献の視点から比較している[4]（図2.22）．地域固有の森林は地域社会に多様な公益的機能をもたらすが，多様性のない単一樹種の人工林は多くの公益的機能を喪失させるという．開発途上国での植林活動は，このような地域固有の森林へ誘導する環境造林と，木材生産を主目的とする産業植林に大別される．

　産業植林はその目的から，合理的な単一樹種による大面積植林が行われる場合が多いため，多くの影響が懸念されている．生態学的見方からすれば，地域の生物多様性保全の消失問題であり，社会科学の見方からすれば，植林対象地の地域住民のしめだしと，しめだされた地域住民が近在に残る森林で焼き畑を行う，いわゆるリーケージ（プロジェクトサイト以外での炭素放出）の問題である．

2.3 森林が生みだす環境

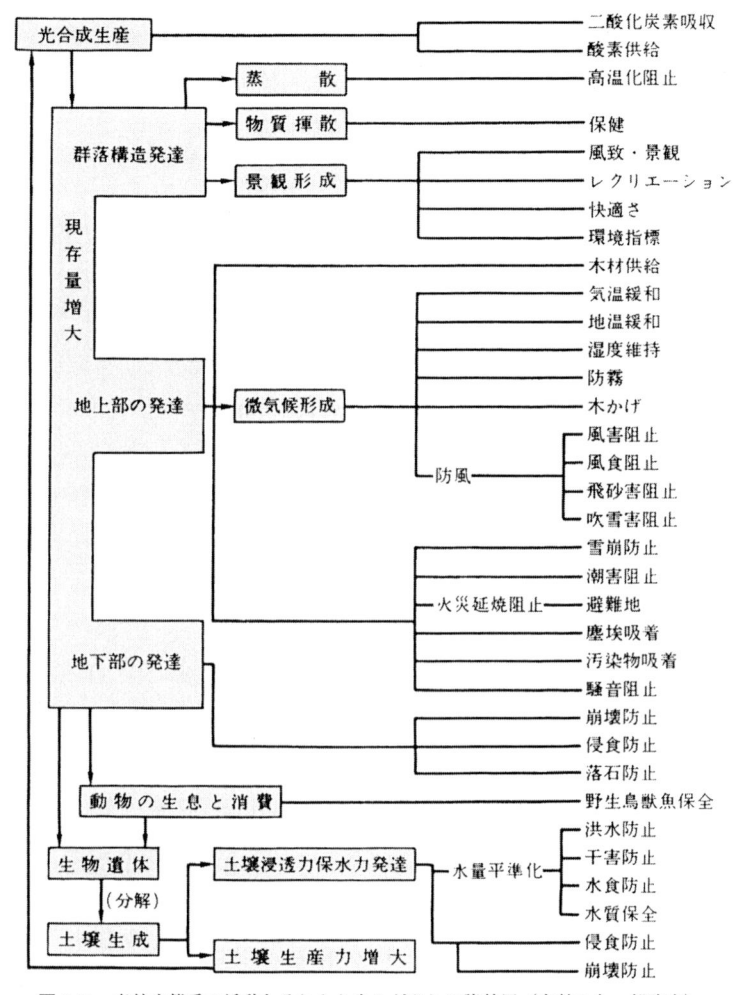

図 2.21 森林生態系の活動とそれから生みだされる諸効用（文献[3]を一部改変）

[図中の語句：光合成生産／群落構造発達／現存量増大／地上部の発達／地下部の発達／蒸散／物質揮散／景観形成／微気候形成／防風／火災延焼阻止／動物の生息と消費／生物遺体／（分解）／土壌生成／土壌浸透力保水力発達／土壌生産力増大／水量平準化／二酸化炭素吸収／酸素供給／高温化阻止／保健／風致・景観／レクリエーション／快適さ／環境指標／木材供給／気温緩和／地温緩和／湿度維持／防霧／木かげ／風害阻止／風食阻止／飛砂害阻止／吹雪害阻止／雪崩防止／潮害阻止／避難地／塵埃吸着／汚染物吸着／騒音阻止／崩壊防止／侵食防止／落石防止／野生鳥獣魚保全／洪水防止／干害防止／水食防止／水質保全／侵食防止／崩壊防止］

　しかしながら，このような一般的な産業植林への非難はあてはまらない場合が多い．開発途上国では過度の焼き畑や放牧による土壌劣化は大面積に及び，人口収容力を消失した地域が多い．こうした地域での産業植林は，生産性のない土地を生産性のある土地として回復させ，地域住民の雇用による地域経済の向上に寄与している．たとえばブラジル南部 Minas Gerais の荒廃地では *Eucalyptus garandis* による大面積植林が行われ，パルプ生産が行われている．土地生産性を

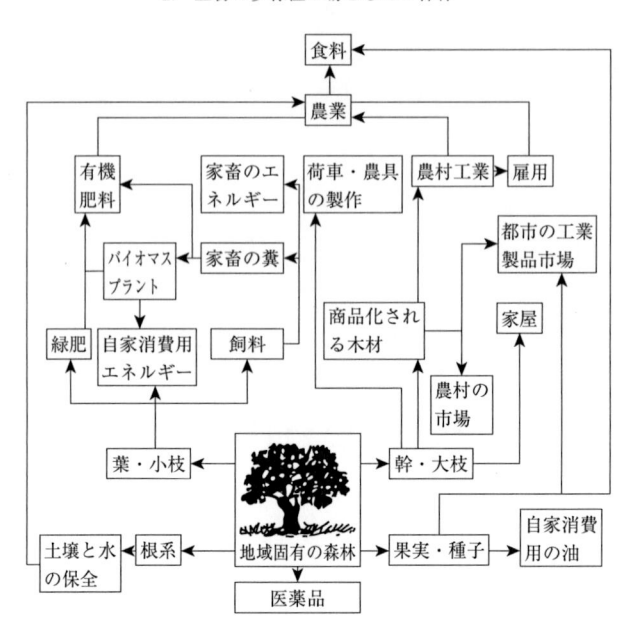

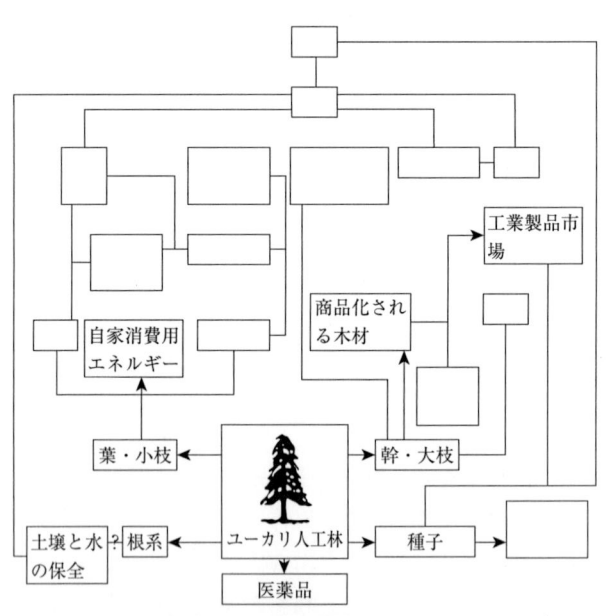

図 2.22 郷土樹種（上）と導入樹種（下）の地域システム[4]

失った地域で土地生産があがり，経済として成り立つことは，地域住民ひいてはブラジルの国にとって価値あるものとなっている．

また，二次林やある程度生産力のある放棄地であれば，少ないながらも人口収容力があり，そのような地域は地域住民あるいは移住住民によって焼き畑が行われる．したがって，こうした地域では地域住民を排除してまで産業植林が行われることはほとんどないのが現状である．

したがって，植林活動は，産業植林であっても環境造林であっても，荒廃地，放棄地が対象となる場合が多い．土地生産力を失った土地での森林造成が環境に与える影響評価は，土地生産力の回復評価となる．森林造成によって経済的価値が生まれれば，持続的な利活用（木材生産ばかりでなく，落葉落枝の採取など）が重要である．森林から生産物を得るということは，農地から収穫物を系外にもちだすことと同じであり，回復させた森林の生産力をやがて失うことになる．したがって，森林に人の手が加わる場合の影響評価が重要であり，評価から効率的な管理技術が確立される．

2.3.1 森林と生物生産

地球の酸素はすべて植物がつくりだしたものである．植物は二酸化炭素と水と太陽からの光エネルギーから有機物（糖）と酸素をつくっている．わたしたちの生活はこの逆で，有機物と酸素からエネルギーを得ている．

$6CO_2$ + $12H_2O$ + 光エネルギー → $C_6H_{12}O_6$ + $6O_2$ + $6H_2O$
6mol　　12mol　　　688kcal　　　←　　1mol　　6mol　　6mol
(264 g)　(216 g)　　　　　　　　　　　(180 g) (192 g) (108 g)

森林では，光合成生産による有機物が葉，枝，幹，根に分配されて成長を続け，その過程で，落葉，落枝が土壌有機物として蓄積される．森林の植物以外の生物はすべてこの植物が太陽の光エネルギーを化学エネルギーに変えた有機物に依存している．

森林は無限に大きくなれないので，最大の森林，すなわち，極相の森林へと向かう．極相の森林では，バイオマス（現存量：一定面積当たりの有機物量）がほぼ一定となる．巨大化した幹，枝，根の呼吸による有機物の消費や枯れていく樹木の分解も大きくなるので，光合成生産による二酸化炭素の固定量と呼吸や分解による二酸化炭素の放出量が同じ程度になってしまう．すなわち，十分発達した森林では，固定と放出がほぼ等しくなる．この極相の森林を燃やしてしまわない

限り，森林は大気中の二酸化炭素を有機物のかたちで貯留していることになる．これは，倉庫に荷物がいっぱいに詰まった状態で，中の荷物をとりださない限り，もう荷物を詰め込むことができないことと同じである．

ところで，動物や菌類は植物の光合成生産に依存しているが，植物と動物の関係は生態系によって大きく異なる．熱帯降雨林のバイオマスは 450 t/ha あり，年間の植物純生産は 22 t/ha でこのうちの 1.5 t/ha（7％）が野生動物のエサとなる．93％ はバイオマスの増加や従属栄養微生物の分解，無機化に回される．一方，珊瑚礁の植物プランクトンのバイオマスは 20 t/ha と少ないが年間純生産は 25 t/ha と熱帯降雨林を上回る．25 t/ha の純生産のうち 4 t/ha（16％）がエサとなる．動物への変換効率は明らかに森林生態系で小さいことがわかる[1]．

十分に発達した森林を焼き払った後，残された林地が再び森林として回復していけば，大気中の二酸化炭素を吸収し続け，元の状態に戻っていく．林業は，森林が成長過程にある途中で木材を伐りだすが，残された林地では，再び旺盛な光合成生産によって大気中の二酸化炭素を固定し，蓄積を増やしていく．林業と大気中の二酸化炭素問題にとって重要なことは，木材が建築材として利用されることにある．すなわち，林業生産の場以外に木材をとりだし，家屋などに炭素として貯留し，二酸化炭素としてのストックを多くつくることに意味がある．

図 2.23 はかなり発達した森林の例である[5]．森林の葉量は変わらず 14.6 tC（C；炭素量として）で，この樹冠の葉で光合成生産を通じて二酸化炭素を 28.5 tC 吸収する．そのうち，4.4 tC を呼吸，4.8 tC を落葉落枝で消費し，残りの 4.8 tC を幹，枝，根に，14.5 tC を細根に分配している．個体の支持器官である幹よりも養水分の吸収に重要な細根への分配が多いことが特徴である．細根の現存量が 13.2 tC で，樹冠からの供給量 14.5 tC のほとんどが呼吸消費 7.9 tC と枯死 6.6 tC に回される．したがって，細根の現存量 13.2 tC でほぼ一定である．

幹，枝，根では，樹冠からの供給量 4.8 tC のうち，呼吸で 1.5 tC，枯死で 1.3 tC 使われ，差し引き 2 tC が年間成長量として残る．1 年間で，この森林の土壌に残される量は枯死脱落量 4.8 + 1.3 + 6.6 tC の 12.7 tC ということになる．すなわち，純光合成生産 28.5 tC のおよそ半分が土壌有機物として供給される．

森林生態系で炭素貯留として重要なのは土壌である．地上部から付加される有機物は，長い年月をかけて土壌に集積する．土壌上層の有機物は土壌微生物を含めた土壌生物の栄養源である．熱帯降雨林では土壌の腐食連鎖を通じた落葉・落枝や枯死倒木の分解速度は温帯や寒帯の森林に比べてたいへん早い．そのため，

2.3 森林が生みだす環境

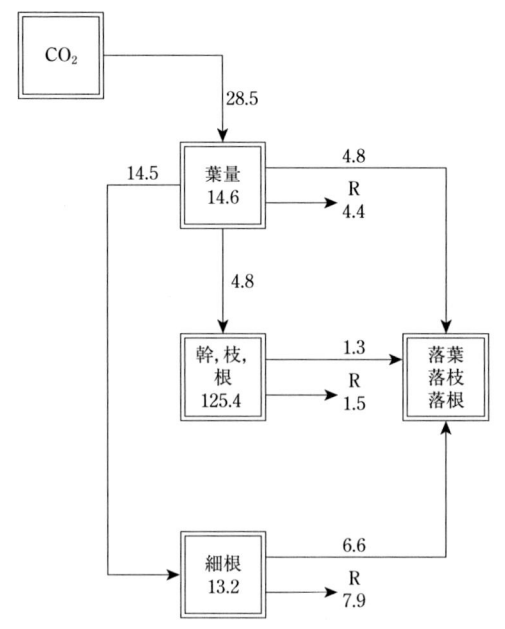

図 2.23 いろいろなモデルを組み合わせて推定した 40 年生森林の炭素収支 [5]
図中の数値は現存量 tC/ha, 線上あるいは線横は吸収あるいは分配速度 tC/ha/y, R は呼吸量.

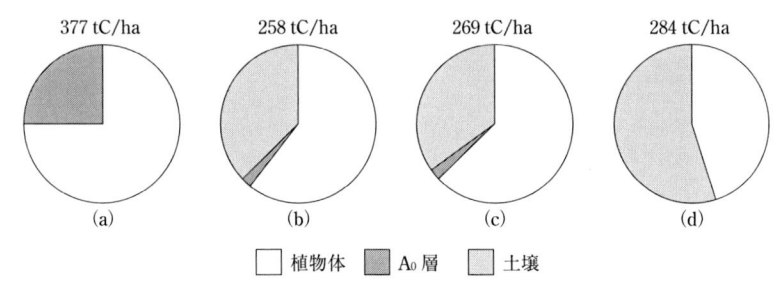

図 2.24 森林のタイプと有機炭素蓄積量の配分（文献 [6] を一部改変）
a：熱帯降雨林（マレーシア），b：照葉樹林（春日山），c：ブナ林（芦生），d：亜高山帯針葉樹林（志賀高原）.
数字は全蓄積量，d の土壌炭素量は A_0 層の分を含む.

有機物由来の土壌中の炭素はあまり蓄積されない．森林生態系の炭素蓄積量をみると，土壌炭素は熱帯降雨林では 1/4 であるのに対し，亜高山帯の針葉樹林では 1/2 と膨大になる[6]（図 2.24）．

亜寒帯から亜熱帯に分布する日本の森林では，地上部樹木中の炭素量 11 億 t に対して，土壌中の炭素量は 54 億 t あり，樹木のおよそ 5 倍の炭素を貯留していることになる[7]．

2.3.2　森林と炭素循環

地球の歴史，46 億年のなかでおよそ 38 億年前に誕生した生命は，34 億年ものあいだ陸上に上がれず海水中で進化がすすんだ．この間に，溶存二酸化炭素とカルシウムイオンの反応によるばかりでなく，石灰石の殻をつくるプランクトン，貝や珊瑚が登場して大量の石灰岩を海で堆積した．すなわち，植物の光合成を介して，大量の二酸化炭素が石灰岩として固定され酸素が放出されたのである．酸素が生成されたおかげでオゾン層が形成され，生物が陸上にすめるようになった．その後，陸上に上がった植物が有機物を堆積させさらに二酸化炭素を固定した．

このような生物活動による石灰岩への二酸化炭素貯留量（二酸化炭素として $1,800 \times 10^{20}$ g）は膨大で，石油，石炭の埋蔵量（0.2×10^{20} g）の 9,000 倍あるという[8]．セメントが石灰岩からつくられ，そのときに二酸化炭素が放出されるので，近代都市形成に不可欠のセメント工業が大量の二酸化炭素放出源である（1 t のコンクリート生産で 0.498 t の二酸化炭素放出）ことに納得がいくであろう．

a.　生物圏の二酸化炭素

生物圏において，光合成による酸素の生産速度と，呼吸や燃料などによる酸素の消費速度とがほぼバランスしているとするなら，大気における酸素の回転率は 0.00022/年，滞留時間は 4,500 年となる．仮に，生物圏のすべての光合成が停止し，かつすべての石炭や石油（推定でおよそ 1,000 億 tC）を燃焼させたとしても，人は酸素分子の不足では破滅することはない．すなわち，すべての石炭や石油の燃焼に 2,700 億 t の酸素分子が消費されるが，これによって大気中の酸素分子の濃度は 20.9%（容量）から 20.4%（容量）に減少するにすぎない[2]．

このような酸素分子濃度の減少では，生物圏はもとより，人の生存にもなんら影響しない．しかしながら，すべての石炭や石油の燃焼によって排出される 3,700 億 t の二酸化炭素は生物圏を激変させる．もしこの二酸化炭素が大気にす

べて蓄積されたら，大気中の二酸化炭素濃度は，現在の 358 ppm（容量）から，14 倍の 5,000 ppm（容量）に増加する[2]．健康への影響ばかりでなく，大きな温暖化である．ここで明らかなように，人間活動の増大による地球環境問題は，人も含めた生物に必要な酸素の減少ではなく，二酸化炭素のような温室効果ガスの増加問題である．

b. 人の営みが二酸化炭素の収支を変える

大気中には二酸化炭素が炭素量として 7,500 億 t（358 ppm）存在し，年々増加傾向にある．増加原因を生物圏の年間炭素収支でみると（IPCC，2000），陸上生態系では光合成による吸収と呼吸（分解を含める）の差からおよそ 23 億 tC が貯留される．海洋でも同様で 23 億 tC が貯留される．一方，人間活動による化石燃料の燃焼やセメント工業などによって 63 億 tC が放出される．また，土地利用の変化（主に熱帯地域の森林の転用）によって 16 億 tC が大気に放出される．これらの収支から，年間 33 億 tC が大気に付加され（年間排出量の 40％），二酸化炭素濃度の上昇（年間 1.5 ppm）に寄与することになる．

大気中の二酸化炭素濃度変動にかかわる陸上の生態系を考える上で，農耕地など 1 年生植物で覆われている地域は，年単位で考えれば炭素収支はほぼゼロである．すなわち，生育期間中は光合成生産によって成長するが，生育期間が過ぎると，種子だけが残り他の器官はやがて枯死する．草地生態系もほとんどが 1 年生植物である．生育期間の終わりの枯死有機物が土壌へ蓄積して貯留されていくことが考えられるが，蓄積と分解が見合っていれば炭素収支はゼロと考えられる．このように考えると，森林を除く陸上生態系は，大気中の二酸化炭素濃度の変化にあまり影響しないものと考えられる．

森林生態系の炭素収支を評価する上で，各国の森林が極相林であれば植物の光合成生産とその後の食物連鎖を含めた呼吸による消費が釣り合い，炭素収支はゼロである．すなわち，このような国の森林生態系は現存量として炭素を貯留しているものの，年単位にみれば大気の二酸化炭素のシンクでもソースでもないことになる．しかしながら，地域的にみれば，森林の伐採転用による林地や焼畑後の再生林・二次林など成長過程にある林地も点在するので，これらの生態系を含めた各国の森林の炭素収支はプラスかマイナスかはっきりしない．　　（森川　靖）

文　　献

1) R. H. ホイッタカー（宝月欣二訳）：生態学概説—生物群集と生態系—，205p，培風館，1979
2) 瀬戸昌之：生態系—人間生存を支える生物システム—，184p，有斐閣，1992
3) 只木良也：森林環境科学，164p，朝倉書店，1996
4) ヴァンダナ・シバ（高橋由紀・戸田　清訳）：生物多様性の危機—精神のモノカルチャー—，186p，三一書房，1997
5) McMurtie, R. and Wolf, L. : Above-and below-growth of forest stands : a carbon budget model. *Annals of Botany* **52**, 437–448, 1983
6) 中静　透：熱帯林の生態，地球環境ハンドブック（不破敬一郎・森田昌敏編著），1129p，朝倉書店，2002
7) 森林総合研究所：二酸化炭素を封じ込める森林土壌のはたらき．研究の"森"から **96**，2001
8) 北野　康：新版 水の科学，254p，NHKブックス，1995

2.3.3　森林と土壌環境

　森林は気圏，水圏，岩石圏との間で物質・エネルギーの授受を行い，それらを森林内の多様な生物と土壌の間で循環させることによって成立している1個の生命システムである．森林土壌はこのなかで，植物に水と養分を供給するばかりでなく落葉・落枝などを分解・再循環し，酸性降下物など外界からの物質を濾過，緩衝するなど，森林の成立・維持を担う中核的サブシステムを形づくっている．また，地球温暖化の進行が予測されるなか，森林と森林土壌による二酸化炭素の吸収・貯留機能が注目されている．持続可能な森林経営のための基準・指標（criteria and indicators）の策定において，「土壌保全」や「土壌の地球的炭素循環への寄与」が重要な基準として取り上げられるのは，森林土壌がこうした森林の中核的機能を担っているからに他ならない．そこで炭素（C），窒素（N），ミネラルなどの循環からみた森林土壌の特質と，その環境との関連について，また斜面に分布する森林の土壌保全とその管理について概観する．

a.　森林土壌と炭素循環

　樹木の約4割は炭素で占められる．幹や大きな枝や根は樹木の枯死まで長期間樹体に蓄えられるが，葉や細い枝や根は成長に伴う枯死脱落により落葉・落枝や根の遺体として土壌へ供給される．土壌に供給された有機物は土壌動物と土壌微生物により分解され大部分が二酸化炭素として気圏に放出され，一部は有機態，

無機態のかたちで浸透水とともに水圏に流出する．地表に堆積する分解途上の落葉，落枝など植物遺体からなる層を堆積腐植層（humus layer）（A_0層（A_0 horizon），O層（O horizon），リター層（litter layer）ともいう）と呼び，分解程度により，最表層の比較的新鮮な落葉・落枝からなるL層（litter layer），落葉・落枝が分解・破砕され細片化したF層（fermentation layer），分解が進み粉状，グリース状に変化したH層（humus layer）に細区分される．土壌微生物の活性は一定温度範囲内では温度とともに上昇するため有機物の分解は熱帯で速く寒帯で遅い．このため，A_0層量は熱帯林で約1.5～2.5 t/ha，亜寒帯林では15～50 t/haと気候帯で大きく異なる[1]．また，A_0層量は新たな落葉が供給される初冬に最大となり，翌年の晩夏～初秋に最小となるような変動を毎年繰り返している．有機物分解は水分条件にも左右される．わが国の褐色森林土で，中部～下部斜面の適潤性土壌ではL層からなるA_0が薄く発達するだけであるのに対し，尾根や上部斜面上の乾性土壌ではL層に加えF層やH層が厚く発達するのは，水分の多寡が土壌動物や微生物の活動を強く支配しているためである．このようにA_0層の形態的特徴は土壌の水熱環境に対応してその量や形態が特徴的に異なるので，土壌の分類や肥沃度の有効な指標となる．有機物の分解とは，土壌動物や土壌微生物など分解者による有機物の食物としての利用に他ならず，有機物の食物資源としての価値や利用の難易が分解に関係する．難分解性のリグニンや分解者の活動を阻害するタンニンの割合が低く，エネルギー源として利用価値の高い易分解性の糖やセルロースの割合が高いほど，有機物は分解しやすい．また菌体タンパクの合成には窒素が不可欠であるため，窒素を多く含む有機物ほど利用価値が高く分解も早い．樹種によってこれら成分濃度は異なるため分解速度にも大きな幅があり，窒素に対するリグニンの比が低いほど分解が早い[2]．

　有機物分解の最終産物は，二酸化炭素，水，アンモニアであるが，一部分解を免れた有機物は生物的・化学的プロセスを経て土壌中で暗色無定形の高分子物質（腐植物質，humic substances）へと合成される．腐植物質は，粘土とともに土壌の最も基本的な構成要素として，土壌構造（soil structure）の発達促進とそれを通じた保水性，透水性，通気性の獲得，多量に含まれるカルボキシル基（$-COOH^-$）や水酸基（$-OH^-$）による養分陽イオンの吸着保持など，土壌の重要な機能を担っている．無機成分と複合体を形成した腐植物質は，一般に難分解性で永く土壌中にとどまるため，森林土壌は炭素貯留庫として重要な役割を果たしている．地球上の森林バイオマス炭素は約425 Gt（$1Gt=10^9 t$）であるのに対

表 2.2　地球上の森林生態系の炭素貯留量 [3]

生態系	面積 (10^6 ha)	炭素貯留量 (Gt)		
		植物体	土壌	全体
熱帯林	176	212	216	428
温帯林	104	59	100	159
北方林	137	88	471	559
熱帯サバンナ	225	66	264	330
合計	642	425	1,051	1,476

IPCC 特別報告書のデータから森林生態系部分のみを抜粋.

表 2.3　温帯林地域における土壌有機炭素の長期蓄積速度 [5]

最終成立植生	土壌の起源	蓄積期間 (年)	蓄積速度 (kg/ha/y)
常緑広葉樹林	火山灰	1,277	120
針葉樹林	火山性泥流	1,200	100
落葉樹林	氾濫堆積物	1,955	51
落葉樹林	砂丘	10,000	7
ユーカリ林	砂丘	6,500	14
低木林	氷河堆積物	9,000	25

し，森林土壌はその 2.5 倍弱の約 1,051 Gt の有機炭素（organic carbon）を貯留している [3]（表 2.2）．土壌有機炭素の深さ 1 m までの貯留量は熱帯林では 100 t/ha ほどであるが亜寒帯林では 150～200 t/ha ほどに増加する．日本の代表的森林土壌である褐色森林土の深さ 1 m までの炭素貯留量は 200 t/ha 前後，黒色土では 300 t/ha を超えることも少なくない．また，わが国全体では森林バイオマス炭素 1.1 Gt の 5 倍弱に相当する約 5 Gt 前後の炭素が森林土壌に貯留されている [4]．しかし，リターとして土壌に供給された有機物のうち分解を免れ土壌中で腐植物質に再合成される量はわずかであるため，森林下での土壌炭素蓄積速度はごく緩やかなものとなる．母材から土壌が生成される場合の炭素蓄積速度は温帯の貧栄養砂丘上で約 10 kg/ha/y，火山灰土壌で 120 kg/ha/y である [5]（表 2.3）．したがって，蓄積速度を仮に最大で 120 kg/ha/y としても，わが国森林土壌の平均的数値である 200 t/ha の炭素が蓄積するには 1,700 年もの時間を要する計算となる．持続可能な森林経営において土壌腐植（有機炭素）維持の重要性が強調される最大の理由は，腐植が土壌のさまざまな機能発現に不可欠の存在であり，同時に，きわめて長い時間を経て蓄積されたもので，その損失の回復にはま

た長時間を要するためである．

b. 森林土壌と窒素・ミネラルの循環

　森林生態系の主要な窒素給源は，マメ科植物とリゾビウム（Rhizobium）属細菌の共生や，非マメ科植物とフランキア（Frankia）属放線菌の共生（symbiosis）による固定（fixation）であり，土壌中に単独で生息する自由生活型（free living）の微生物による非共生的固定がこれに加わる．植物による吸収・利用の後にリターとして土壌へ供給された有機態窒素は，微生物によりアンモニア態（NH_4^+）や硝酸態（NO_3^-）の無機態窒素に無機化（mineralization）され植物に吸収利用される．したがって窒素無機化の難易が窒素肥沃度を決定する．窒素の無機化はタンパク質がアミノ酸を経てアンモニア態窒素に無機化されるアンモニア化成（ammonification）と，アンモニア態窒素が亜硝酸態窒素（NO_2^-）を経て硝酸態に酸化される硝酸化成（nitrification）の二つのプロセスからなる．有機物が新鮮でC：N比が高いステージでは，豊富に存在する易分解性の有機炭素はエネルギー源として利用され二酸化炭素として放出される．一方，相対的に不足する窒素は微生物菌体の合成のため繰り返し利用される．分解と併行してC：N比が低下するにつれ，窒素のエネルギー利用が増大し無機態窒素の放出が増加する．窒素の形態変化には環境も影響を及ぼし，乾燥，過湿，低温により無機化は抑制され，タンニン化合物などの存在下や酸性土壌で硝酸化成は低下する．窒素肥沃度はわが国の褐色森林土では適潤〜弱湿性の弱酸性土壌で最大となる．

　陽イオンであるアンモニア態窒素は土壌に吸着され移動しにくいのに対し，陰イオンとして存在する硝酸態窒素は土壌水に溶け植物による吸収を免れれば水とともに流亡する．このため渓流へ流出する硝酸態窒素は植物による吸収の変化に同調し，伐採などで植被が除去されれば増加し，若齢林で少なく壮齢〜老齢林で多くなる[6]．一方，林地への窒素供給量が林木の成長に必要な量を超える現象を窒素飽和（nitrogen saturation）と呼び，余剰の硝酸は土壌の酸性化を引き起こし，森林の健全性にさまざまな影響をもたらす可能性がある[7]．森林生態系における窒素は，生物的固定以外に，大気中の塵や排出ガス中の窒素の乾性沈着（dry deposition）や湿性沈着（wet deposition）により供給される．現在，わが国の森林への湿性沈着による窒素負荷は 10 kg/ha/y 程度であるが，自動車の排気ガスや肥料由来の窒素化合物の沈着量は近年増加傾向にあり，窒素飽和を引き起こす危険性をはらんでいる．また，降水の酸性化に対する硝酸の影響も増大している．

表 2.4　1994 年時点における地球規模での亜酸化窒素収支の推定（TgN/y（Tg＝10^{12}g））

発生源	発生量	範囲
海洋	3.0	1〜5
大気（NH_3の酸化）	0.6	0.3〜1.2
熱帯林		
湿潤林	3.0	2.2〜3.7
乾燥サバンナ	1.0	0.5〜2.0
温帯土壌		
森林	1.0	0.1〜2.0
草地	1.0	0.5〜2.0
自然起源小計	9.6	4.6〜15.9
農耕地土壌	4.2	0.6〜14.8
バイオマス燃焼	0.5	0.2〜1.0
工業	1.3	0.7〜1.8
家畜・畜舎	2.1	0.6〜3.1
人為起源小計	8.1	2.1〜20.7
合計	17.7	6.7〜36.6

文献[8]を抜粋して作成．

嫌気的環境下に置かれた土壌中では，硝酸や亜硝酸は脱窒（denitrification）と呼ばれるプロセスを経て，広範な微生物群により N_2O や N_2 などのガス化合物に還元される．ここで生成する N_2O（亜酸化窒素）は温室効果ガスの一つであり，脱窒作用以外に硝酸化成作用の副産物としても生成される．亜酸化窒素の最大の発生源は多量の窒素が投入される農耕地土壌であるが，森林もまた発生源として無視できないと考えられている[8]（表 2.4）．

一方，リン，カリウム，カルシウム，マグネシウムなどの養分元素は岩石中に多量に存在し，その風化（weathering）により解放され，あるいは大気中の海水飛沫や塵などのエーロゾル中のミネラルが湿性・乾性沈着により供給されたものが植物に吸収される．植物に取り込まれた養分元素の大部分は，土壌−植物体間で循環し繰り返し利用される．この物質循環プロセスは同時に A_0 層や表層土壌中に有機物と養分が再配分・蓄積される過程でもあり，この循環を通じた地力の維持増進を自己施肥（self-fertilization）と呼び，森林の維持発展に重要な役割を果たしている．自己施肥の本質は養分の土壌表層への再配分であり，林木の成長は一方で土壌養分のバイオマス中への移行・蓄積過程でもある．したがって，外部からの養分収入が相対的に小さければ，土壌養分のプールは森林成熟とともに縮小し土壌は貧栄養化していく．

近年，湿潤熱帯で拡大するアカシアやユーカリなど早生樹の短伐期施業による林業では，10 年未満のサイクルで木材収穫が繰り返され，樹木に蓄積された養分もその都度もち出される．高温・多湿な湿潤熱帯では，長期間にわたる強度の風化・溶脱の結果，酸性で貧栄養のオキシソル（Oxisols）やウルティソル（Ultisols）などの土壌が卓越して分布する．湿潤熱帯のこれら強風化土壌は，風化を通じて多くのミネラルを供給する温帯域の土壌とは異なり，易風化鉱物を含まないか含んでもわずかであるため，ミネラル供給を風化に期待することは困難

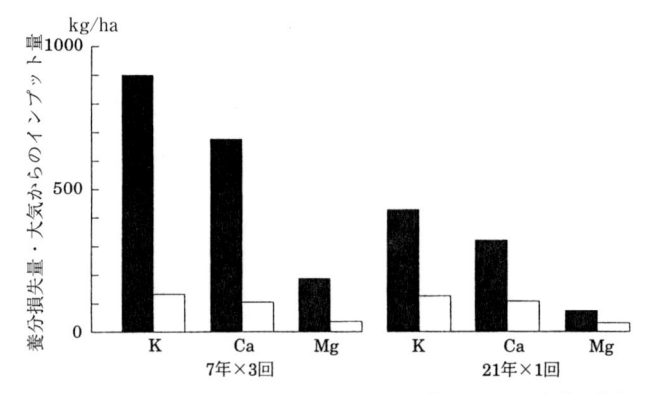

図 2.25 東カリマンタンの *Eucalyptus deglupta* 造林地における収穫，焼却，溶脱による塩基類の損失量（左側の墨抜き棒）と大気からのインプット量（右側の白抜き棒）の比較：7年輪伐期3回ローテーション（左側）と21年輪伐期1回ローテーション（右側）の比較[9]

であり，森林への給源の多くを大気に求めざるをえない．幸い湿潤熱帯は雨が多いため大気からのミネラルの供給も多いがそれでも絶対量はわずかであり，木材収穫による損失を大気からの供給のみで補うことは難しい[9]（図 2.25）．森林の成長は有限な土壌養分に依存しており，このような集約的林業では合理的な養分資源の管理・保全が持続的可能な経営の鍵となる．

c. 土壌保全と森林管理

　森林は自らがつくりだした物質循環系に大きく依存し，なかでも養分の主要な貯留，放出，吸収の場である表層土壌の重要性はいうまでもなく大きい．一方，斜面に分布するわが国森林は常に土壌侵食の危険にさらされており，表層土壌の保全はわが国森林の管理・経営にとって重要な課題である．

　土壌侵食の速度と量の予測には米国農務省による「土壌流亡予測式」（USLE；universal soil loss equation）が広く用いられる．この式は，土壌侵食量が降雨強度，土壌侵食抵抗性の低下，斜面長，傾斜，土壌被覆の低下に比例して増大することを表している．土壌侵食を支配するこれらの要因のうち，土壌侵食防止に劇的効果があり，しかも森林管理に密接に関係した最大の因子は土壌の被覆程度である．一方，樹木の存在自体は常に土壌侵食を減少させるわけではない．雨滴は樹冠でより大きな水滴へ融合し高い樹冠から落下すればその力学的エネルギーは増幅され，土壌表面が裸出していれば雨滴衝撃により激しい飛沫侵食が起こる．たとえば，密植や間伐遅れのために光量の不足した森林では下層植生が失われ，

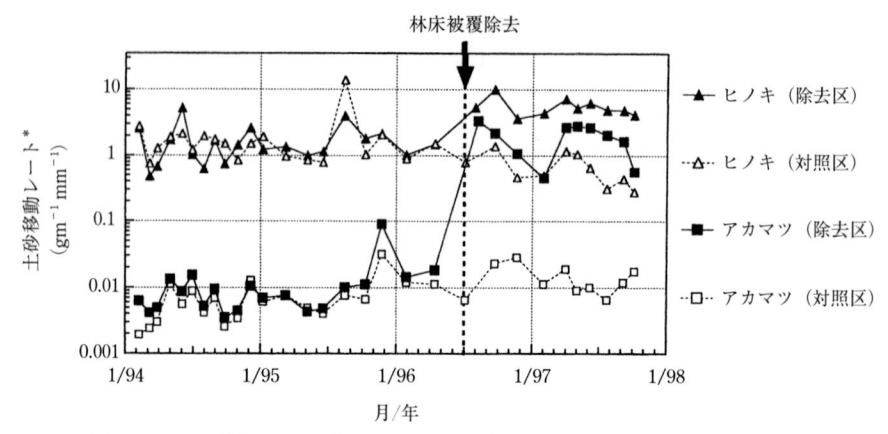

図 2.26 ヒノキ林とアカマツ林における林床被覆除去処理に伴う土砂移動レートの変化
1996 年 6 月〜7 月の下向き矢印と破線は，除去区では枠囲いおよび林床被覆除去処理の実施，対照区では枠囲い処理の実施を示す．
* 土砂移動レート：降水量 1mm 当たりの土砂移動量（幅 1m 当たり）．

ヒノキ林の場合には落葉は雨で運び去られ林床が裸地化する．林床が裸地化したヒノキ林の土壌侵食強度は，厚く発達した A_0 層をもつアカマツ林よりも著しく大きい．アカマツ林もまた A_0 層を剥ぎ取れば土壌侵食強度はヒノキ林と同レベルまで増大する[10]（図 2.26）．土壌侵食の防止・緩和には林床を植物やリターにより被覆することが重要であり，落葉の土壌保護効果が大きい広葉樹や分解が遅くマット状の A_0 層を形成するマツの混植，積極的な間伐や長伐期化による林床植生の繁茂が効果的である．また，複層林化し複数の樹冠層を立体的に配置することによって雨滴の落下エネルギーを低減させることができる．

歴史上，不適切な森林管理が土壌劣化を招いた例は少なくない．わが国の北九州，中国地方，京阪神地方に広く分布するせき悪土壌は，古くからの焼畑農耕の繰り返しや製塩・製鉄のための森林乱伐がその原因とされる．外国でも，森林の伐採によって蒸発散量が減少し地下水位が上昇して土壌の塩類化を招いた半乾燥地の例や，熱帯沿岸低地の泥炭湿地林などの開発により泥炭分解に伴う地盤沈下を招いたり，パイライトなど可酸化性の硫黄化合物が酸化的環境に置かれ硫酸が生成して酸性硫酸塩土壌の生成を招いた例など，誤った森林管理によってもたらされた不可逆的な土地資源劣化の例が知られている．土壌と森林の関係は不可分であり，気候，母材，地形，時として人間活動の影響を強く受けながら，ともに

発達・変化し，その結果として地球の陸域には生物にとってのさまざまな生存環境が形づくられている．土壌の多様さはその発達要因の多様さの反映であるが，そこに成立したさまざまな森林とそこにすむ生物，それらに依存する人類の生存はいずれも土壌の多様性とその機能に支えられているのであり，適切な森林管理による土壌保全の重要性はきわめて大きい． 　　　　　　　　（太田誠一）

文　　献

1) 堤　利夫：森林生態学，105p，朝倉書店，1989
2) 武田博清：トビムシの住む森，pp.147-151，京都大学学術出版会，2002
3) IPCC : Land Use, Land-use Change, and Forestry (A special report of the IPCC), Cambridge University Press, 2000
4), 5) 太田誠一：森林土壌の保全，陸上生態系による温暖化防止戦略（藤森隆郎監修），pp.105-110, pp.113-114, 博友社，2000
6) Schlesinger, W. H. : Biogeochemistry : an analysis of global change, pp.195-198, Academic Press, 1997
7) 大類清和：森林生態系での"Nitrogen Saturation"—日本での現状—．森林立地 **39**, 1-9, 1997
8) Houghton, J. T. *et al.* (eds.) : Climate Change 2001 : the scientific basis, Cambridge University Press, 2001
9) 太田誠一：東南アジア湿潤熱帯林の土壌—その特性と森林荒廃に伴う変化—．熱帯林業 **53** (11), 2002
10) Miura, S., Yoshinaga, S. and Yamada, T. : Protective effect of floor cover against soil erosion on steep slopes forested with Chamaecyparis obtuse (hinoki) and other species. *J. For. Res.* **8**, 27-35, 2003

2.3.4　森林と水保全
a.　森林流域における水収支

　森林は環境保全機能を多面的に発揮する．そのなかでも森林が水流出にかかわる機能は，水保全機能あるいは水源かん養機能として知られ，それには洪水緩和，渇水緩和および水質保全などの機能が含まれており，森林による水量と水質の調節機能として位置づけることができる．森林の水保全機能は一般的に流出量の変動抑制と遅延により，その一様性や安定性を高めるとともに，水質を浄化する森林の働きとみなすことができる．森林の水保全機能を評価するには，流域における水の動きすなわち水循環の全体像を把握することが基本となる．森林流域における水循環の特性は，水収支という視点から理解することができる．そこ

で，わが国で実施された長期にわたる水文流域試験から得られた研究成果を中心にして，森林における水収支の実態を概観する．水収支では，式（1）において収入である左辺の降水量と支出・貯留である右辺の流出量，蒸発散量，貯留変化量の和との間に等式が成立することが原理となる．

$$P = R + Et + Ei + Es \pm \Delta S \tag{1}$$

ここで，P：降水量，R：流出量，Et：蒸散量，Ei：樹冠遮断量，Es：林床面蒸発量，ΔS：貯留変化量である．式（1）右辺の第2項から第4項までを足し合わせたものが，森林流域からの蒸発散量に相当する．

わが国の13か所の森林水文試験地における水収支の実態を図2.27に示した．流域により水収支は異なるが，①寒冷積雪地域（釜淵・定山渓）で流出量の割合は大きく，70～80%になること，②温暖少雨地域（龍ノ口山・江田島）や島嶼地域（南明治山）では流出量の割合は小さく，30～50%になること，③温暖多雨地域（高隈・大藪・ぬたの谷）では流出量の割合が高く，約70%に達すること，などの地理的特性が認められる．このことから，森林流域の水流出や水収支は立地環境により異なるので，森林管理の指針策定には地域の気象，土壌，地形・地質などの条件を考慮した立地環境区分は有効である．その上に立って，個々の流域に適した森林管理を確立することが望まれる．なお，これらの試験地の平均値は，年間降水量の約40%が蒸発散量となり，残り約60%が流出とい

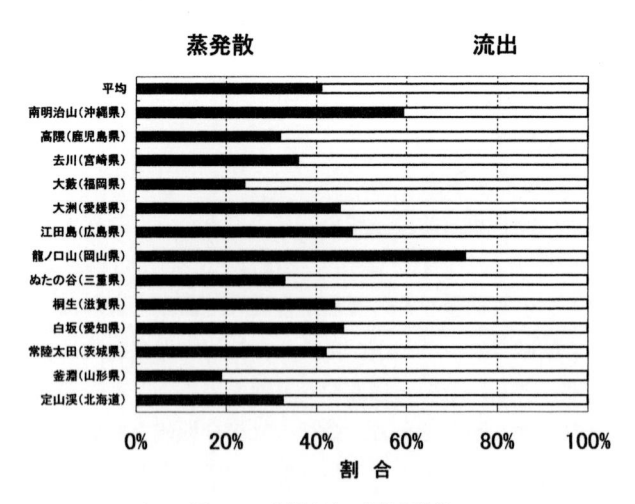

図2.27　森林流域の水収支特性

う収支結果である．

b. 森林伐採・造林に伴う流出量の変化

森林流域の水収支は流域の森林や土地利用などの改変により時系列的に変化する．植栽，間伐，伐採，樹種変更などの森林保育や森林施業は，浸透，地中水移動および蒸発散などの水文素過程の変化を通して流出量に影響を及ぼす．そこで，米国において対照流域法を用いて実施された流域試験の成果[1]から，森林伐採による年流出量変化を図 2.28 に示した．

これまでにも指摘されているように，森林伐採は年流出量の増加を招き，その増加量は伐採面積や伐採量が増えるとともに大きくなるが，立地環境を反映して変動する．これまで伐採面積が流域面積の 20% 以下の場合，年流出量の変化が検出しにくいとされてきたが，図 2.28 のように伐採面積が約 15% 以上になると，流出量は増加することも報告されている．このことは，たとえば通常より大きい強度の間伐は水流出の増加につながることを示唆している．また，伐採による年流出増加量は樹種により異なる傾向があり，Bosh ら[2]は針葉樹＞広葉樹＞灌木の順であるとした．その後のデータ[3]も加え，流域の伐採面積 10% 当たりの年流出増加量を求めると，一つの目安として針葉樹林では 20 〜 40 mm，落葉や常緑混交の広葉樹林では 17 〜 25 mm

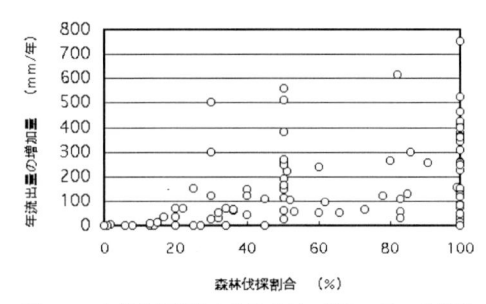

図 2.28 森林伐採割合が年流出量の増加に及ぼす影響（文献[1]より作成）

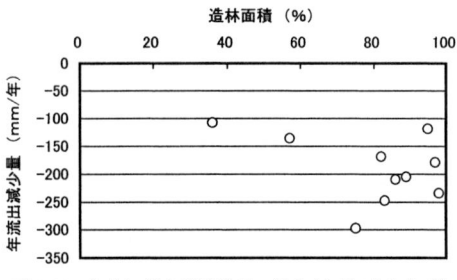

図 2.29 造林に伴う年流出量の減少（文献[6]より作成）

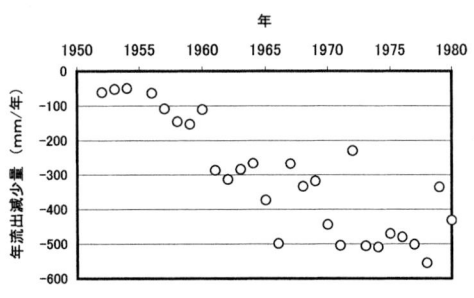

図 2.30 林分成長に伴う年流出減少量の経年変化（1951年植栽）（文献[6]より作成）

と見積もることができる．両樹種の増加量の範囲は若干オーバーラップするが，伐採に伴う増加量は針葉樹林の方が広葉樹林より大きい傾向がある．なお，林況変化と流況の関係については，流況曲線を用いて皆伐[4]や森林回復[5]が豊水・平水・低水・渇水などの流出量に及ぼす影響が明らかにされている．

一方，流域の造林面積拡大に伴う年流出量変化を図2.29[6]に，造林後の樹木成長に伴う流出量の経年変化を図2.30[6]に示した．これらの図から造林面積が拡大するほど年流出量の減少量は大きくなること，さらに，造林後の約30年間は樹木成長とともに年流出量の減少量は経年的に増大することがわかる．年流出量は森林伐採により増加し，造林により減少することが世界各地の流域試験データから確認できる．流出量は森林の施業や保育作業により制御できるが，その変化幅は立地環境に加え，施業・作業の種類や量により変化し，それには限界がある．また，このような流出量の変化は水収支式からも明らかなように，その大部分は式（1）右辺の蒸発散量の変化に起因する．

c. 森林条件と蒸発散量

森林の水保全機能を理解するには，流出量の変化が森林からの蒸発散量に強く依存することから，森林条件と蒸発散量の関係を明らかにする必要がある．このような情報にもとづき蒸発散制御をベースとした森林施業法や保育作業法を確立することが，森林の水保全機能のための新たな基盤的技術体系の構築につながる．わが国の森林からの蒸発散量は図2.27の水収支図作成に用いたデータを整理すると，年間ベースで300〜1,200 mmの範囲にある．また，森林からの蒸発散量は，蒸発散量に占める樹冠遮断量の割合が大きいことが特徴である．樹冠遮断量は年降雨量の約20%，年蒸発散量の40〜50%に及び，蒸散量に近似する．そのため，森林からの蒸発散量が他の植物群落より大きいのは樹冠遮断量の違いに起因するところが大きい．また，図2.28〜2.30でみられた森林伐採や造林による流出量変化においても，樹冠遮断量の増減が強く影響していると考えることができる．

水保全の観点から蒸発散を制御する森林管理や森林整備のあり方を見いだすには，森林蓄積，成長量，葉面積，群落構造などの森林情報が必

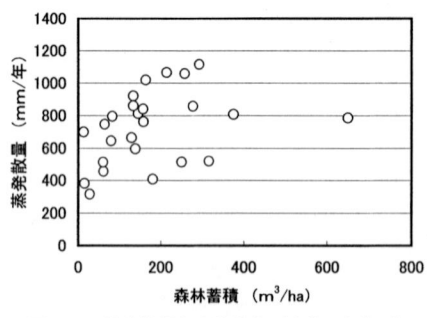

図 2.31 蒸発散量と森林蓄積（文献[7]を修正）

要である.しかし,これらの数値情報は少なく,蒸発散との関係解明はまだ断片的である.図2.31[7]にわが国の森林水文試験地で測定された年蒸発散量と森林蓄積の関係を示した.森林の蓄積が400 m^3/ha以下では,蓄積が増加すると蒸発散量は増大する傾向にある.これは森林蓄積の増加による,主に蒸発面である葉面積や枝・幹表面積の増加や乱流発生に関する林冠粗度の増加などに起因すると推察される.森林蓄積と同様に,林齢の増加とともに蒸発散量や遮断蒸発量が変化する.蒸発散量は植栽後から20年間程度は増加するが,その後はわずかに減少する経年変化を示し,この変化は土地面積当たりの葉面積で表される葉面積指数(LAI)に強く依存する[8].一方,オーストラリアのユーカリ林では林齢が20～30年を超えると,蒸散量と遮断蒸発量が減少するため,河川流量が増加することが報告されている[9].ユーカリ林では,林齢の増加とともに蒸発散量が減少し,その結果として年流出量が増加する.この年流出量の増加は,主に加齢に伴う上木の蒸散量と遮断蒸発量の減少に起因している[10].これらのことは,長伐期林分が水保全に適していることを示唆している.

以上のような林齢に伴う蒸発散量の変化を森林条件との関係で物理的に解明することも今後の課題として残されている.そのためには,具体的な森林の管理・整備を実行する試験流域の充実と併せて,森林条件特に森林蓄積,成長量,葉量,群落構造などの流域における森林情報データベースの整備が急がれる.

(服部重昭)

文 献

1) Stednick, J. D. : Monitoring the effects of timber harvest on annual water yield. *J. Hydrol.* **176**, 79-95, 1996
2) Bosh, J. M. and Hewlett, J. D. : A review of catchment experiments to determine the effect of vegetation changes on water yield and evapotranspiration. *J. Hydrol.* **55**, 3-23, 1982
3) Sahin, V. and Hall, M. J. : The effects of afforestation and deforestation on water yields. *J. Hydrol.* **178**, 293-309, 1996
4) Hornbeck, J. W. *et al.* : Summary of water yield experiments at Hubbard Brook Experimental Forest, New Hampshire. *Can. J. For. Res.* **27**, 2043-2052, 1997
5) 太田猛彦・服部重昭:地球環境時代の水と森,222p,日本林業調査会,2002
6) Scott, D. F. *et al.* : A re-analysis of the South African catchment afforestation experimental data. *CSIR Report,* No.ENV-S-C 99088, 1-138, 2000
7) 服部重昭他:森林の水源かん養機能に関する研究の現状と機能の維持・向上のための森林整備のあり方I.水利科学 **260**, 1-40, 2001

8) Murakami, S. *et al.* : Variation of evapotranspiration with stand age and climate in a small Japanese forested catchment. *J. Hydrol.* **227**, 114-127, 2000
9) Haydon, S. R. *et al.* : Variation in sapwood area and throughfall with forest age in mountain ash (*Eucalyptus regnans* F. Muell). *J. Hydrol.* **187**, 351-366, 1996
10) Vertessy, R. A. *et al.* : Predicting water yield from mountain ash forest catchment, Cooperative Research Centre for Catchment Hydrology, Clayton, Victoria, Australia, 1998, The Forests Handbook vol. 1 (Evans, J. ed.), Blackwell Science, 2001

3. 森林の活力と健全性

3.1 森林・樹木の活力

　樹木は，一般に長寿で，木化し肥大成長することを特徴とする．このために強光，高温，低温，過湿，乾燥，栄養の過不足などの無機ストレスと病害虫などによる生物ストレスに長期間曝される．これらのストレスに対して樹木は高い抵抗性や回避能を示し，各種ストレスに対して一定のストレスの範囲内で適応し成長を続ける．この閾値を超えると衰退から枯死に至る．無機ストレスに対する研究は進んだが，生物ストレスへの応答や樹体の自律機能には未解決の部分が多い．たとえば，樹木は加齢により個体に占める非光合成器官の割合が増加するので成長は減退し活力が低下する．最近，各種携帯用測定機器が開発され，いわば巨大な構造物である樹木の機能評価も進んできた（表3.1）．また，樹冠クレーンが設けられ巨木の生理機能が直接計測可能になった．巨木で知られる米国西海岸のセコイアの老齢な個体の樹冠上部では，休眠芽由来の孫生え状シュートが発達し，老化した樹冠の機能回復に貢献していることが解明された[1]．

表 3.1 樹木・森林の生理活性診断法

	部　位	項　目	計測内容
活　力	個　葉	葉　色	クロロフィル量・組成，窒素含量，葉分析
		外部形態	厚さ，光沢，気孔密度（スンプ法，顕微鏡観察）
		機　能	光合成速度，クロロフィル蛍光反応，蒸散速度，気孔開度，P-V 曲線法による葉の対乾性解析
	枝（シュート）	機　能	水ポテンシャル法，グラニエ法（蒸散速度）
	樹　冠	機　能	画像処理（キサントフィル回路）
		外部形態	樹冠の粗密度，枯れ下がり（ダイバック）
	幹	機　能	蒸発量（皮目），樹体温度，蒸散速度（ヒートパルス法）
健全性	幹	強　度	貫入・引き抜き抵抗，腐朽程度，電気抵抗
	根　系	機　能	根端部の白根の割合（外生菌根菌への感染），外生菌根菌の種類や組成（pH との関連）

遺伝子資源でもある天然生林には，生物多様性保全の視点からも生態系レベルだけでなく構成個体の機能維持が求められる．天然生林の構成個体には耐陰性の高い個体が存在し個体の大きさと樹齢はまったく対応しない．耐陰性の高いトドマツでは，樹高 25 cm 根元径 7 mm で 30 年生の個体も生存していて，大きさが同じような個体でも年輪数が異なり木部の通道機能などが大きく異なる可能性もあり，構造と機能の解明に関する研究の重要性が指摘される．

生物ストレスのなかでも病害・獣害に関連した研究はめざましく発展した[2]．特に食葉性虫害に関する研究は微量物質の分析技術の進展に伴い，従来の天敵による生態系レベルの安定性を重視したトップダウン効果と並び，誘導防御も含めた植物体のもつ防御能力によるボトムアップ効果も解明され始めた[3]．本稿では，各種ストレスに対する樹体の応答機能の評価について紹介する．

（小池孝良）

文　　献

1) Ishii, H. and McDowell, N. : Age-related development of crown structure in coastal Douglas-fir trees. *Forest Ecol. Manage.* **5795**, 1-14, 2001
2) 大串隆之：群集生態学の現在，思索社，pp.25-49, 1999
3) 鈴木和夫：樹木医学，朝倉書店, 1999

3.1.1　樹木の構造と機能を測る

森林の保護あるいは森林の健全性について議論するには，樹木がどのように成長し生命を維持しているのか，そのメカニズムを理解していることが必須条件である．たとえば樹木の枝が枯れた場合，樹木組織内のミクロな現象が樹木の外観変化というマクロな事象とどのようにつながっているのか，樹木の組織構造や生理的機能に関する知識にもとづいて，変化のプロセスをたどる必要がある．このような観点から，樹木の組織構造と機能について基本となる部分を解説する．

a. 樹木の形態

樹木の形態は，遺伝的要因に加えて長年の伸長と肥大成長の蓄積で変化する．樹齢が上がるにつれて，光合成生産量と樹体のエネルギー消費量，水分供給とのかねあいで伸長や肥大成長が緩やかになる．また病虫害や水分供給の不足により枝の枯損や葉量減少が起こる．樹木は一つの個体ではあるが，その生命の維持は中枢的な器官によらず，樹体の各部分で行われている．根の機能が極端に低下し

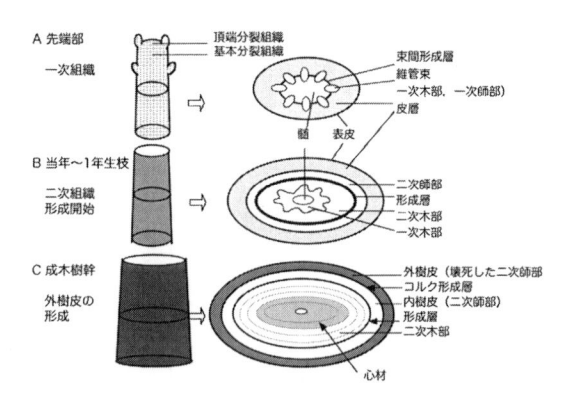

図 3.1 樹幹の発達
(A) 一次組織では，維管束や皮層などが形成される．(B) 枝の伸長が終わる頃，形成層での細胞分裂によって二次木部と二次師部が形成され，直径が増加するようになる．(C) 二次師部の外側から外樹皮となり，木部の中心部から心材が形成される．

たり，樹幹の水分通道が停止するようなことがなければ，部分的な損傷や枯死（壊死）は組織の再生や補完的な成長促進により修復される．

樹木の枝枯れや葉の減少は「衰退」と呼ばれることもあり，樹形から樹木の衰退度評価基準がつくられている[1]．しかし上記の特性から，枝葉の減少の理由はさまざまであって，外見のみで樹木の健全度を診断するのは難しい．この数値は「不健全性を示す絶対値」ではなく，おおざっぱな推測であることを認識している必要がある．森林病理学の観点からは，「樹木の生理的活性の高さ」など樹体内の情報を直接測定し，健全性の指標とすることが望ましい．今後はさらに科学的根拠にもとづいた健全性評価が求められる．

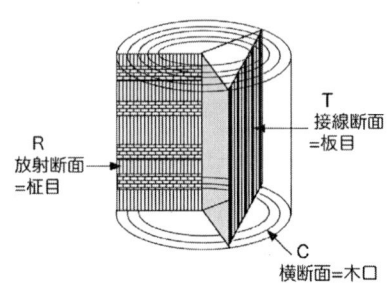

図 3.2 樹木解剖の3断面
横断面（C）は木口ともいう．樹幹の中心を通る縦断面が放射断面（R），放射断面に直交する縦断面が接線断面（T）である．それぞれ柾目，板目ともいう．

b. 樹木組織の形成とその構造

樹木の芽生えは図 3.1 のように発達しながら成長する．枝（シュート）の先端には分裂組織があり，活発な細胞分裂を行う．分裂組織の下側では，生産された

細胞群はさらに分裂したり伸長しつつ，髄や維管束，皮層など異なった組織に分化（発達）する．この部分は草本と同じ構造で，一次組織と呼ばれる．樹木の場合はさらに束間形成層ができる．形成層で分裂活動が続いて木部と師部の肥大成長が進み，幹の直径が増大する[2]．これが二次組織の形成である．枝先の若い部分では多数の柔細胞からなる皮層が木部を覆って保護しているが，肥大成長が進むにつれて皮層は脱落する．太い枝や樹幹では内樹皮（師部）の外側から外樹皮に変化して樹幹を保護する．樹木の組織構造を把握するには，図3.2に示すように，三つの断面の顕微鏡像を合わせて立体としてイメージする必要がある．組織の断面を示すには横断面（木口），放射断面（柾目），接線断面（板目）を用いる．ここでは木本植物に特徴的な組織の構造について解説する（図3.3，図3.4）．

　針葉樹と広葉樹の樹幹を構成する細胞は二つに大別できる．一つは核や原形質を保持したまま何年も生存し，樹木の生命維持にかかわるさまざまな代謝を行う細胞類である．形成層の始原細胞，放射柔細胞，軸方向柔細胞，師部柔細胞などがある．他方は分裂後数週間〜1か月で成熟するとともに核が消失して死ぬ細胞で，これらは物理的な役目を果たすことになる．針葉樹の仮道管や大半の広葉樹にある道管は水分通道を行い，木部繊維や仮道管は幹の強度保持を担う．同化物質の輸送にかかわる師細胞（針葉樹）や師管（広葉樹）は，核は失っているが原形質は保持している．

　形成層の紡錘形始原細胞と放射組織始原細胞が接線面で分裂すると，一部は外側に，大半は内側に押し出されて師部あるいは木部母細胞になる．木部母細胞は数回分裂できるため，顕微鏡で観察すると2個か4個セットにみえることが多い（図3.3D，4個の*）．始原細胞を正確に判別するのは難しく，分裂能力のある部位を形成層帯と呼ぶ．母細胞は伸長や直径拡大をしつつ，いろいろな機能の細胞に分化する．大半の細胞はセルロースの蓄積により壁が肥厚し，リグニンが沈着する．その後に内容物を自己消化して死に，中が空洞となる．形成層の内側では仮道管や道管要素，厚壁の繊維などに分化して木部を形成する．放射組織始原細胞からは主に放射柔細胞が形成され，内容物を保持して何年も生き続ける（後述の糖の貯蔵や防御反応にかかわる）．樹幹が傾いて育つと，垂直に戻そうとする働きのなかで，針葉樹は幹の傾斜下側に圧縮あて材を形成し，広葉樹は傾斜上側に引張あて材を形成する．形成層の外側では，師部母細胞から師細胞や師管，師部柔細胞，繊維などに分化して二次師部を形成する．師部では細胞分裂から数年たった部位に周皮（コルク形成層とコルク組織）が形成され，その外側の細胞が

すべて死んで外樹皮となる．生きている二次師部を便宜的に内樹皮と呼ぶ．外樹皮は乾燥防止や断熱の効果があり，外敵の防御に役立つ．樹種によっては母細胞の一部が水平面で分裂して，軸方向柔細胞が木部にも形成される例（スギ属，ヒノキ属）や，樹脂を生産するエピセリウム細胞が師部または木部に形成される例がある（マツ属，トウヒ属）．木部や師部を構成する細胞の種類やその配列は属や種の間でも変異が大きく[3,4]，図3.3や図3.4で示した写真はごく一例にすぎない．

　形成層始原細胞の分裂活動は，春に葉が展開する前後から開始し，秋まで続く．針葉樹では成長期の初めに形成された仮道管は放射径が大きく早材と呼ばれ，夏以降は径が小さくなって晩材と呼ばれる．晩材の色が濃くみえるので年輪として認められる（図3.3B）．始原細胞の分裂頻度は樹種や樹齢，個体により異なる．マーキング法（ナイフや針で形成層に定期的に傷を与え，成長終了後に細胞増加を計数する）によれば，関西地域のヒノキは4月から10月末まで肥大成長し，細胞分裂頻度はその間に何度か増減する．樹幹は降雨による膨張，乾燥や寒冷による収縮が大きいため，バンド式デンドロメータ（樹幹の周囲長増加を測定する）の測定値は細胞増加による肥大成長と食い違う．

c. 道管・仮道管—木部の水分通道機能—

　道管や仮道管は根から吸収された水が葉まで上昇するための経路で，それら通道要素内の水分を木部樹液と呼ぶ．針葉樹では仮道管の壁面にある多数の壁孔を経由して水が動くが，その上昇パターンは螺旋状やジグザグなど属によって異なる．道管は各要素の両端にせん孔がある．広葉樹では道管の分布様式，直径，せん孔の形態が属（亜属）のレベルで異なり，横断面の配列で以下のように分類される．大径の道管が春に形成され，リング状に並ぶ環孔材（ニレ属，コナラ亜属など，図3.4C），比較的小径の道管が散在する散孔材（ブナ属，ヤナギ属など，図3.4F），大径道管が放射方向に並ぶ放射孔材（アカガシ亜属など）である．ヤマグルマとセンリョウなど道管をもたない広葉樹もある．

　木部樹液は蒸散に起因する張力により引き上げられるという凝集力説が一般的に認められている．蒸散が活発なときに土壌中の水分が不足していると，木部内では樹液にかかる張力が高くなり，気泡が発生（エンボリズム）して通道要素は気体で満たされる（空洞化：キャビテーション）．通常は張力が弱まると，空になった通道要素にまた水が流入して水柱がつながり，通道は回復する．仮道管で発生した気泡は壁孔膜の細かい網目（直径 $1\,\mu m$ 以下）[2] を通って隣の仮道管に広

図 3.3 針葉樹の組織

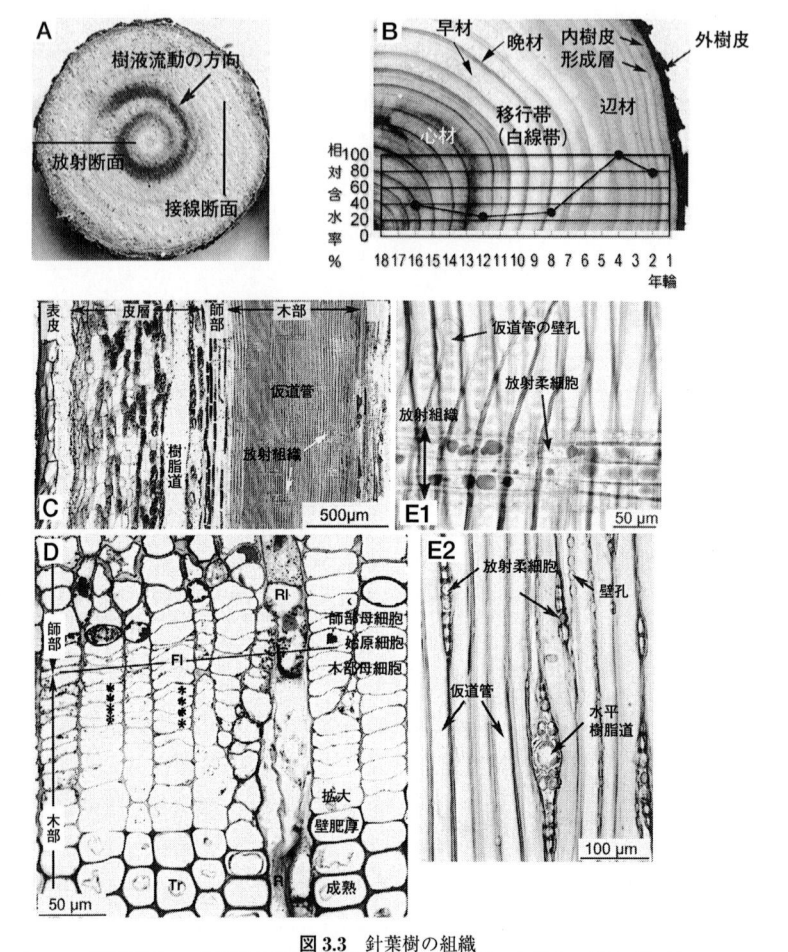

(A) アカマツの横断面図： 色素液を注入すると，樹液が螺旋状に上昇する様子（矢印）がみられる．
(B) スギの年輪および心材形成と含水率（横断面）： 年輪の内側が早材で，外側の濃く見える部分が晩材である．樹齢があがると樹幹の中心部に褐色の心材が形成され，心材形成に際して水分が減少する．グラフのX軸の値は写真の年輪数に対応する．
(C) クロマツ1年生枝縦断面の顕微鏡写真（放射断面）： この切片の木部には仮道管と放射組織，皮層には樹脂道がみられる．
(D) テーダマツの形成層における細胞分裂と細胞分化（横断面）： 実線は形成層始原細胞の位置を示す．紡錘形始原細胞と放射組織始原細胞は接線面で分裂し，外側と内側に押しだされる．木部母細胞（＊）は2回分裂して4個1セットであるのがわかる．仮道管になる細胞はセルロースの蓄積とリグニン沈着の後に内容物が消失する．放射組織始原細胞からは主に放射柔細胞が形成され，内容物を保持して何年も生き続ける．Tr：仮道管，R：放射柔細胞，FI：紡錘形始原細胞，RI：放射組織始原細胞，＊：木部母細胞（4個で1セットになっている部分）．
(E) クロマツ木部の放射断面（E1）と接線断面（E2）の顕微鏡写真： 水分通道を行う仮道管は壁孔という穴で互いにつながっている．仮道管に直交する放射組織には，放射柔細胞や水平樹脂道がみられる．

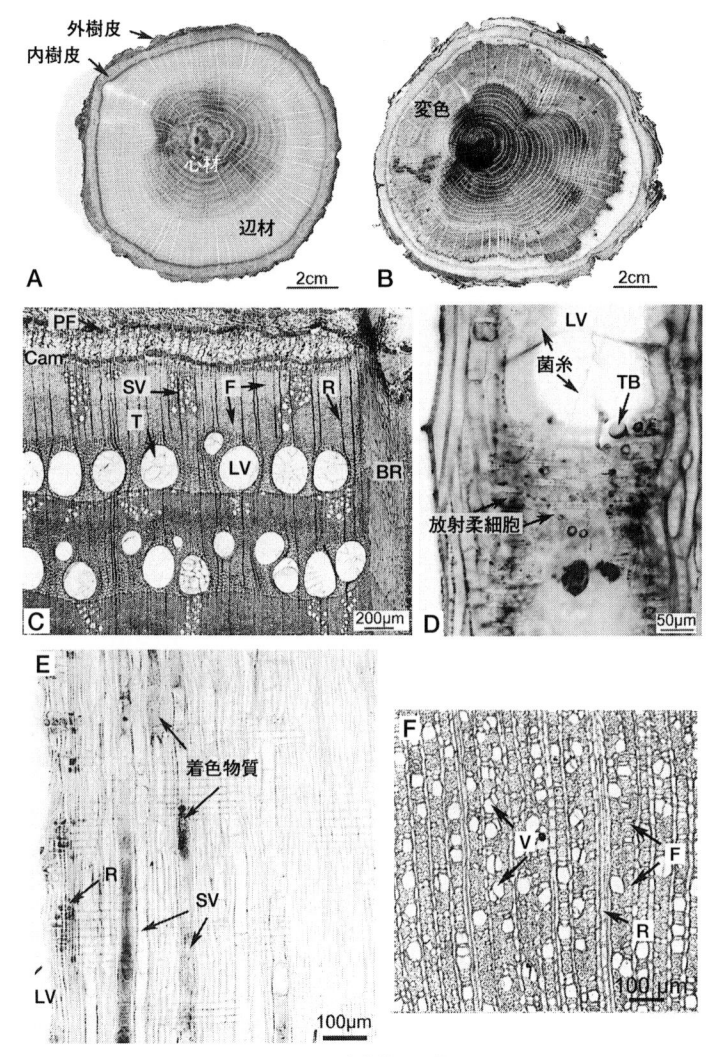

図 3.4 広葉樹の組織
(A) 健全なコナラ樹幹の横断面. 通道機能のある辺材の内側に心材が形成されている.
(B)〜(E) 萎凋病に感染したコナラの組織.
(B) 病原菌 Raffaelea quercivora によって生じたコナラ辺材の変色. 傷害心材と呼ばれる.
(C) 通道が停止したコナラ樹幹（横断面）： 環孔材のコナラの木部は大径と小径の道管, 厚壁の木部繊維, 放射柔細胞などからなる. 広放射組織もこの樹種の特徴である. 水分通道が停止すると道管内にチロースが形成される. 師部には師部繊維がみられる.
(D) R. quercivora 菌糸の放射柔細胞への侵入（放射断面）.
(E) 感染部位にみられる抵抗反応（放射断面）： 菌糸の侵入に対して柔細胞が二次代謝物質の生産を活性化し, 油性の着色物質が分泌されている.
(F) 散孔材（ヒサカキ）の組織構造（横断面）： 同じ径の道管が厚壁の木部繊維の間に散在する.
V：道管, LV：大径道管, SV：小径道管, F：木部繊維, PF：師部繊維, Cam：形成層, R：放射組織, BR：広放射組織, T：チロース, TB：チロースの芽.

がるのが困難なため，空洞化はかなり狭い範囲に抑えられる．しかし大きなせん孔でつながっている道管（図 3.4D）では，気泡が広範囲に広がって通道が止まりやすい．このように，大径の道管は水を運ぶ効率はよいが，通道機能が停止しやすいという欠点がある．マツ材線虫病のような萎凋(いちょう)病では異常なキャビテーションが起こる．気体で満たされた仮道管は水分を供給しても通道機能が回復せず，通道の停止した部位が短期間のうちに広範囲に広がる．環孔材であるナラ類の萎凋病では，通道停止した大径道管内に風船状のチロースが形成される．これまで長らく，通道は筒のなかを水が通るだけの単純な物理現象であると考えられてきた．しかし近年，放射柔細胞が通道要素内の水の動きに重要な役目を果たしているという説が出てきた．

　根の吸水機構は，幹の樹液上昇より漠然と捉えられてきた．基本的には，土壌中の水はミネラル類とともに根毛，表皮，皮層を経由して道管や仮道管などの通道要素に入る．高分子や水に不溶の物質は吸収されない．針葉樹では蒸散による引張りの力のみで吸水が進むとされる．広葉樹では葉が展開していない早春に木部樹液が上昇することから，冬季に糖濃度が高まっていた生細胞への吸水が樹液流動にかかわるとされている．根の場合も二次木部と師部の永続的な形成や皮層の脱落があり，幹と同様に肥大成長するが，髄がないのが特徴である．水は根から幹へと連続する通道要素を通って地上部に上昇する．

d. 柔細胞類─二次代謝物質の生成と傷害に対する反応─

　放射組織や軸方向の柔細胞は数〜十数年も生き続けることができる．物質の代謝や糖（でんぷん粒）の貯蔵，防御反応，老廃物の貯蔵を担うといわれる．木部の柔細胞類はある齢に達すると，夏の終わり頃に二次代謝物質と総称されるテルペンやフェノール類を生産し，道管や仮道管内に放出するとともに死ぬ．すべての細胞が死に絶えた部位は心材と呼ばれ，多くの樹種では褐色を示し，水分通道機能は停止する．心材形成は老廃物の集積の結果，あるいは「プログラムされた細胞死」と解釈される．

　傷害や微生物の侵入に対しては，生きている細胞が反応して修復や防御を行う．内樹皮（二次師部）が傷つくと，柔細胞の再分化により傷害周皮（コルク組織）が形成され，傷ついた部分を生きている部分から切り離して菌などの感染ルートを遮断する（図 3.5A）．形成層や木部まで大きく傷ついた場合は，放射柔細胞がランダムに分裂して破壊された空間を埋めるとともに，形成層も細胞の分裂面が一時的に変わって修復される．傷害や感染に対しては，物理的な修復だけで

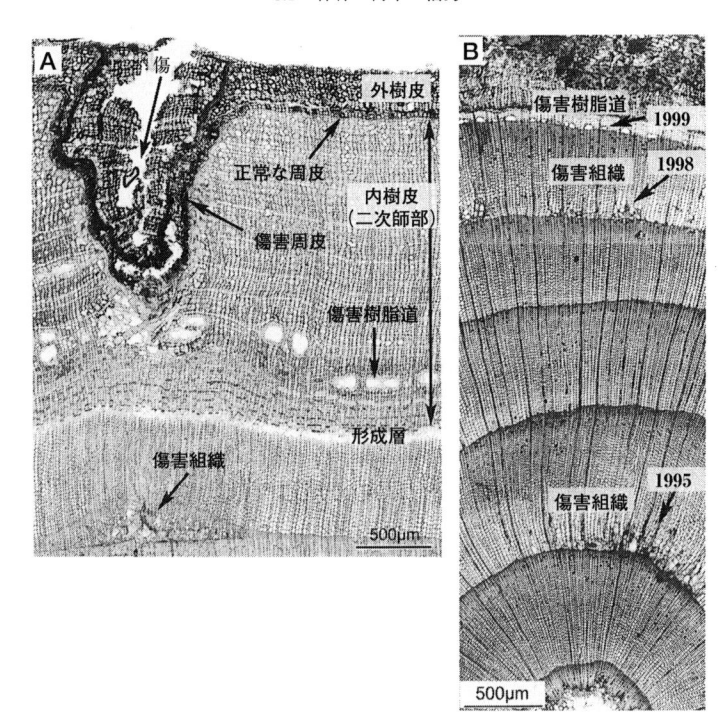

図3.5 傷害に対する組織の反応
(A) ヒノキの師部には傷害周皮と傷害樹脂道，木部には傷害組織が形成される（横断面）．
(B) トドマツの樹幹内に形成された傷害組織や傷害樹脂道による傷害年度の検出．写真右側の数字は傷害の起こった年．

なく，化学的な防御反応も起こる．柔細胞では心材成分と類似した二次代謝物質が生成する．反応した部位はやがて褐色を呈し柔細胞の壊死と通道の停止を伴うため，傷害心材あるいは病理的心材と呼ばれる．微量で微生物の活動を阻害するような抗菌物質を含む場合もある．

　マツ属のように本来樹脂道をもつ属の他に，ヒノキ属やモミ属では防御反応として，師部や木部に傷害樹脂道が形成される（図3.5）．昆虫の食害のような刺激により，師部の柔細胞または木部母細胞は細胞分化の方向が変化し，分裂を数回繰り返してエピセリウム細胞ができる．傷害後2～4週間でエピセリウム細胞の間に隙間ができて樹脂道となり，樹脂分泌が可能な状態になる．その後は昆虫や菌類の活動を阻むことができる．

　樹木組織に傷害や感染が起これば，修復や防御反応によって木部内にはその痕

跡が残る．早材の内側にできた傷害組織（図3.5）は霜輪（そうりん）と呼ばれることがあるが，必ずしも凍害によるものではない．傷害組織や傷害樹脂道が認められる年輪をたどれば，その発生年と季節が特定できるため，過去の気象データとつきあわせて，気象変動と生理的トラブルとの関連を推測するのに利用される．

e. 樹木の生理的機能の測定

樹木の外観などから健全性の低下が推測される場合，樹木の種々の組織の機能がどのような状態であるのか調べる必要がある．今のところ，感染の履歴や水分通道阻害の程度を調べるには，樹木を伐倒して断面を観察し，さらに解剖して顕微鏡で観察することが中心になる．これまでの調査から，気象変動や病虫害に対する樹木の抵抗性発揮には，遺伝的要因だけでなく水分供給，根と樹幹のバランスなどさまざまな要因がからんでいることが推測されている．特に水分通道機能の低下は枯損につながる現象であり，測定法の確立がのぞまれる．最も単純な調査方法は，樹幹下部に穴を開けて酸性フクシンなどの色素の水溶液を吸入させ，伐倒して樹液の上昇経路をみる方法で，非常にわかりやすい（図3.3A）．伐倒できない場合や林内で継続的に調査する場合には，非破壊的測定法として，マイクロ波，γ線，アコースティックエミッション（AE）などが利用される．

（黒田慶子）

文　献

1) 森林立地調査法編集委員会（編）：森林立地調査法―森の環境を測る―，284p，博友社，1999
2) 島地　謙他：木材の組織，291p，森北出版，1976
3) 佐伯　浩：走査電子顕微鏡図説，木材の構造，218p，日本林業技術協会，1982
4) 島地　謙・伊東隆夫：図説木材組織，176p，地球社，1982

3.1.2 樹木の生理を測る

樹体の「活力」は生理機能を直接反映する．各種ストレスに対する応答は，葉の黄化などに代表される光合成作用を中心とした現象や，陸上植物の共通のストレスでもある水分生理現象と，これに関連した温度変化などによって個体の活力を検出できる．一般的に，樹木の葉にはフェノール物質などが多く含まれているため酸化されやすく，化学分析の難しい材料でもある．したがって，樹木の生理機能の評価は非破壊で行い，その場（*in situ*）での測定が求められる．

a. 外見上の活力評価

　酸性降下物に関係した樹木の衰退現象は，樹冠の着葉量の減退やスギなどでみられるダイバック（枯れ下がり）を特徴とする．ヨーロッパトウヒでは樹冠先端直下の針葉の早期落葉現象が「トウヒの窓」と呼ばれ，ヨーロッパモミでは樹冠先端の分裂異常が「コウノトリの巣現象」と呼ばれる[1]．さらに土壌酸性化に伴いマグネシウム欠乏症状による旧葉の黄化現象がみられる．汚染物質や栄養生理的な原因による衰退現象は，クロロフィルが分解し葉の黄化やクロロシス（白化）を示す．広葉樹でも同様に衰退すると葉の黄化がみられ，酸性硫酸塩土壌などでみられるマンガン過剰障害では葉のカッピング（碗化症状）がみられる．これは，葉縁に沈積したマンガンにより細胞分裂が阻害されるため誘発される．もちろん病害による樹体への損傷はいうまでもない．

b. 葉色の変化と窒素含量

　大気汚染が深刻化した 1960 ～ 70 年には，広葉樹黄化現象も含め生理機能に直結する栄養診断には「葉色帖」や診断表（表 3.2）を利用した評価が実施された[2]．たとえば，窒素の多少は端的に葉の緑色の濃淡に現れるが，リン酸欠乏症状では葉縁が紫色を帯びる．ただ判別には個人差が入り込むため，直接クロロフィル量を計測できる携帯型クロロフィル計測器（商標名：SPAD）が導入された．ただし，葉の厚さに影響されるので，光合成速度の高い落葉広葉樹や常緑広葉樹の淡い緑葉の測定には，葉の肥厚に伴うクロロフィルの不均一な分布に注意を要する．SPAD の測定は非破壊で実施できるため，同一葉の経時変化を追跡できる利点があり，光合成機能の推定には有効な手法である．ただし，クロロフィル量と光合成速度との関係は，種内での正の相関はあるが，種間での評価はできない．クロロフィル量と SPAD 値には樹種間のばらつきが大きいので，検量線を樹種ごとに作成する必要がある．また，SPAD 法では組成がわからないので光順化の指標として利用する際にはクロロフィル a,b を実測する必要がある．従来，クロロフィル抽出には 80％ アセトンを用いる Arnon 法が用いられてきたが，最近では極性の強い DMSO や DMF を用いた方法が主流である[3]．Arnon 法では集光性タンパク質と結合したクロロフィル b が過大に評価され，陰葉化の指標でもあるクロロフィル a/b 比の算出には注意を要する[4]．なお，Arnon 法によるクロロフィル a/b 比から DMSO 法による換算値が紹介された[5]．

　光化学スモッグやオゾン障害，栄養欠乏や病虫害などを受けた材料では葉の緑色が薄れ，光量子収率の低下が生じる．クロロフィルは主に光量子の集光と運搬

表 3.2 診断表：養分の欠乏と過剰による樹木の応答（文献[2]より改変）

	欠乏症状	過剰症状
窒素 (N)	1. 葉色が淡黄色へ 2. 葉が小型化，枝分かれ減少 3. 細胞壁厚化	1. 徒長気味，葉色が濃緑色へ 2. 凍霜害，干害を受けやすい 3. 病虫害に罹りやすい
リン (P)	1. 火山灰土壌で発生 2. 葉色は葉縁が赤褐色，暗緑，青銅色 3. 葉が小型化，茎が細くなる 4. 根の発達不良	1. 葉が肥厚，短茎，葉の先端が赤褐色 2. 成熟が早まる 3. Zn, Fe, Mg の欠乏症状
カリウム (K)	1. 症状は古い葉から，葉中央が暗緑，先端・縁に向かって黄化，褐色化 2. 葉の中心部と縁が明瞭 3. 茎の発達不良	1. 葉が長大化 1. 節間の徒長 2. Mg の吸収抑制，欠乏症状へ
カルシウム (Ca)	1. 成長点付近に生じる（先端の芽，葉） 2. 成長組織の発育不全，芽先端の枯死 3. 細根の少ない短い太い根が生じる	過剰害は出にくい 1. 著しい過剰で，Mg, K, P の吸収阻害 2. pH が高いと Mn, B, Fe の溶解度低下，欠乏
マグネシウム (Mg)	1. 古い葉から発現，葉脈間黄化 2. 生育不良・遅延	1. Ca 欠乏で生じ，土壌中の Mg/Ca 比が高いと生育障害
硫黄 (S)	1. 植物体が小型化，葉は淡緑色 2. 葉が細くなる 3. 古葉で生じる	過剰害は出ない 1. 土壌酸性化の原因 2. 二酸化硫黄が植生に障害
マンガン (Mn)	1. 葉脈間黄化 2. 古葉より発生 3. 生育不良	1. 葉に褐色の斑点 2. 葉縁部が白色化，褐変 3. 異常落葉，Fe 欠乏（褐色，白化） 4. 葉のコップ化
亜鉛 (Zn)	1. 古葉より葉脈間黄白化 2. 葉の小型化 3. 細根の発達不良	1. 新葉の黄化 2. 葉柄に赤褐化斑点
モリブデン (Mo)	1. 萎縮，葉脈間黄化 2. 縁の黄化，コップ化 3. 柑橘では葉に黄色斑点	過剰害が出にくい 1. 葉が小型化，黄化
塩素 (Cl)	1. 光合成に関与（Mn と結合）電気的中性を維持	1. Na とともに過剰害，光合成機能低下 2. 過剰蓄積葉は褐変

を担う．クロロフィル量が少ないサンプルでは，その増加とともに光量子収率は上昇するが，クロロフィル量が一定（落葉広葉樹では約 5 mg・dm^{-2}）以上存在しても光量子収率は増加しない．

葉の窒素の約 70% は光合成関連酵素に分配されているので，葉の窒素含量と光合成速度は高い正の相関を示す．また，大多数の樹木は C3 植物なので炭素固定初期にかかわる酵素は Rubisco（Ribulose-1,5-bisphosphate carboxylase/oxygenase の略称）であり，Rubisco には 15〜20% の窒素が含まれる．従来，窒素の定量には化学的手法のケルダール法が利用されてきたが，最近，サンプルを気化させガスクロマトグラフィーの原理で測定する方法が多用されている．また，SPAD と同じく作物の肥培管理用に開発された携帯用窒素計測器（AgriExpert）は，広葉樹サンプルの面積当たりの窒素量を非破壊で計測できるので，大量のサンプルを測定するために有効な機器で，次の 4 波長を利用している．560 nm（葉の反射，カロチノイドとアントシアニンの吸収），660 nm（クロロフィルの吸収），900 nm（メチル基のついたタンパクの吸収），950 nm（ベースラインとしての水の吸収）であり，SPAD では 900 nm がない[6]．窒素計測器も樹種ごとの検量線が必要になるが，樹冠全体の窒素量の分布計測などが，樹冠に直接近づいて計測できるクレーンなどと組み合わせて計測可能になった．

c. 光合成・蒸散速度

光合成速度（P）は光化学反応に加え，さまざまな酵素反応に依存するが，大まかには葉緑体周囲（Cc）と葉の周囲（Ca）の CO_2 濃度勾配で決まる．P=（Ca−Cc）/rc，ここで rc は拡散抵抗に関与する係数で，両者の CO_2 濃度勾配が大きいと光合成速度が高いことを意味する．光合成作用はいくつかの生化学反応が組み合わされて進むので，光-光合成速度，CO_2-光合成速度関係は律速要因によって最大値が決まる．

光合成・蒸散速度の同時測定によって葉内の CO_2 濃度（Ci）を推定し，純光合成速度（A）との関連を調べると（A-Ci 曲線），非破壊でさまざまな光合成活性が推定できる．曲線の初期勾配はカルボキシレーション（炭素固定）効率（CE），CO_2 飽和域では RuBP 再生産速度（NADPH の生産速度），これらの中間域は電子伝達活性が関与する（図3.6B）．したがって，曲線は大きく三つの律速因子に支配され，Ci が低いときは Rubisco 反応が，十分に高いときは RuBP 再生産速度が純光合成速度（A）を律速する．後者の過程は葉緑体中の無機リン（Pi）が光合成産物の転流に関係する（図3.6A）．A-Ci 曲線による解析は有用で

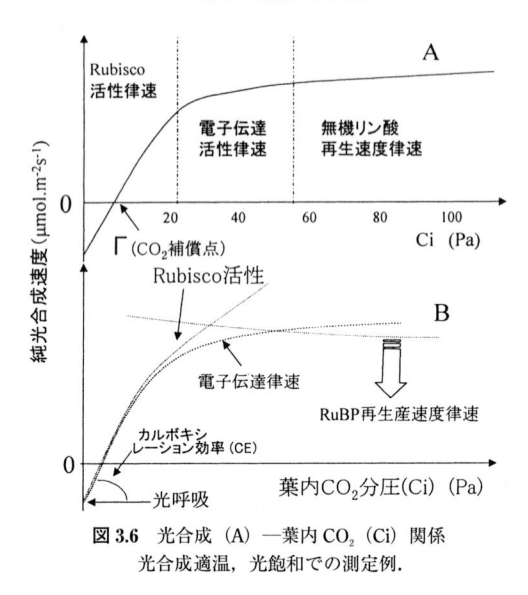

図3.6 光合成（A）—葉内 CO_2（Ci）関係
光合成適温，光飽和での測定例．

あるが，葉面全体で気孔反応が一様であることを前提としている．

葉肉部分が維管束鞘延長部で区切られた小部屋（コンパートメント）をもつ異圧葉（heterobaric leaf）では，特に水ストレスに遭うと気孔は一様に反応せず，A-Ci 曲線から推定される CE は過小に評価される．したがって対象とする葉が等圧葉（homobaric leaf）か，異圧葉かを調べ，ストレスの影響を考慮した上で解析を行う必要がある．事実，光合成反応は葉面上ダンダラで不均一であることが Terashima et al.（1988）によって実証された[7]．

d. 蛍光反応

昔からスギの成長は夏の天候不順な年によいといわれた．やや湿性環境を好むスギの特徴といえるが，同時に強光への遭遇機会が少ないことも意味している．また，北海道産の主要落葉広葉樹の光−光合成関係を約 50 種調べると，最も強光利用型であるシラカンバでも光飽和域は 1,000 $\mu mol\cdot m^{-2}s^{-1}$ 程度であり，晴天時の 2100 $\mu mol\cdot m^{-2}s^{-1}$ の光合成有効放射束密度（PPFD）の半分程度で飽和する．事実，強光に曝される熱帯高木の樹冠先端の下垂した葉を，針金で固定し陽光を十分受けるようにしたところ，強光阻害が生じることが明らかにされた．さらに，冬季，晴天の続く本州太平洋側では常緑樹は低温下で強光に曝されるが，スギ，ヒノキでは樹冠が赤紫色に変化することは古くから注目され，防御反応として認識されてきた．この過剰な光を蛍光や熱として放出する過程を測定できる変

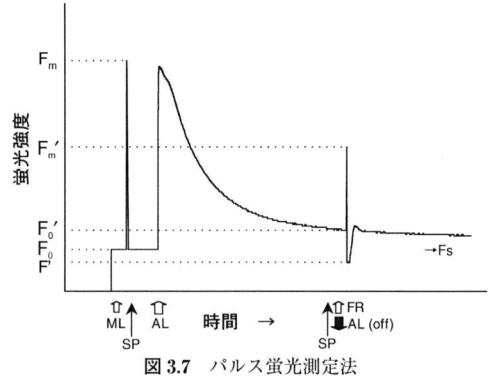

図 3.7 パルス蛍光測定法
ML：測定光，SP：飽和パルス光，AL：光合成を行うための作用光，FR：遠赤光．
F_0：暗順化後の最小の蛍光強度，F_m：暗順化後の最大の蛍光強度，F_0'：作用光照射時の最小の蛍光強度，F_m'：作用光照射時の最大の蛍光強度，F'：作用光照射時の蛍光強度，F_s：定常状態の蛍光強度．

調型携帯型機器が開発された[8,9]．また，光阻害を防御する機構であるキサントフィル回路（ヴィオラキサンチン V－アンテラキサンチン A－ゼアキサンチン Z）で生じる脱エポキシ化とエポキシ化により強光阻害が回避・緩和されていることが解明された．

クロロフィル（Chl）蛍光は主に光化学系Ⅱから発生するので，系Ⅱの活性が推定できる（図 3.7）．Chl 蛍光の強度は系Ⅱの電子受容体 Q_A の酸化還元状態を反映する．系Ⅱの最大光合成収率は，最大値 F_m と最小値 F_0 から $(F_m - F_0)/F_m = F_v/F_m$ で表現される．F_v/F_m はストレスのかかっていない緑葉で 0.8 よりやや高い値を示す．F_m から定常状態の蛍光強度 F_s へ至る蛍光強度の低下（クエンチング；蛍光消光 Quenching）には二つの過程が関与する．①電子伝達でのエネルギー消費（Q_A の酸化）による蛍光強度の低下（photochemical quenching）と②熱エネルギー放出による低下（non photochemical quenching）である．この二つの過程を分離して測定する方法がパルス蛍光測定であり，飽和パルス光を短時間（1 秒程度）与えて Q_A をすべて還元状態にし，光照射時の蛍光強度最大値 F_m' を計測できる．F_m は暗順化させ葉に飽和光を与えると計測可能になる．

e. 水分生理反応

マツ材線虫病罹病個体やナラ類の集団枯損の症状は，初夏にかけて薄緑色へ変

化（退色）し，盛夏には葉が褐変して萎凋枯死が明瞭となる．水ストレス耐性の診断にはプレッシャチェンバー法により測定した水ポテンシャル（ψ）が利用できる．シュート先端のサンプルで測定可能である．また，個葉の乾燥耐性も葉の相対含水率と水ポテンシャルの計測による P-V（Pressure-Volume）曲線法[10]によって推定できる．針葉樹ではキャビテーション（空洞化）などによる水分通道の悪化を AE（アコースティック・エミッション；構造物の破壊を予知するシステム）で診断できる．

　街路樹も排気ガスや煤塵に曝され時には衰退現象を示し，樹冠の粗密度により活力を評価してきた．しかし，活力の評価が多分に主観的なので定量的な測定方法として，隔測温度計を用いて樹皮温度と気温差を比較することが提案された．この方法では，胸高以下の幹温度が気温より低いと活力があると判定している．これは活力の高い個体は蒸散速度が高いため地温の低い部位の水を吸水するので，樹幹温度が下がることを利用している．環孔材は根と樹冠部位とが太い道管で結ばれ直線的に水分が上昇するので差が明瞭に現れるが，散孔材では螺旋状に水が木部のほぼ全体を利用して運搬されるため判然としない．また，ストレスを受け気孔が閉じ気味になると，樹冠温度は上昇して赤外線画像器によって認識できる．ただし，高木の樹冠先端部分は下部に比べると乾燥状態に置かれるという水伝導制限（hydraulic limitation）に加え[11]，10 m に達する高木では吸水と蒸散による水の消失のバランスをとるために，高木の樹冠先端部のシュートでは頻繁にキャビテーションやエンボリズム（閉塞）が生じ，樹体の水分保持を行うという考え方もある．また，水伝導には葉量と対応した辺材の割合も重要とされる[12]．1 対の温度センサーの間に熱源を設置し，熱の伝導速度から蒸散流速を求めるヒートパルス法やグラニア法も蒸散速度を推定できる手法として開発された．センサーを樹幹に差し込み Mn や Ca などの陽イオンの分布から木部の変色や腐朽を推定できる．

　トウヒやカンバ類などの樹種の吸水や栄養生理には，外生菌根菌の活動が不可欠である．しかし，道路緑化樹にみられるが，樹冠の衰退個体では白根（新生の根）がほとんど発達せず，白根に感染する外生菌根菌はみられない．また，土壌窒素濃度が高いと菌根菌の発達はみられず，根系の発達も悪いため水ストレスを受けやすい．　　　　　　　　　　　　　　　　　　　　　　　　　（小池孝良）

文　献

1) 小池孝良他：酸性雨―森林生態系の現状と取り組み―. 日土肥誌 **64**, 704-710, 1993
2) 茅野充男：植物の栄養診断. 植物細胞工学 **5**, 478-483, 1993
3) Shinano, T. *et al.* : Dimethylsulfoxide method for the extraction of chlorophylls a and b from the eaves of wheat, field bean, dwarf bamboo, and oak. *Photosynthetica* **32**, 409-415, 1996
4) Barnes, J. D. *et al.* : Determination of accurate extinction coefficients and simultaneous equations for assaying chlorophylls a and b extracted with four different solvents : verification of the concentration of chlorophyll standards by atomic absorption spectroscopy. *Biochem. Biophy. Acta.* **975**, 384-394, 1992
5) Porra, R. J. : Chlorophylls（Scheer, H. ed.）, pp.31-57, CRC Press, 1991
6) Ichie, T. *et al.* : The use of a portable non-destructive type nitrogen meter for leaves of woody plants in field studies. *Photosynthetica* **40**, 289-292, 2002
7) Terashima, I. *et al.* : Characterization on non-uniform photosynthesis induced by abscisic acid in leaves having different mesophyll anatomies. *Plant Cell Physiol.* **29**, 385-394, 1988
8) 寺島一郎：個葉および個体レベルにおける光合成，光合成（佐藤公行編），pp.125-149, 朝倉書店，2002
9) 北尾光俊：酸性雨研究と環境資料分析，pp.144-164, 愛智出版, 1999
10) 丸山　温・森川　靖：葉の水分特性の測定―P-V曲線法―. 日林誌 **65**, 23-28, 1983
11) Ryan, M. G. and Yoder, B. J. : Hydraulic limits to tree height and tree growth. *BioScience* **47**, 235-242, 1997
12) Becker, P. *et al.* : Hydraulic limitation of tree height : a criticue. *Fun. Ecol.* 4-11, 2000

3.1.3　樹木の生態を測る―植物季節―

　日本列島の自然は南北 3,000 km にわたる幅広い気候条件を反映して，きわめて多様性に富んでいる．ほぼ全域を覆う基本的な植生のタイプは森林であり，その森林の種類も南の亜熱帯林から北の亜寒帯林に至るまで多様である．これらの森林を構成する樹木の生活形も常緑広葉樹，落葉広葉樹，常緑針葉樹および落葉針葉樹などが主なものであり，さまざまな生活形の樹木が織りなす四季折々の変化，すなわちいつ花が咲き，芽が開き，紅葉し，落葉するかなどの植物季節（植物のフェノロジー）を観測し，その変化を長年にわたって記録することによってそれぞれの地域における平均的な植物季節の変化を知ることができる．また，平均的な植物季節がよく調べられているところでは，年ごとの植物季節をそれと比較することによって季節の訪れの遅速や異常な開花・開葉・落葉現象などを知ることができる．

植物季節は俳句の季語にみられるように日本の風土・文化形成に深くかかわっているばかりでなく，指標植物としての実生活への応用的側面も重要である．農業では農作業の適期を決める目安として，また，林業では苗畑・造林作業への応用，さらに最近では風致林の造成や都市域における街路樹や緑化木の選定などさまざまな分野で活用の可能性が指摘されている．また，近年インターネットの普及により各地におけるサクラや紅葉の見頃をリアルタイムで検索することもできるようになり，観光面でもその重要性が認識されつつある．さらに植物季節の長期的な観測結果を活用して気温変動との関係を解析することによって，温暖化現象にかかわる植物の応答を論じることも可能になりつつある．また，スギ花粉症との関連で，花粉飛散量の予報を行うために観測点の数を増やすなど予測精度の向上が図られつつあり，植物季節の応用的側面も多様化しつつある．

日本における植物季節の観察は，1886年以来気象庁傘下の気象官署（気象台・測候所など）で業務の一部として行われ，その成果は『気象要覧』や『理科年表』に掲載されている．また往年の森林測候所（1911～1936年）でも業務の一部として行われ，その成果は「動植物観察成績」として『森林治水気象彙報』に登載されている．その他植物季節と気象，特に気温との関係について多くの研究があり，以下いくつかの例を紹介する．

a. 樹木の開花・開芽の植物季節

佐々木[1]は，東京大学北海道演習林内（東経142°13′北緯43°13′WGS84[注1]）に自生する広葉樹74種，針葉樹7種，外来の広葉樹3種，同じく針葉樹16種の総計100種について，開花，開芽（発芽ともいうが，種子発芽と紛らわしいので以下開芽とする）および紅葉の植物季節を約30年にわたって観測し，積算温度との関係を示した．北海道中央部における主要樹木の開花期は，最も早いケヤマハンノキの4月中旬から最も遅いハリギリの8月上～中旬に至るまでの約4か月間にわたっていた．なかでも5月中旬から6月中旬にかけての1か月足らずの間に開花する樹種が100種のうち64種（広葉樹47種，針葉樹17種）を占めた．そして，この期間中の季節進行の節目を示す指標樹木を取り上げ，それらの平均開花期とそのときの平均積算温度を示した（表3.3）．開花期を年々の植物季節の指標とする場合，開花積算温度の年による変動の小さい樹種が望ましい．そこで，積算温度の最大と最小の年の較差を比較した結果，広葉樹77種では開花積

注1) World Geodetic System 1984 の意で，1984年の世界共通の測地システム．

表 3.3 北海道中央部における主要開花樹種の開花期と積算温度との関係（文献[1]より作表）

季節	主要開花樹種	開花期	積算温度*	指標事項
春	ケヤマハンノキ	4/13	51℃	早春の季節進行を告げる最適樹種 農事や造林作業の計画立案にとりかかる目安となる
	ヤナギ類，ハルニレ，オヒョウ，カツラ，イチイ，カラマツ類など	4月下～5月初旬	83～160℃	農作業や苗畑作業が忙しくなる
	キタコブシ，シラカンバ，サワシバなど	5月上旬	160～300℃	
	エゾヤマザクラ，エゾノウワミズザクラ，ヤチダモ，ハウチワカエデ，ウダイカンバ	5月中旬	300～330℃	晩霜害の危険が少なくなる
	アサダ，エゾイタヤ，オオモミジ，エゾマツ，トドマツ	5月中～下旬	340～350℃	春の盛り
	アオダモ，ミヤマザクラ，ミズナラ，オニグルミ，ナナカマド，アズキナシ	5月下旬	350～520℃	晩春
	カシワ，ライラック，ツリバナ，アカエゾマツ	5月下～6月上旬	520～530℃	春の終わり
夏	シウリザクラ，ホオノキ，ミズキ，ニガキ，ハクウンボク，ヒロハノキハダなど	6月中旬	600～700℃	初夏　晩霜害の危険性がなくなる
	ケナシカンボク，ニセアカシア，ナツハゼなど	6月下旬	800～950℃	
	ハシドイ，サルナシ，ツルアジサイ，オオバボダイジュ，エゾウコギなど	6月下～7月中旬	950～1200℃	
	ノリウツギ，イヌエンジュ	7月下旬	1400℃前後	盛夏
	ハリギリ	8月上～中旬	1800℃	晩夏　気温が低下し始める

*日最高気温と日最低気温の平均を日気温とし，それが0℃を越す日の値を1月1日以降順次積算した．

算温度が小さく，開花期の早いものほど較差も小さいので，積算温度の較差が100℃·d以下のものを指標樹種として適当であるとした．

一方，開芽の遅速の順位は，広葉樹では開花のそれと著しく異なっていたが，針葉樹では開花のそれと大差がない．また，開芽積算温度の較差は，4月，5月

中にすべての種が開芽する広葉樹では，ヤマグワを除いてほとんどすべてが100℃・d以下の値を示した．これに対して，5月，6月中に開芽する針葉樹では，その較差が大きく，すべてが100℃・d以上の大きい値を示した．

以上のことから，植物季節の観測にあたって，開花は目につきやすく観測も比較的容易であるが，樹種による開花期間の幅が大きいことから年による較差が大きく，その分指標性に欠けることがわかる．一方，特に広葉樹の開芽は年による較差が小さく，指標性の点で開花に比べて優れているが，樹高の高い木では観測にやや難がある．したがって，両者の長所をうまく組み合わせて季節に応じて指標性の高い樹種を選定することが肝要といえよう．

北海道演習林の標高の異なる4地点（230～1,100 m）における植栽樹種5種と自生種6種について，各樹種の開花・開芽期と積算温度との関係を調べると，開花の最も早いバッコヤナギから最も遅いツルアジサイまでの間に積算温度にして800℃・日前後の開きがあるが，ツルアジサイを除く10種は標高に関係なくほぼ一定の開花積算温度および開芽積算温度を示した（1974年）．実際の開花・開芽期を230 m地点のそれに対する相対的な遅れの日数として，その日数を標高別に示すと[1]（図3.8），各樹種の開花および開芽が標高230 mから1,100 mに達するまでに25日前後の日数を要し，各標高における開花・開芽期はほぼ100 m当たり3.0日ないし3.1日の割合で遅くなる傾向にあった．また，翌1975年の調査では100 m当たりの遅れの平均日数は2.6ないし2.8日であった．このことから，年によって遅れの程度は多少変動することがわかる．

標高に伴う開芽期の遅延については，その他玉手[2]が白河・妙義・伊香保・富士見・三峯・木曽・日光の各森林測候所における7～10か年間のカラマツの開芽記録を調べ，開芽期日の平均気温が各所とも7℃前後であること，海抜高度を増すとともに開芽期日が遅れる割合は，1,000 m付近では100 mにつき約2日であることを示している．また，柳沢[3]は札幌近郊の無意根山における自生樹木の植物季節の観測から，海抜高による開芽の遅延日数は100 mにつきナナカマドの1.5日，トドマツの1.6日，ダケカンバの3.2日，イタヤカエデの4.7日まであって，多くの樹種では100 m当たり2～3日であったと述べている．

以上のことから，多くの樹種では100 m当たりの開花・開芽の遅延日数は2～3程度であるといえ，このことは垂直的な植物季節の進行状況の目安となる．

b. ブナの産地別開芽フェノロジー

植物季節の観測にあたっては，天然分布域が広く，産地が異なっていても同じ

ような植物季節を示す樹種を選定することが重要である[4].

そこで，全国16産地から採取したブナ堅果を東京大学北海道演習林において3年間育苗し，また1990年11月に同秩父演習林に分譲された290本の苗木を，1992年に秩父演習林の標高1,050m（ブナ帯域に相当）の試験地（東経138°54′北緯35°58′WGS84）に定植して1992年から1995年の4年間植物季節の観測を行った．

1994年における開芽・開葉の推移から，4月21日〜28日に開芽し始め，5月12日までに開葉を終えるグループと，5月6日〜12日に開芽し始め，5月26日〜6月2日に開葉を終えるグループの大きく二つに分けられた．またさらに細かくみると，両グループの中間の傾向を示すグループのあることもわかった．そし

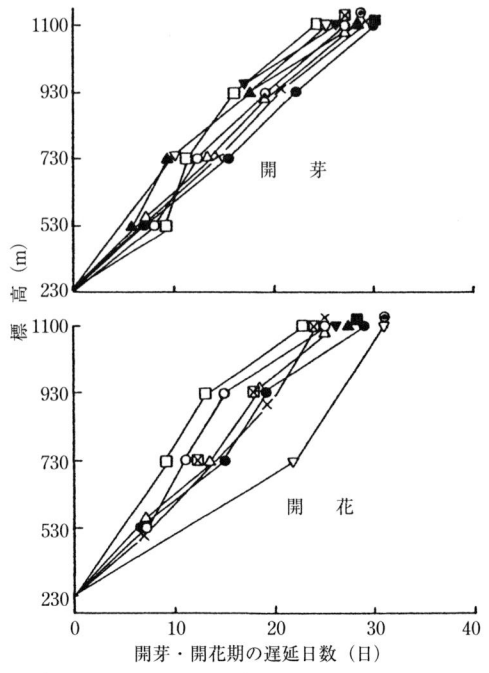

図3.8 230m地点に対する各標高の相対的な開芽・開花期の遅れ（文献[1]より抜粋）
○：グイマツ，●：トドマツ，△：エゾマツ，▲：アカエゾマツ，□：シラカンバ，■：ミネザクラ，▽：ナナカマド，▼：バッコヤナギ，×：エゾニワトコ，◉：ムラサキヤシオ，⊠：ツルアジサイ

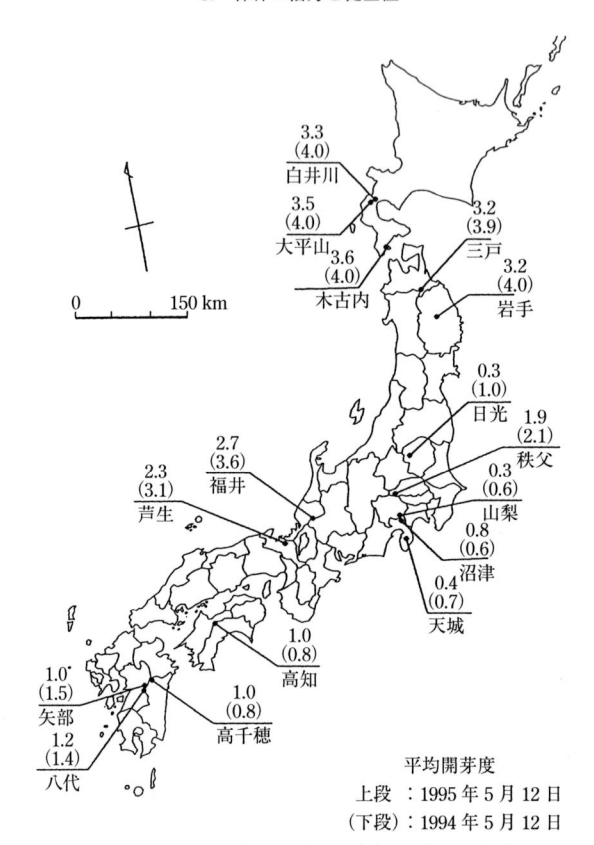

図 3.9 ブナ産地別平均開芽度の分布（文献[4]より抜粋）
開芽度；0：冬芽はまったく動いていない，1：芽鱗が開き縮んだ葉の全容がみえる，2：シュートが伸び出し，葉は縮んだ状態であるが，上下葉間の軸明瞭，3：シュートは伸長中であるが，シュート下半分の葉は開葉を終了，4：シュートの先端まで開葉終了.

て，開芽の早いグループは北海道，東北地方など北日本の産地のものが，遅いグループには関東以西の本州・四国・九州産がそれぞれ属していた．また，北陸地方の芦生産と福井産は両グループの中間的傾向を示した．上記の傾向は観測年によって多少の変動はあるものの，同様の傾向が認められた．

　開芽度は各グループ間で5月中旬が最も差が明瞭で，各産地の平均開芽度は観測年で多少の変動はあるが，全体的には各産地ともよく似た開芽傾向にある（図3.9）．

このような産地別開芽・開葉期間の観測から，①開芽時期は，北海道・東北地方のものが早く，関東以西の本州・四国・九州産のものが遅い．また，日本海側の福井・芦生産は両者の中間的傾向を示した．②地域集団間の開芽の遅速は，植栽地における気候に順化しにくい性質と考えられる．③開芽の開始は，気象要素のうち温度と密接な関係があるので，生育開始点の温度が北に生育するものほど低いと推察された．

以上のことから，ブナの植物季節は産地間で変異が大きく，同種を全国レベルでの観測樹種として選定することは適当でないといえる．ただ，ブナに関しては，開芽が早い産地のものほど晩霜害の危険性が高まることが知られている[5]．したがって，ブナを天然分布以北や高海抜地へ造林する際には，晩霜害の危険を回避するために開芽の遅い産地のものを選定することが肝要といえる．

c. ポプラクローンの地域別開芽フェノロジー

先に述べたブナの産地別フェノロジー調査から，産地の異なるブナの間には開芽期に大きな変異があることが明らかになった．そこで，全国レベルでの樹木フェノロジー調査として，遺伝的変異のないポプラ品種（*Poplus* x *euramericana* cv. I-214）を用いて，1994年と95年の両年に全国35か所の大学などの演習林に植栽し，観察した[4]（図3.10）．1995年の開芽初期出現日は最南の沖縄与那で1月11日，最北の北海道天塩で5月10日であり，日本列島の南北で119日の差があった．宮崎県田野の3月29日と北海道天塩の5月10日の間では42日の差であり，上記の1/3であり，沖縄与那と宮崎県田野の開きが大きい．ソメイヨシノの開花平均日は鹿児島3月27日と札幌5月5日で39日の差で，ポプラの開芽期の場合もこれに近い値を示す．また，開芽期の早晩と気温との関係をみたところ，温暖で気温の高いところほど開芽開始が早いこと，およびほぼ同じ緯度に植栽されている苗木間では低標高のものの開芽が早いことがわかった．

以上のことから，温度適応幅が広く遺伝的変異の少ない樹種や品種を植物測器（ファイトメータ）として用いることによって，より精度の高い植物季節の観測が可能になるといえよう．

d. イチョウ生物季節と気温の長期変動

松本ら[6]は，地球温暖化によって開芽や開花，落葉といった植物季節現象に大きな変化が生じている可能性があることに着目して，気象庁の生物季節観測値からイチョウの開芽日，落葉日データ（全国82気象官署，1953～2000年）を用いて，日本におけるイチョウの成長期間の長期変動および気温変動との関連性に

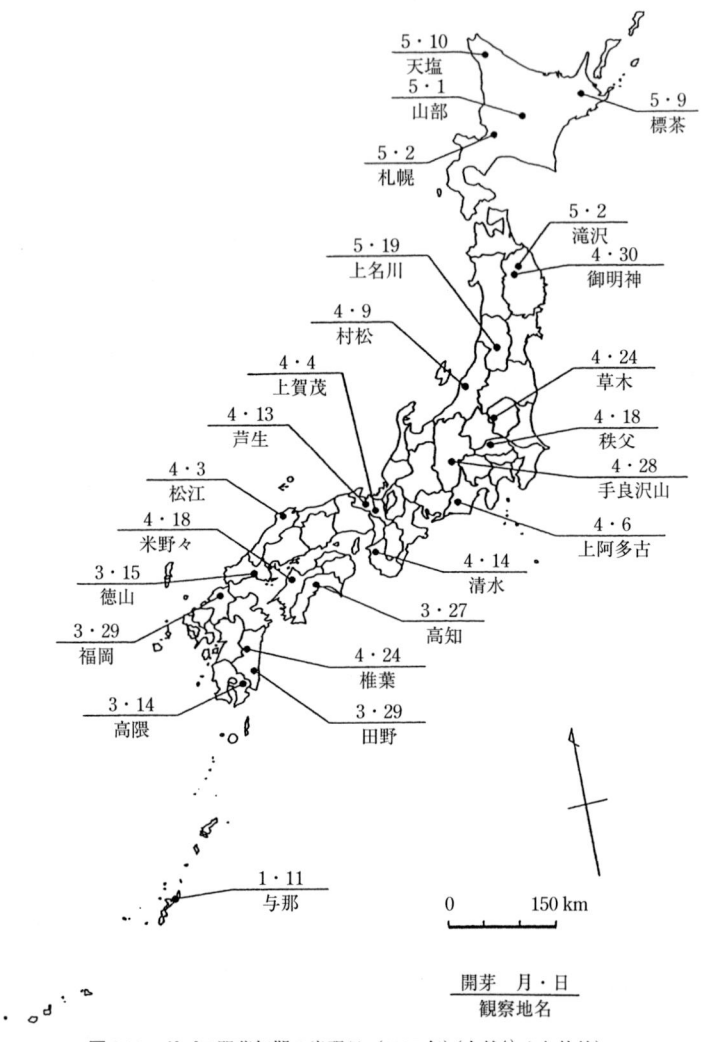

図 3.10 ポプラ開芽初期の出現日（1995 年）（文献[4] より抜粋）
開芽初期：芽は完全に開いているが，芽鱗は残っており，葉はまだ群状になっている状態が芽総数の 20% に達した期日．

ついて解析を行った．

その結果，開芽日は 10 年当たり 0.54 日の変化率で早期化，落葉日は同じく 1.50 日の変化率で遅延化，成長期間は同じく 2.03 日の変化率で長期化していた．したがって，成長期間はここ 50 年間で 10 日も長くなっており，この傾向は

1970年から特に顕著に現れている．

　開芽日，落葉日，成長期間それぞれの変動と気温変動との相関関係について解析すると，両者の間には非常に高い相関関係が認められ，開芽日は1℃当たり2.72日早期化，落葉日は同じく4.30日遅延化，成長期間は同じく8.36日長期化していた．このことから，年平均気温が1℃上昇した場合，成長期間は約8日早くなり，この結果から近年の気温上昇が原因でイチョウの成長期間が長期化していることがわかった．

　上記のように植物季節にかかわる研究を通して，地球環境の変化が樹木に及ぼす影響を明らかにすることは，森林と地球レベルの環境変化との関係を理解する上で非常に重要である．樹木生理の面では特に，落葉樹の葉をつけている期間，すなわち成長期間は光合成作用による物質生産量とも密接に関係しているため，その変動について明らかにすることが森林の CO_2 収支や取り扱いを考える上でも非常に重要であるといえよう．　　　　　　　　　　　　　　　（梶　幹男）

文　献

1) 佐々木忠兵衛：北海道中央部における樹木の植物季節と気温．森林文化研究 **4**, 77-86, 1984
2) 玉手三棄壽：カラマツの発芽及落葉期日と海抜高との関係．森林治水気象彙報 **9**, 1-20, 1927
3) 柳沢聡雄：北海道無意根岳における林木の季節現象に関する二，三の観測．林試研報 **70**, 71-92, 1954
4) 梶　幹男：樹木フェノロジーに関する共同研究プロジェクトとその成果．フェノロジー研究 **28**, 1-11, 1997
5) 梶　幹男・高橋康夫：東京大学北海道演習林におけるブナ産地別フェノロジー．日林北支論 **47**, 54-57, 1999
6) 松本一穂他：日本におけるイチョウ生物季節と気温の長期変動．日林学術講 **113**, 581, 2002

3.2　森林の健全性

　よく使われている言葉であるが「森林の健全性」を科学的・実証的に定義することはきわめて難しい．われわれが目にする森林は気候や地形・土壌などの環境条件によってさまざまな構造と生態系を形成し，時間軸に沿った流れの一断面をみせている無数の生物の集合体である．この生物集合体の健全性をどのように理

解し，定義できるのだろうか．ここでは少なくとも森林＝森林生態系としてその健全性を考えることが重要である．森林生態系は単なる樹木の集団ではなく，その空間に生活する植物，動物，微生物などの生物要素と土壌，水，大気などの環境要素とからなり，要素間の関係によって森林の状態や性質，動態が決まる複雑なシステムである．生物相互間のさまざまな関係（捕食，共生，寄生，競争など）および環境も含めた要素間のエネルギーや物質の流れにより生態系は維持されている．このように森林は環境依存性がきわめて高い集合体であり，環境変動に伴う森林の変化を予測することはきわめて難しい．一般に健全性の主要な評価基準と考えられている生物多様性についてもまだ科学的・実証的な解明が緒に着いたばかりの状態といえる．また，森林の活力の指標である森林の純生産量は原生林状態の天然林ではほとんどゼロ，場合によってはマイナスとなる[1,2]．しかし，原生林が不健全だと考えている人はいないであろう．

　このようにさまざまなシステムが機能し，変化の予測が困難な森林の健全性は，その定義の厳密さを追い求めるより，「予防原則」すなわち生態系に悪影響を及ぼす恐れのある攪乱（ストレス）をできるだけ避けることにより維持されると考える方が現実的である．変化の時系列に合わせて持続的に生態系を維持することであるともいえる．従来から森林保護学では気象災害，生物災害，人為災害などが主要なものとして取り上げられているが，そのメカニズムだけではなく，これらの災害が森林に与える影響を質的，量的，そして時間的な観点から把握し，その回避策を検討する必要がある．特に，ヒトが持続的に再生利用できる重要な資源として森林を取り扱う際も「予防原則」を前提とすべきであろう．

　ヒトによる森林利用は，日常生活の必需品の採取や培養，レクリエーションなどであり，森林にさまざまなストレスを与えている．その最たるものが伐採や人工林造成，大気汚染，森林火災などである．たとえば熱帯の原住民の火入れによる移動耕作，オーストラリアのブッシュマンによる灌木林抑制のための火入れなどは，森林の遷移を逆戻りさせる攪乱である[3]．しかし，これらの攪乱は健全性を損なうものと一方的に断じることはできない．森林の時系列変化は，規模の大小を問わず，必ず「更新→成長→枯死→更新」のパターン（世代交代）の繰り返しであり，この繰り返しを持続的に維持できるかどうかが健全性の最低基準であろう．さらには物質循環や生物多様性についての検討が必要である．気象災害については地球温暖化や氷河期のように地球規模の気候変動がないかぎり，干害，寒害，風害などが森林の修復機能を破壊して大面積の森林を消滅させることはほ

とんどないと考えられる．虫害や病害による生物災害にしても同様である．通常の自然災害は相対的に小面積のギャップを形成し，世代交代の要因となっている．タイムスパンを長くとれば森林の健全性を損なうような自然の攪乱は意外と少ないと思われる．単木的にみれば傷害と考えられる生物害も森林生態系のシステムとしては，物質循環や生物多様性の重要な要素であり，生態系の自己修復機能を損なわないかぎり容認すべきであろう．このように自然攪乱は森林の世代交代を促進させるプラス効果があり，被害の時期，強度やその面積，残存森林の面積などが健全性を損なうかどうかの判断基準になると考えられる．周辺の残存林分への病虫害拡大が問題となるときは，被害木の除去などの対策が必要となる場合もあるが，人工林では経済性を考慮した対応が必要となる．

自然攪乱にくらべ有史以降の先進国による人為攪乱の中身や規模は拡大の一途をたどってきた．20世紀の急激な森林減少は，1992年の地球サミットにおける「森林に関する原則声明」や「アジェンダ21」の採択となり，持続可能な森林経営についての取り組みが世界的に要請されることとなった．このなかでは，森林の健全な経営と保全が環境全体にとって重要であること，生態系，経済，社会および文化の面で樹木や林地が担っている多様な役割を支援し，発展させるための政策，手法，仕組みには大きな弱点があること，多くの先進国は森林に及ぼす大気汚染および森林火災による損失の影響に直面していることなどが指摘され，具体的な行動指針が示されている．1993年にはモントリオールで温帯林・北方林の保全と持続可能な管理の判断基準および指標について提案がなされ2年後に最終的な判断基準（評価基準）・指標（調査項目）の合意がなされた．このモントリオール・プロセスでは判断基準として以下の7項目が規定されている．

① 生物多様性の保全
② 森林生態系の生産力の維持
③ 森林生態系の健康と活力の維持
④ 土壌及び水資源の保全と維持
⑤ 地球的炭素循環への森林の寄与の維持
⑥ 社会の要望を満たす長期的・多面的な社会・経済的便益の維持及び増強
⑦ 森林の保全と持続可能な経営のための法的，制度的及び経済的枠組み

これらはいずれも森林の健全性を維持するために必要な基準である．①～⑤は森林生態系のシステムにかかわるものであるが，⑥，⑦は基本的に「ヒトの心」の問題であり，森林を健全に保つための必要条件と考えるべきであろう．本節では

森林生態系システムにかかわる特徴的な問題をとりあげる．

3.2.1 北方林の健全性

　北方林はほとんどがタイガと呼ばれる針葉樹優占の森林で，北半球の北緯50°から北緯70°の間に分布する熱帯林に次ぐ森林帯である[4]（図3.11）．北方林はその広がりと森林資源量の規模から地球温暖化防止や生物多様性保全について重要な役割を担っている．その面積は地球上の森林面積の1/4以上を占め，山岳林地域とツンドラ疎林地域をも合わせると1,000万 km^2 に達する[4]（表3.4）．また，北方林の約4割は永久凍土地帯であり，シベリアのレナ川流域が中心であ

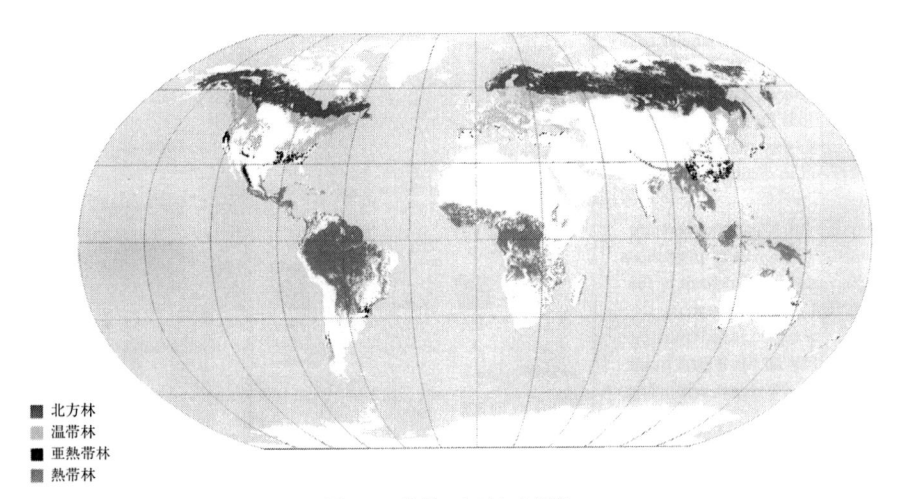

■ 北方林
■ 温帯林
■ 亜熱帯林
■ 熱帯林

図3.11 世界の主要な森林帯[4]

表3.4 北方林（1,005万 km^2）のタイプ別・地域別面積比率（%）[4]

	地球全体	ヨーロッパ[注1]	ロシア	アジア	北米
針葉樹[注2]	15	7	73	2	17
ツンドラ疎林	2		27		73
山岳林	9	2	85	1	12
合計[注2]	26	5	73	2	21

注1）ヨーロッパにはフィンランド，ノルウェー，スウェーデン，イギリス，アイスランドが，アジアには中国とカザフスタンが含まれる．

注2）4地域のタイプ別面積比率は四捨五入のため針葉樹および合計欄は100%にならない．

る．北方林の分布域は月平均気温10℃以上の月が1か月から4か月までと幅があり，気温の年較差も大きい．降水量は少なく，一般に500 mm以下である．北の境界は極地域の樹木限界となっている最暖月（通常7月）の10℃の等温線とかなりよく一致する[5]．このように気候や土壌条件が厳しいため，北方林は未開発の針葉樹資源が多く残存している地域であり，森林の炭素貯留量は熱帯林を凌いでいる[4]（図3.12）．これは降水量が少なく，気温が低いため，林床に多量の落葉落枝や倒木が未分解のまま有機物層として堆積することによる．北方林の主要樹種は，永久凍土地帯にカラマツ属，カバノキ属，非永久凍土地帯にトウヒ属，モミ属，マツ属，カバノキ属，ヤマナラシ属，ヤナギ属などが優占している．

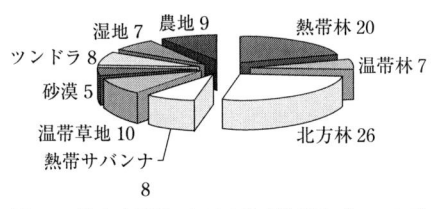

図3.12 陸上生態系における炭素貯留量（2,200GtC）の比率[4]

湿地 7　農地 9　熱帯林 20
ツンドラ 8　温帯林 7
砂漠 5
温帯草地 10　北方林 26
熱帯サバンナ 8

北方林では可燃物材となる落葉落枝や倒木が多く，乾燥気候のため森林火災の発生頻度が高い．この森林火災は優占している針葉樹の世代交代を促進するという一面をもっているが，その強度や頻度によってはカンバ林やヤマナラシ林への樹種交代や草地化を引き起こし，永久凍土地帯では湿地化の危険すら生じる．また，人工林のみならず天然林も単一樹種の針葉樹一斉林が多く，老齢林も多いため大面積の虫害や菌害に見舞われることがあり，大量の倒木を発生させる風害も受けやすい．

北方林には人為攪乱の歴史が異なる地域で存在する．中世以降の伐採や農地開拓による人為攪乱の結果，森林の存在価値が再認識され，針葉樹人工林中心の二次林が多いヨーロッパ，天然林の伐採が主体であるが跡地の人工林化も進んでいる北米大陸，世界最大の未開発針葉樹資源を保有しているが管理体制整備の遅れによる人為攪乱の拡大が危惧されているロシアである．これらの地域にはそれぞれに共通する攪乱要因と地域特有の攪乱要因を挙げることができる．

地域共通の主要な攪乱要因としては，火災と風害，その後に発生する病虫害，さらに大きな地球規模の攪乱要因として温暖化が挙げられる．主要な温暖化予測シミュレーションによると北方林を含む北極地域の温度上昇が最も大きいと予測されており[6]，北方林の健全性に与える影響は大きいと考えられる．地域特有の攪乱要因としては，酸性雨に代表されるヨーロッパの大気汚染[7]，伐採の進行に伴うロシアの森林資源の劣化[8]，モンゴル[注1]に代表される羊放牧の影響などが

挙げられる．ここでは，共通する攪乱要因の森林火災と風害についてふれておく．

a. 森林火災

　森林火災の原因は落雷以外は人為によるものであり，ロシアで全発生件数の7割以上，カナダとアラスカでは6割となっている．最近10年間の年平均の被災面積[9]はロシアが1万2,000 km^2（関東地方の4割），カナダが2,800 km^{2}に達している．異常発生年にはこの2倍以上の面積が被災している．アラスカでも毎年4,000 km^2，滋賀県ほどの森林が被害を受けている．この被災面積はそれぞれ全森林面積の1％前後であり，国あるいは州単位の森林規模で考えればそれほど問題にならないのかもしれない．しかし，被災地域に限ってみた場合，枯死や倒木を免れた罹災木のなかには甲虫類の侵入やツチクラゲなどの根株腐朽菌により死に至るものも出てくる．森林管理の立場からは，その生態系が自己修復可能かどうかを見きわめ，場合によっては植栽などの人為的な修復作業を行う必要も出てくる．

　この森林火災は，北方林生態系での直接的な損失だけではなく，温暖化ガスである二酸化炭素の大量放出や永久凍土融解によるメタンの放出など気候温暖化要因として間接的に影響してくる．ロシアでは森林火災により直接・間接に放出される年間の二酸化炭素量は，森林が吸収する量を超える場合も推定されており[10,11]，火災強度，被災林分および残存林分の分布と面積が問題となる．シベリア中央部ヤクーツク近郊で2002年夏に発生した森林火災では，強度の地表火による炭素放出量のうち土壌表層の有機物層とコケモモなどの地表植生がほぼ7割を占めていた．森林修復の可否は，火災強度や面積の他に被災時期，被災頻度が影響し，種子生産可能な母樹の残存状態

図3.13 50年ほど前の森林火災を生き抜いたカラマツ母樹と密生している後継樹（シベリア・ヤクーツク）

注1）　FAOの統計ではモンゴルは北方林帯に面積が計上されていないが，永久凍土地帯とカラマツ林帯が分布することからここでは北方林として取り上げた．

図 3.14 地表火による根の損傷と有機物層の焼失により発生したカラマツの倒木（シベリア・ヤクーツク）

が大きい（図 3.13）ことによる．シベリアの調査例では 250 年間の森林火災の平均が 15 年間隔，最近 50 年間では数年間隔になっている[12]．

　森林火災は地表火，樹幹火（じゅかんか），樹冠火（じゅかんか），地中火（ちちゅうか）に分けられるが[13]，実際には樹幹火と樹冠火はほとんど同時発生であり，地表植生と落葉層のみが燃える地表火，地表から樹冠部まで燃える樹冠火，厚い有機物層や樹木の根まで燃えてしまう地中火の 3 タイプに大別できる．永久凍土地帯の森林火災のほとんどは地表火であり，異常乾燥時には有機物層の厚いところで地中火になりやすい．永久凍土地帯に優占する樹種は，枝の枯れ上がりの早い落葉針葉樹のカラマツであり，林床はコケモモ，地衣類，コケ類など背の低い植生が優占しているので地表火がほとんどである．樹高の 1/3 以上の幹を焼かれた場合は枯死するとされているが，10 m を超える高木が火災により直接焼死することはまれで，地表の浅いところに伸びている根の損傷，有機物層の焼失，凍土の融解などにより倒木となるものが多い（図 3.14）．また，被災林分と残存林分の分布は微地形，林床植生の違い，倒木の有無などによりパッチ状になることが多い．この残存林分が母樹林としての機能を維持し，被災面積をカバーするだけの種子生産が可能で，有機物焼失により土壌表層が裸出すれば，天然更新による自然修復に任せることができる．しかし，火災間隔が短ければ更新樹も焼失してしまい世代交代が困難になる．さらに，表土中の根系や倒木遺体，泥炭などに火が入ると地中火となり長期間にわたり火災が延焼する．このような状態になると自然修復による森林生態系の維持は

困難になり，大きな氷塊が分布する凍土地帯では湿地化する危険性が高い．常緑針葉樹林では，下枝が樹幹下部まで着生し，樹脂を含む針葉が多いことから壊滅的な被害を受ける樹冠火になりやすい．このため林床のリターや倒木などの可燃物が蓄積しすぎないように人工的に火入れをする試みが米国では行われている[14]．

b. 風害

風害は北方林の大部分を占める針葉樹林帯に共通する災害であり，針葉樹林の構造的な弱点と考えられる．しかし，森林火災と同様に二次遷移を促進する現象である．トウヒ，モミ，カラマツが優占する北方林樹木の支持根の深さは 50 cm 前後と浅く（図 3.15），しばしば大面積の風害とその後の甲虫類による虫害を受けている．風害は

図 3.15 風害による根返りでひっくり返ったエゾマツ，根系の厚さは 50 cm 前後（ロシア・ハバロフスク）

樹高の高い常緑針葉樹の成熟林や老齢過熟林で発生しやすい．北方林に分類できる針葉樹林帯が存在する北海道の亜寒帯林でも 1954 年の風害によりエゾマツ，トドマツの原生林地域が大きな被害を受けた[15]．これは多くの大径木にマツノネクチタケ，エゾノサビイロアナタケ，カイメンタケなどの根株腐朽菌，幹にエゾノコシカケなどの腐朽菌類が寄生していたことが，被害を大きくした要因であった[16,17]．このような大規模な風害が発生しやすい気象条件と地形は予測できるので[18]，被害を受けやすい箇所での森林は単純一斉林にしないような配慮が必要である．また，その後の植林地では森林の修復速度や内容に差がみられており（図 3.16），風倒木の処理方法や植林方法などを再検討して今後の森林管理に活かす必要がある．

(高橋邦秀)

文　献

1) 石橋　聰：北方系針広混交林における択伐施業計画—林分タイプごとの伐採予定量の決定と施業方法—．森林計画誌 **32**, 7-19, 1999
2) 藤森隆郎：二酸化炭素問題の現状と森林への期待．森林科学 **33**, 2-9, 2001
3) 小山修三：森と生きる, pp.5-42, 山川出版社, 2002

図 3.16 大雪山の風害跡地の植林地
立派に成林しているところもあるが写真のようにトドマツ,広葉樹,ササ原が入り混じっているところもある(北海道・大雪山).

4) FAO : Global Forest Resources Assessment 2000 Main Report, FAO Forestry Paper 140, 479p, FAO, 2001
5) FAO : Global Ecological Zoning for the Global Resources Assessment 2000, Working Paper 56, 199p, FAO, 2001
6) 大来佐武郎(監修):地球規模の環境問題 I, 講座地球環境 1, 390p, 中央法規, 1990
7) FAO : State of the world's Forest 2001, 181p, FAO, 2001
8) 柿澤宏昭・山根正伸(編著):ロシア森林大国の内実, 237p, 日本林業調査会, 2003
9) FAO : FRA 2000, Global Forest Fire Assessment 1999−2000, FAO Forest Resources Programme Working Paper 55, 495p, FAO, 2001
10) Shvidenko, A. and Nilsson, S. : Extent, distribution, and ecological role of fire in Russian forests, Fire, Climate Change, and Carbon Cycling in the Boreal Forests (Kasischeke, E. S. and Stocks, B. J. eds.), Ecological Studies 138, pp.32−150, Springer, 2000
11) Shvidenko, A. and Nilsson, S. : Phytomass, Increment, Mortality and Carbon Budget of Russian Forest, 25p, IIASA IR-98−105, 1998
12) 高橋邦秀他:東シベリアヤクーツクのカラマツ成熟林における火災頻度. 日林講 **113**, 605, 2002
13) 四手井綱英(編著):森林保護学(改訂版), 230p, 朝倉書店, 1987
14) Hesseln, H. : Refinancing and restructuring federal fire management. *J. Forestry* (Nov. 2001) 4−8, 2001
15) 北海道風害森林総合調査団(編):北海道風害森林総合調査報告, 535p, 日本林業技術協会, 1959
16) 五十嵐恒夫:北海道における森林病害の問題点, 北海道林業の諸問題(三島教授退職記念事業会編), pp.190−240, 1968
17) 日本林業技術協会(編):石狩川源流森林総合調査報告 **2**, 349, 1977
18) 高橋邦秀:人工林の将来と立地問題. 北方林業 **35**, 4−7, 1983

3.2.2 森林と大気汚染
a. 大気汚染とは

火山活動などの自然に発生した,あるいは燃料の燃焼などで人為的に発生した有害物質が,異常な量で存在する状態を大気汚染という.代表的な大気汚染物質として,亜硫酸ガスなどの硫黄酸化物,一酸化窒素・二酸化窒素・アンモニアなどの窒素化合物,フロンなどのフッ素化合物,一酸化炭素,炭化水素,塩素,および煤塵やタールなどの浮遊粒子状物質(エーロゾル)などが挙げられ,これらを一次汚染物質という.

一次汚染物質どうしの,あるいは一次汚染物質と大気中の酸素・窒素などとの光化学反応などによってできた有害物質を二次汚染物質という.窒素酸化物は遠距離輸送され,工場などの発生源周辺よりも海岸や高原などの紫外線量の多い地域で光化学反応が活発に進み,酸化力の強いオゾン(O_3),有機過酸化硝酸塩類(PAN ; peroxyacetyl nitrate)などのオキシダント(oxidant)を発生させる.これが代表的な二次汚染であり,広域被害を及ぼすといわれている.

これらの大気汚染物質のうち,酸性で固体や気体の状態のものを乾性酸性降下物という.これらが霧,雨,または雪に溶け,その pH が 5.6 以下に達したものをそれぞれ酸性霧,酸性雨,酸性雪といい,湿性酸性降下物という.両者を併せて酸性降下物,あるいは用語を広義に用いて酸性雨という.なお,雨水は自然状態で空気中に含まれる二酸化炭素ガス(約 0.04%)が溶け炭酸水になるため,この pH よりも低い場合を酸性降下物としている.

大気汚染の人為的な原因は,古くは鉱山の精錬所や石油コンビナート工場などから出された多量の硫黄酸化物などで,汚染の範囲も地球全体からみれば狭い特定地域であった.しかし近年では,工場や焼却場の煙突が高くなり,汚染物質が広域拡散している.また,人間の生活の変化に伴って,石油や石炭の利用(調理,冷・暖房,運輸,工業製品製造など)の増加で,全世界の石油換算重量で 1981 年の約 70 億 t から 1990 年の約 80 億 t に増加(発展途上国で著しい)し[1],草・藁・木材などの生物遺体の燃焼とともに,燃焼時に発生する汚染物質が地球規模での広域汚染の原因となっている.

b. 日本の大気汚染と森林被害

わが国では亜硫酸ガスや硫化水素(HS)ガスを放出している火山が少なくない.穏やかな活動を行っている場所では,硫黄泉は温泉として利用されている.このような火山の噴気口周辺(硫気荒原,通称:地獄)では,土壌の酸性度ある

いは噴出ガス濃度に応じた特定の植生分布が認められ，噴気口に近い順に無植生，ススキ草地，リョウブ低木林，アカマツ林となる[2]．自然の大気汚染によって気候的な潜在植生が分布できない例である．

人為的な大気汚染被害の例としては，明治時代以降の鉱山の精錬所からの硫黄酸化物汚染が挙げられる．秋田県の小坂，茨城県の日立，栃木県の足尾，愛媛県の新居浜などで煙害（鉱毒）問題[2]があり，それぞれの地域の森林に大きな被害が発生した．足尾の山地ではいまだに破壊された森林の復旧事業が行われている．

高度成長期の1960年代頃に各地の工業地帯で公害問題が発生した．四日市市や川崎市などでは工場群からの亜硫酸ガスなどによる汚染で人間ばかりでなく，農作物や樹木・森林にも可視被害が発生した．ケヤキの異常落葉がかなり頻繁に観察された．その後，環境庁が設立され硫黄酸化物の排出規制が功を奏し，硫黄酸化物による可視被害は激減した．たとえば，東京都，横浜市，川崎市，四日市市，および堺市に設置された15測定局における亜硫酸ガス濃度では，観測を始めた1965年には年平均値で0.057 ppmであったが，1990年には0.010 ppmへと1/6程度に低下している[2,3]．

亜硫酸ガス汚染対策は主に低硫黄含有の燃料の使用と排煙の脱硫で達成することができた．しかし，窒素酸化物ガスは燃焼時に大気中に約80%存在している窒素ガスと約20%の酸素ガスにより発生してしまうので，亜硫酸ガス対策のようには簡単ではない．このため，排ガス対策にもかかわらず，二酸化窒素ガスの大気濃度は0.02～0.03 ppmとおおむね横這い状態[2,3]が続いている．窒素酸化物は，雨水に溶ければアンモニアや硝酸になることから，林地肥培効果があるとされるものの，一方で紫外線（UV）による光化学反応で生成される光化学スモッグ（オゾン）の原因物質でもある．人が住む地域におけるオゾン濃度の1975年の全国最高値（1時間値）は0.39 ppmであったが，1990年では0.23 ppmと低下している[2,3]．しかし，窒素酸化物の主な発生源である工場地帯や都市（自動車の排気ガス）に遠く面した高原地域で，オゾン濃度を高めている状況が続き，高冷地農作物や山地の森林への加害危険性は依然としてある．

c. 大気汚染による樹木被害

1) 可視被害・不可視被害　葉や花が大気汚染物質など酸性降下物に曝されてから数日以内に表れ，肉眼で判断できる被害を可視被害という．葉の一部に脱色がみられることをクロロシス（白化），褐色になることをネクロシス（壊死）

と呼ぶ．異常落葉現象も可視被害の一つである．一般には葉がしおれ，やがて乾燥し落葉する．しかし，ケヤキなどのニレ科樹種では緑色でみずみずしいままの葉が落葉することがある．これは，オキシダントにより植物体内にエチレンが発生し，葉柄のつけ根の離層が落葉期でなくても形成されるためである．

葉の可視被害の一つとして自動車の排気ガスが挙げられる．特に，ディーゼルエンジンからはタール状あるいは強酸性の微粒子が発生する．前者は気孔開閉を妨げ，後者はクチクラ層を傷つけることから，葉のしおれや枯死の原因となる．

可視被害が認められない場合でも大気汚染物質が原因で結果的に植物の成長減退がみられる場合がある．これを不可視被害（慢性害）という．亜硫酸ガス（SO_2）は，還元作用が強く水に溶けると亜硫酸（H_2SO_3）となり，さらに酸化されると硫酸（H_2SO_4）になり，気孔から葉内に入り細胞液などに溶けてクロロフィルを破壊するため光合成活性を大きく低下させる．また，オキシダントは強い酸化作用を有しており，クチクラ層のワックス成分の酸化，気孔を構成する孔辺細胞や葉内細胞の細胞壁の酸化などにより機能障害をもたらす．そのため，異常蒸散，細胞破壊，葉内水分保持力の低下など，葉の健全な水分調節機能を阻害する．このように，光合成生産機能へ大気汚染物質が障害を与えることが不可視被害の原因と考えられる．

2）　樹木被害の発生条件　　一般に大気汚染による植物の被害程度は汚染物質に曝された時間とその濃度の積（dose）と相関があるといわれ，高濃度では短時間で，低濃度でも長時間汚染されれば被害が発生する．ただし，大気汚染物質の濃度が非常に低い場合，植物自身の修復能力によって被害を受けたかどうかの診断が難しくなる．また，一般に，栄養条件がよく成長が盛んな樹木で可視被害が現れやすく，乾燥地ややせ地の樹木では現れにくいことが多い[2]．このため，当該樹種のやせ地など特定の生育地における正常な生育状態の理解を深めることが正しい診断のために必要である．

大気汚染による樹木の被害発生には樹種や品種による汚染物質による被害の感受性の違いや，その生育環境（養分，水分，気温，光量など）が大きく影響する．表3.5は曝露試験によって得られた亜硫酸ガスに対する各樹種の感受性[2]である．表3.6にオゾン[2]について示す．落葉広葉樹で亜硫酸ガスやオゾンに感受性が高い樹種が比較的多い．これは，落葉広葉樹の方が常緑広葉樹や針葉樹よりも気孔コンダクタンスが大きい（＝蒸散速度が大きくなりやすい），すなわち，気孔が大きく開きやすい性質の樹種が多いためである[4,5]．気孔が大きく開くと，

表 3.5 亜硫酸ガスに対する感受性 [2]

感受性	高い	〉〉	中程度	〉〉	低い
針葉樹	アカマツ	ヒマラヤスギ カラマツ メタセコイア	イチイ モミ クロマツ	スギ サワラ イチョウ	ヒノキ イヌマキ カヤ
常緑広葉樹		トウネズミモチ サンゴジュ	ヤマモモ マサキ キョウチクトウ ハナゾノツクバネウツギ	ツバキ サザンカ トベラ キンモクセイ	マテバシイ モチノキ クロガネモチ ヤブニッケイ カクレミノ シラカシ スダジイ アオキ
落葉広葉樹	ドロノキ ケヤキ フサザクラ ヒュウガミズキ トサミズキ キンシバイ ヤチダモ	コデマリ イワシモツケ ナナカマド ヤマハギ キハギ アブラギリ トチノキ シナノキ キブシ レンギョウ クサギ	ソメイヨシノ ネムノキ ハナズオウ コクサギ イタヤカエデ トウカエデ ムクゲ	ヤマザクラ オオシマザクラ イロハモミジ	

葉内と外気との濃度勾配に沿ったガス交換速度が大きくなり，当然，大気汚染ガスも葉内に入りやすくなるので，亜硫酸ガスやオゾンなどの活性ガスの影響を受けやすくなる．なお，樹木は農作物や草本植物にくらべ大気汚染に強い傾向がある[3]．

複数の汚染物質によって被害が相加的に表れる場合と相乗的になる場合がある．硫黄酸化物と窒素酸化物による酸性雨は相加的であるが，還元作用のある亜硫酸ガスと酸化作用のあるオゾンでは化学的には拮抗しているが，植物への影響はむしろ相乗的で，両者の組み合わせによる汚染被害はすこぶる大きい[2]．

(松本陽介)

表 3.6 オゾンに対する感受性 [2]

感受性	高い	中程度	低い
針葉樹		アカマツ ヒマラヤスギ イチョウ	スギ クロマツ ヒノキ サワラ カラマツ
常緑広葉樹	サンゴジュ	トベラ ネズミモチ キョウチクトウ マサキ ハナゾノツクバネウツギ	クスノキ ヒサカキ ヤマモモ シラカシ キンモクセイ
落葉広葉樹	シダレヤナギ ケヤキ ハルニレ アキニレ トウカエデ ソメイヨシノ オオシマザクラ ホオノキ モミジバスズカケノキ ネムノキ チョウセンレンギョウ	クロモジ ヒュウガミズキ シラカンバ ハナズオウ ムクゲ キブシ ヤマハギ イロハモミジ ヒガンザクラ ヤマザクラ	

文　献

1) 請川孝治：エネルギー資源, 地球環境ハンドブック（不破敬一郎編著）, pp.75-78, 朝倉書店, 1994
2) 埒田　宏・井上敏雄：大気汚染害の診断と対策, 最新・樹木医の手引き, pp.318-349, 日本緑化センター, 2001
3) 松本陽介他：人工酸性雨（霧）およびオゾンがスギに及ぼす影響と近年の汚染状況の変動—樹木の衰退現象に関連して—. 森林立地 34 (2), 85-97, 1992
4) 松本陽介他：スギの水分生理特性と関東平野における近年の気象変動—樹木の衰退現象に関連して—. 森林立地 34 (1), 2-13, 1992
5) 松本陽介他：日本産広葉樹 41 樹種の当年生陽葉における最大ガス交換速度のスクリーニング. 森林立地 41 (2), 113-121, 1999

3.2.3 森林の衰退現象
a. 森林衰退と樹木衰退

　森林衰退（forest decline）あるいは樹木衰退（tree decline）と呼ばれる現象は古くから知られているが，国際的に重要な課題として認識されるようになったのは，1980年代後半以降である．特に，北米とヨーロッパ諸国において各地で森林衰退の被害が顕在化し，その原因が工場や自動車などから発生する大気汚染物質による酸性雨ではないかという仮説が提唱されたことから，国際的な大掛かりな森林衰退の実態調査が開始された．

　同時に，日本でも首都圏におけるスギの衰退，次いで全国各地での森林衰退現象が注目され，酸性雨や大気汚染との関連が疑われるようになり，各地で森林衰退の実態調査が行われた．

　こうした広範な地域の森林やいくつかの樹種が一斉に衰退したり枯死したりする森林衰退は，庭園樹や天然記念物などの特定の個体の樹勢が衰える樹木衰退とは，まったく異質の現象である．都市域での樹木衰退は，道路工事などによる根系の切断，不適当な剪定，踏圧による根系の環境悪化や根株の腐朽など，局所的な要因が関与していることが多い．これに対して，森林衰退においては何らかの広域的な要因（気象，大気環境，流行病，昆虫の大発生など）が働いていることを考えなければならない[1]．

b. 欧米における森林衰退現象

　欧米で衰退して問題とされているのは，主にトウヒ属，モミ属の森林で，この他にマツ属，コナラ属，ブナ属などである．特に，ドイツのシュバルツバルト（Schwarzwald：黒い森）や東欧の Black triangle region（黒い三角地帯）のドイツトウヒ林の衰退は，日本でも典型的な酸性雨被害として報道された．

　こうしたことから，ヨーロッパ諸国では1986年より統一されたマニュアルに従って樹冠の落葉率などの実態調査（ICP-Forests ; International co-operative programme on the assessment and monitoring of air pollution effects on forests）がなされている（表 3.7）．2002年にとりまとめられた報告（UNECE ; United Nations Economic Commission for Europe, EC ; European Commission 2002）によると，樹冠の落葉率が高い個体が増加していることが報告されている．旧東欧諸国周辺で二酸化硫黄（SO_2）による煙害型の森林被害がみられる他，針葉樹林化による土壌の酸性化，マグネシウム欠乏，気象害，病虫害などが衰退に関与する要因として指摘されている．特に，ヨーロッパ中部で1990年および1999年に

表 3.7 ICP-Forests における実態調査内容 (UNECE・EC 2002 より要約)

調査項目		調査間隔 調査区配置	調査内容
Level I (広域)	着葉・落葉量	毎年，16 km メッシュ (約 30,000 プロット)	目視判定による樹冠の透過性
	葉の養分状態	2年ごと，8 km メッシュ (約 1,400 プロット)	葉の養分含有量の測定
	土壌条件	10 年ごと，8 km メッシュ (約 6,000 プロット)	土壌化学性，大気汚染への感受性 (pH, C, N, P, K, Ca, Mg, 有機物量など)
Level II (詳細)	生態系調査	毎週～毎年 (約 850 プロット)	気象，植生，成長量，大気汚染，フェノロジー，土

発生した大規模な風害は大きな影響を与えた[注1]．一方，森林の成長量や蓄積をみると，ヨーロッパ各国で増加傾向にあり，NO_x による窒素負荷が施肥効果を現したためと考えられている．

　北米では，アメリカ合衆国農商務省森林局 (USDA Forest Service) やカナダ森林局 (CFS ; Canadian Foresty Service) によって実態調査がなされている．アパラチア山脈のモミ属やトウヒ属では，高標高域ほど枯死や落葉が目立っており，西部ではマツ類やナラ類の枯死がみられる．またカナダではサトウカエデ (*Acer saccharum*) の衰退が問題となっている．これらの衰退の原因としては，大気汚染の著しい五大湖周辺を除き，酸性雨などの汚染物質が直接の原因とは考えられていない．広域の森林衰退現象の原因としては，高標高域に多く滞留するオゾン (O_3) と長期にわたる汚染物質による窒素負荷の結果，窒素過剰による成長バランスの混乱やマグネシウム欠乏がもたらされたり，気象害や病虫害が複合的に作用して，衰退を引き起こしているとするストレス複合説が最も多くの支持を得ている．地域，樹種ごとに異なる衰退要因が関与していることが推測される[2]（図 3.17）．

　なお，わが国では 1983 年から環境庁の酸性雨対策調査が，また，1990 年から林野庁の酸性雨森林衰退モニタリング事業が始まり，樹木の衰退と酸性雨との関

注1) これらは大西洋のハリケーンが上陸したものや低気圧によるもので，1990 年 1～3 月の風害ではヨーロッパ全体で 1 億 m^3，1999 年 12 月の風害では 2 億 m^3 近い風倒害を引き起こした．

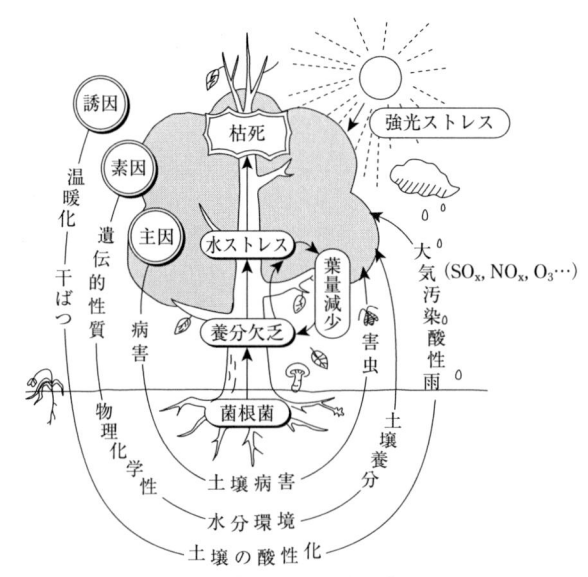

図 3.17 森林衰退の原因（文献[2]より改変）

連について調査検討が行われている[7].

c. 首都圏におけるスギの衰退

日本においても，森林衰退は以前から知られていた．1960年代〜70年代にかけて，高度経済成長に伴って，SO_x，NO_x，光化学スモッグなどの大気汚染が人体被害を生じて問題となった．これと前後して，東京周辺でスギの衰退やケヤキの異常落葉などが観察された[3]．ケヤキやエノキなどの夏季の異常落葉現象は，SO_2などの大気汚染によるものと考えられたが，スギについてはSO_2への耐性が高いことがわかり，原因としては地下水位の低下などが疑われた．

スギの衰退が日本で再び注目を集めたのは，欧米で森林衰退現象が注目され，各国で調査が開始された1980年代のことである．関東地方のスギの衰退現象（図3.18）がマスコミなどにも報道されるようになり，各地で，主に酸性雨による土壌酸性化が原因ではないかという仮説のもとに，実態調査が行われた[1]．

その結果，首都圏のスギ衰退木の分布は，酸性降下物やオキシダントなどの大気汚染の分布とよく一致することが報告された[4]（図3.19）．また，スギは広葉樹に比べてもともと樹幹流のpHが低い上に，周囲から突出した大径木では樹冠に捕捉された汚染物質が樹幹流によって根元に供給されることから，スギの根元周

辺の土壌では局所的に酸性化が生じることも明らかにされた．しかし，スギは酸性雨や大気汚染に対する耐性が比較的高い樹種であり，現在のスギ衰退林の土壌や樹体内のAl^{3+}濃度，大気中のSO_2やO_3濃度などでは，スギの衰退を説明できていない．

こうしたことから，スギの衰退の生理学的なメカニズムが，1980年代後半から検討された．葉のP-V曲線によって得られる萎凋点の水ポテンシャル（Ψ_w^{tlp}）および飽水時の浸透ポテンシャル（Ψ_s^{sat}）は，水ストレスを受けている個体では値が低下することが知られており，浸透調節（osmotic adjustment）と呼ばれている．スギの衰退のみられる都心から関東北西部のかけての地域では浸透調節がみられたのに対し，衰退の少ない関東北東部では浸透調節がみられなかった[5]（表3.8）．

関東地方の平野部で1980年代以降に顕著な衰退を示しているのはスギのみであり，他の樹種では広域な衰退は報告されていない．スギの生理的特性を他の樹種と比較してみると，木部の通水抵抗が高く，葉の最大水蒸気拡散コンダクタンスも高い値を示す[6]（表3.9）．これらのことは，スギが水ストレスに対して敏感な樹種であることを意味する．関東地方では，都市化に伴う気温の上昇（ヒートアイランド現象）と，その結果である大気の乾燥化が生じており，大気の水蒸気飽差の経年変化をみると，東京から関東北西部の国道17号線に沿った熊谷や前橋などの内陸部では顕著に大気乾燥化が進んでいる[6]（図3.20）．実際に，樹高の高いスギの大径木では，樹冠上部の葉は恒常的に水ストレス下にあり，葉の形態にも乾燥適応とみられる変化が生じていることも明らかにされた．

こうしたことから，関東平野で広くみられるスギの衰退の主たる原因は，都市化に伴う大気乾燥化などによる水ストレスであると推測されている[6]．

図3.18 スギの衰退現象（1991.5 長野県穂高町）

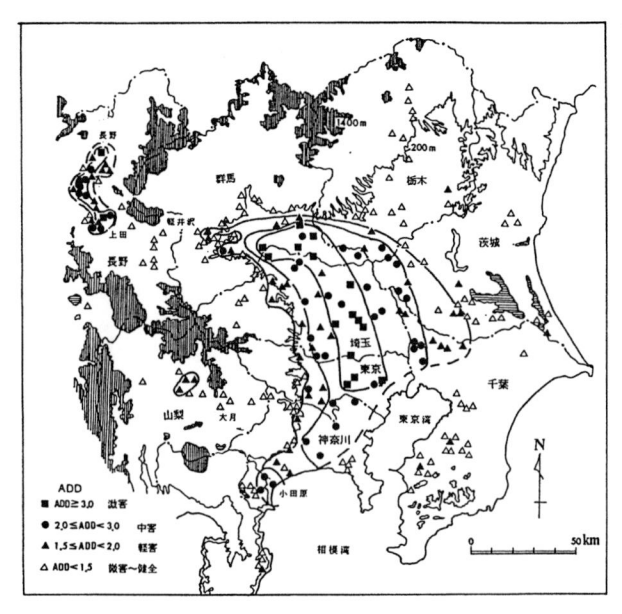

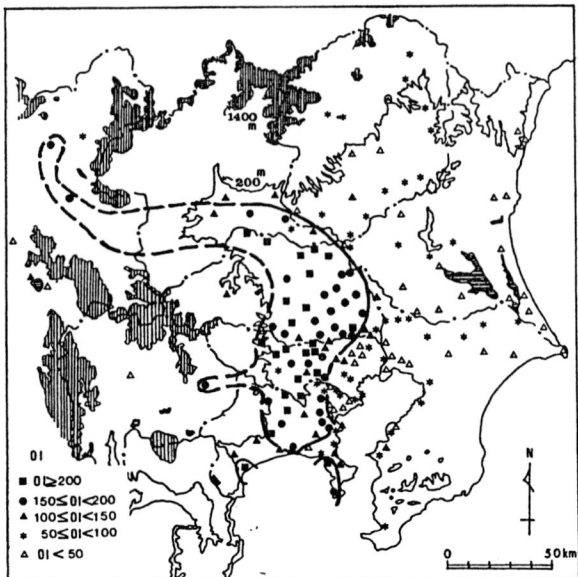

図 3.19 スギ林の衰退度（ADD ; average damage degree）と大気中の
オキシダント濃度（OI ; oxidant index）の分布[4]
OI は 5 月〜9 月のオキシダントの 1 時間値が 0.06ppm を超えた時間
数．

表 3.8 関東地方のスギの水分特性（文献[5]より一部改変）

調査地		都心からの距離 (km)	Ψ_s^{sat} (MPa)	Ψ_w^{tlp} (MPa)
国道 17 号沿線 (北西方面)	埼玉県熊谷市	45	−1.64	−2.41
	埼玉県岡部市	75	−1.69	−2.45
	群馬県榛東村	90	−1.63	−2.43
	群馬県沼田市	135	−1.66	−2.47
国道 6 号沿線 (北東方面)	千葉県流山市	20	−1.58	−2.31
	茨城県牛久市	45	−1.34	−2.10
	茨城県千代田村	70	−1.34	−2.14

表 3.9 関東平野に生育する主要樹種の最大水蒸気拡散コンダクタンス[6]

樹種名	コンダクタンス (cm/sec)	樹種名	コンダクタンス (cm/sec)
スギ	0.8	アオギリ	0.4
		カシワ	0.4
オオシマザクラ	0.7	シラカシ	0.3
クスノキ	0.7	ヤブニッケイ	0.3
アカシデ	0.6	ケヤキ	0.3
サワラ	0.6	アラカシ	0.3
クヌギ	0.5	モチノキ	0.3
ヒノキ	0.5	マテバシイ	0.3
スダジイ	0.4	イヌシデ	0.2

値が大きいほど，水消費量が大きい．日本産樹種では大半が 0.3～0.5 cm/sec である．

一方，大気中のオゾンについては，単独でスギの衰退をもたらすレベルではないものの，水ストレスと相乗的に働くことから，衰退を加速させる要因として働いている可能性が高い．大気汚染物質の大径木への長期的な曝露の影響は，実験手法が確立していないためにほとんど解明されていない．

d. その他の森林衰退現象

スギ以外にも，山地での衰退現象として，関東地方の丹沢山地や高尾山のモミの衰退やブナの枯死，房総半島のヒメコマツ林の衰退，奥日光山地や赤城山でのダケカンバの枯死，シラビソ・オオシラビソ林の枯死などの現象が報告されている．

これらのうち，丹沢山地や高尾山のモミについては，1960 年代から 70 年代にかけて成長低下と枯死が多発したが，現在ではほぼ終息していると考えられている．この原因としては SO_2 などの大気汚染の影響と食葉性害虫ハラアカマイマイ

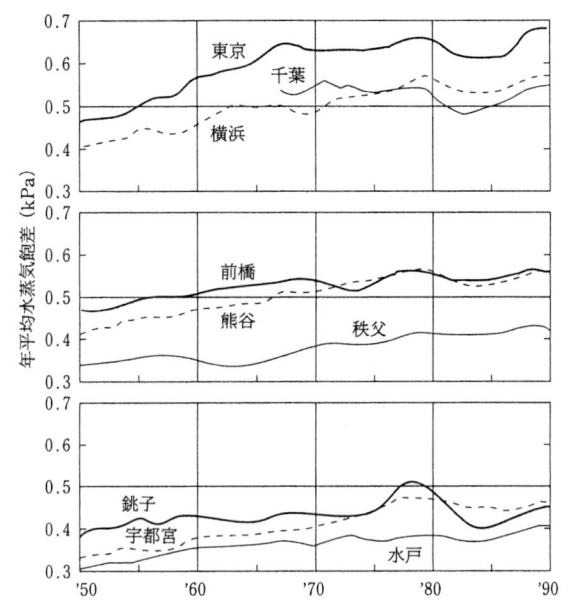

図 3.20 関東平野主要地点における年平均水蒸気飽差の経年変化（5年移動平均）[6]
すべての地点で空気の乾燥化が進行している．

の大発生が挙げられている．

関東山地でみられるブナ林の衰退は，食葉性害虫であるブナアオシャチホコおよびブナハバチの食害，シカによる剥皮(はくひ)と林床植生の食害による裸地化が大きな影響を与えている．また，衰退木が京浜地域に面した南斜面に多いことから，オゾンや温暖化の影響も疑われている．

千葉県房総半島では，痩せ尾根に冷温帯樹種であるヒメコマツ林がみられるが，近年衰退が著しい．成木の枯死原因はマツ材線虫病であるが，稚樹には未同定菌によるこぶ病が多発し，更新が著しく不良である．房総地域のヒメコマツは氷期の遺存個体群であるため，温暖化の影響を強く受けて病害への感受性が高まっていることが推測される．

北関東の奥日光山地や赤城山のダケカンバに生じた集団枯死，衰退現象については，1982年の台風被害，それに伴うナラタケの加害，1983年春の凍害が枯死の直接の原因と考えられている．その後，林冠の疎開による光・水分環境の変化によって，残存木に衰退が生じているものと推測される．また山岳地域では酸性霧やオゾンがしばしば観測されることから，これらも残存木の衰退を加速する要

図 3.21 縞枯現象を示すシラビソ・オオシラビソ林
(1991.12 長野県縞枯山)

因として働いている可能性がある．

亜高山帯のシラビソ・オオシラビソ林では，しばしば白骨化した枯死木の集まりが注目され，森林衰退として報道されることがあるが，これは太平洋側の亜高山帯林の南西斜面に多い縞枯現象であることが多い．縞枯現象は，比較的一様な南向き斜面で，白骨化した立枯木の帯が数本形成されて，白い縞のようにみえる現象である．長野県の北八ヶ岳縞枯山のものは大規模で有名である（図 3.21）が，三日月型をした枯死木帯が不規則に数列程度生じる程度の小規模なものは各地にみられる．日本では，東北地方の八甲田山系から紀伊半島の大峯山系まで太平洋側の山岳に広く分布しており，北米のバルサムモミにも同様の波状更新（wave regeneration, fir wave）が知られている．

いずれの場合も，枯死木の帯は恒常風の風向に対して直角な線状あるいは三日月型で，枯死木帯に面して風を受ける最前面の成木は，急激な林冠の疎開と強風による強光ストレスや水ストレス，風揺れによる細根の損傷，雪氷によるクチクラの損傷，凍害，冬季乾燥害，凍結融解による木部の通水阻害，枝の物理的破壊など多様なストレスを受けるため，枝枯れを繰り返して次第に衰退する．最終的にはキクイムシの穿孔を受けて青変菌による通水阻害を起こしたり，ナラタケの加害を受けたり，強風で倒伏して枯死木となる．林冠の疎開に伴ってシラビソ・オオシラビソの稚樹が密生し，更新は非常に良好である（図 3.22）．台風の通過などにより枯死木帯が一時的に拡大したり乱れる場合もあるが，常に衰退木や白骨化した枯死木が一定の割合で存在しているのは，正常な亜高山帯林の更新過程

である．

　北海道中央部においては，トウヒ属のエゾマツやモミ属のトドマツが主要な林冠構成種であるが，これらにもしばしば衰退現象がみられる（図3.23）．葉の水ポテンシャル測定などから，台風やヤツバキクイムシ被害による林冠の疎開により残存木に水ストレスが生じたことが衰退の主原因であろうと考えられている．

　このように，台風などを契機として林冠の破壊が生じると，林内環境変化によって残存木に影響が現れることは多い．山岳道路や林道の開設もしばしば衰退の原因となる．こうした衰退は，長期的にみれば稚樹の更新によって回復することが多いが，ササが密生して更新が困難となったり，シカにより稚樹が食害されている事例もみられる．また，温暖化，大気汚染，酸性雨などの環境ストレスは，森林衰退の促進要因として働く他，徐々に影響が蓄積して気候条件や土壌環境が変化すれば，更新が阻害されたり遷移が生じて，長期的な植生変化を引き起こす可能性がある．したがって，森林衰退の長期的な予測をする際には，衰退枯死の直接の原因のみではなく，林床植生や更新状況に注意を向けることが重要である．

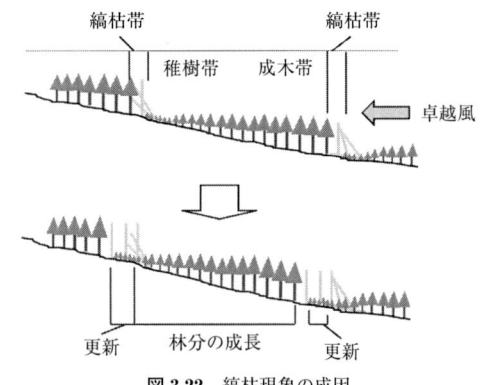

図3.22 縞枯現象の成因

図3.23 エゾマツの衰退現象
（1992.10 東大北海道演習林，富良野市）

（福田健二）

文　献

1) 大喜多敏一（監修）：新版　酸性雨，309p，博友社，1996
2) 鈴木和夫（編）：樹木医学，325p，朝倉書店，1999
3) 山家義人：東京付近における樹木衰退の実態．日林論 **85**，295-297，1974
4) 高橋啓二他：関東・甲信地方におけるスギの衰退と大気二次汚染物質の分布．日林論 **98**，177-180，1987
5) 佐々木千晶他：関東地方におけるスギの衰退と水分生理状態．日林論 **100**，585-586，1989
6) 松本陽介他：スギの水分生理特性と関東平野における近年の気象変動—樹木の衰退現象に関連して—．森林立地 **34**，2-13，1992
7) 林野庁：酸性雨等森林被害モニタリング事業報告書，74p，林野庁，1997

3.2.4　森林と砂漠化
a.　砂　漠　化

　気候的，地形的な環境が変われば，温度や湿度が異なり，それに応じて植物の分布も変わる．ケッペン（W. Köppen, 1846～1940）は，ドゥコンドル（de Candole）が提案した植物生理側からみた気候区分（1874年）、すなわち，高温，乾燥，中温，低温，極低温の生理的類型をふまえて，世界の気候帯を熱帯，乾燥帯，温帯，亜寒帯，寒帯に5区分し，乾燥帯については砂漠気候とステップ気候の植物を類型化した（1900年[注1]）．そして，降水量の年変化パターンに対する経験的な知識を乾燥気候限界理論として導入した[注2]．

　乾燥地域は降水量よりも蒸発量が多く，植物がまばらにしか生育できない地域は乾燥地，草原や低木林になっている地域は半乾燥地として扱われる[注3]．気温からみると，熱帯の半乾燥地はサバンナ（南米ではセラード），温帯の半乾燥地はステップ（北米ではプレーリー，南米ではパンパ）の草原である．このような

注1) その後，たびたび修正され，最終改訂は1928年．
注2) 年降水量や年平均気温にもとづいて乾湿を判定するには，実際には気温が上昇すると降雨が多く，気温が低下すると蒸散が少ない，という経験的な現象に対して修正が必要である．そこで，乾燥気候は，夏に降水が多い地域では2(t+14) cm以下，年中降水がある地域では2(t+7) cm以下，冬に降水が多い地域では2 t cm以下の年降水量の地域とし，さらにそれぞれ t+14, t+7, t の年降水量を砂漠気候とステップ気候の境界とした（t は年平均気温）．
注3) 一般に，砂漠は年降水量が多いところでも 200 mm 以下，ステップやサバンナでは 1,000 mm 以下の地域に分布する．

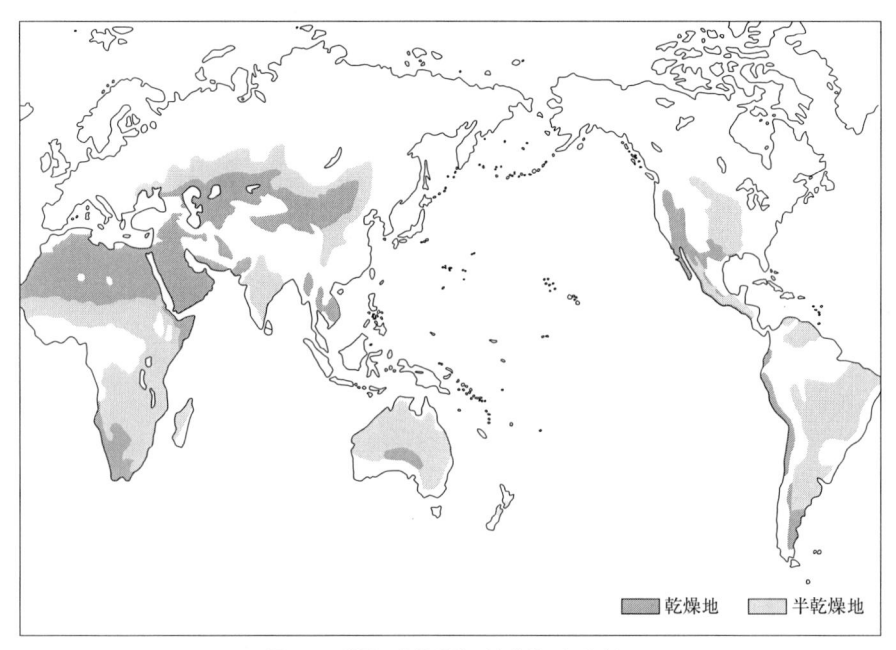

図 3.24 世界の乾燥地域（文献[8]より改変）

　乾燥地域は，世界の陸の 1/3 を占め，その 7 割で砂漠化が進行している（図3.24）．

　一方，砂漠化（desertification）[注4]は，「乾燥・半乾燥地域における植被の進行的破壊や低下」を指し，①植被の減少に伴う土地生産力の低下，②風と水による土壌の加速的侵食，③土壌の有機物量の減少と土壌構造の劣化，④土地生産力のいっそうの低下と塩類など有害物質の集積，の過程をたどるとされる．

　砂漠の成因は，気候的には南北回帰線付近の中緯度高圧帯に位置し，海洋から遠く，山脈などにより降雨条件が遮られる場合が多い．世界の主な乾燥地は，アフリカのサハラ砂漠[注5]からアラビアを経てインドに至る地域，黒海からゴビ砂漠に至る地域，モハーベ砂漠など北米南西部からメキシコに至る地域，パタゴニア荒原を含む南米西岸地域，オーストラリア内陸地域，ナミブ・カラハリ砂漠な

注4) 砂漠化の関連用語として，干ばつ（乾燥，drought），乾燥化（aridization），塩類化（salinisation），（土壌）劣化（(soil) degradation），（土壌）侵食（(soil) erosion），環境の荒廃（environmental degradation），などがある．
注5) 世界最大の砂漠はサハラ砂漠で 907 万 km^2 あり，ほぼ米国の広さ（937 km^2）に匹敵する．

図 3.25 黄土高原

どのアフリカ南部地域の六つに大別される．

　中央アジアから中国の北緯 40°前後に揃うカラクーム・タクラマカン・ゴビ砂漠地帯は，地史的には比較的湿潤な海洋性気候であったが，約 5,000 万年前ユーラシア大陸とインド大陸の衝突によってテチス海が干上がり，その後に生じたヒマラヤの隆起によって次第に海洋と隔てられて乾燥化して現在に至っている．このように，乾燥地域の成立は地史との関連があり，それらに適応した特殊植物が生育している．たとえば，北米ではリュウゼツランやサボテン，オーストラリアではユーカリ，南アフリカではアロエ，など特殊な植物が生育している．

　砂漠化ということばは，地球規模での大気循環の変動による気候的現象を指すのみでなく，広義には，過耕作によって土壌が塩類化して放棄され[注6]，過放牧によって牧草地が不毛となり，過剰伐採によって植生が破壊されるという，人為的インパクトに起因する荒廃現象を指す．このような砂漠化は自己増殖的に加速されるプロセスであるといえる．

b. 森林と砂漠化

　アジアのステップは，モンゴル草原と黄土高原がその代表である．中国の黄土高原は見渡すかぎり黄土（新生代第四紀土壌）で覆われた侵食地形で（図 3.25），西北に位置するゴビ砂漠からの強風に乗って黄土が 50 ～ 100 m ほど堆積してい

注6) 乾燥地の土壌は比較的肥沃で，灌漑をすれば作物の生産が可能となるが，灌漑水が地中の Ca, Mg, Na などの塩類を溶かし，その後地表からの蒸発散によってこれらの塩類は地中から地表に移動して次第に集積する．この現象は，一般に降水量が 500 mm 以下の乾燥地域にみられ，降水量が多ければ塩類は容易に溶脱するので著しい塩類集積は起こらない．

る．ところどころの断層で，黄土の下に風化が進んで酸化鉄の色が明瞭となった赤色土の第三紀土壌がみられる．黄土高原は黄河中流域の中国西北部，標高 1,000～2,000 m に位置し，大部分の地域は降水量 300～600 mm の典型的な夏雨型の半乾燥地である．現在の黄土高原の森林率は 6% であるが，歴史的にみてかつては森林と草原に覆われた肥沃な平野が広がる地域であった．約 3,000 年前，現在の黄土が分布する中心地帯には樹木が密生し，森林の被覆率は 53% であったと

図 3.26 黄土高原におけるヒツジやヤギの放牧

いう．この黄土高原に 1960 年代に食糧増産のために多くの人々が入植し，夏はトウモロコシ，冬は小麦の栽培が始まった．農耕が始まると，ヒツジやヤギの放牧が至るところで行われ（図 3.26），V字谷の侵食がさらに広がり，人口圧[注7]と放牧圧によって砂漠化が加速する．このような地域では，人が山に立ち入れないように封山をすれば，森林植生は回復する．

黄土高原に生育する樹種の水分特性についてみると，樟子松，油松，沙棘などは日の出前の水ポテンシャルが低下し，夜間に水分の補給が十分でないことを示している（図 3.27）．また，新彊楊は日中の変動が大きいことから水分吸収能が高く，また，葉の裏面に綿毛を密生していることが葉の水分収支に何らかの役割を果たしていると推測できる．これら樹種の膨圧を失うときの水ポテンシャルの値を比較する[注8]と華北落葉松が最も低く，耐乾性が最も高いと考えられる

注 7）わが国の 1.6 倍の広さ（60 万 km²）に 9,000 万人が住んでいる．
注 8）膨圧を失うときの水ポテンシャルの値は低いほど水分欠乏に対する膨圧の維持に有利で，この値は主として飽和時の浸透ポテンシャルによって左右される．

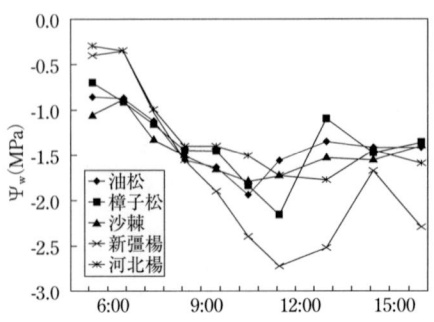

図 3.27 黄土高原に生育する樹種の水ポテンシャル（Ψ_w）の日変化

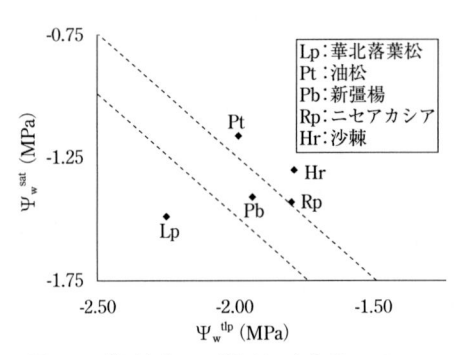

図 3.28 膨圧を失って萎れ起こす水ポテンシャル（Ψ_w^{tlp}）と飽水時の浸透ポテンシャル（Ψ_w^{sat}）

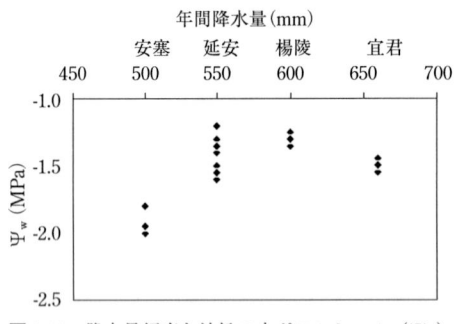

図 3.29 降水量傾度と油松の水ポテンシャル（Ψ_w）の最小値

（図 3.28）．一方，西安から北に降水量傾度に応じて樹木の水ポテンシャルを比較すると，安塞と延安との間，すなわち年降水量 500 mm と 550 mm の間に樹木の水分生理上の地理的境界があるものと推測される（図 3.29）．

このように，黄土高原の年間降水量は樹木の成長に適したものではないが，生育するマツ属（油松，樟子松），コノテガシワ，旱柳，ポプラ類（新疆楊，河北楊），シラカンバ，遼東ナラ，山杏，ヤマハギ，沙棘などの樹木は乾燥に適応した樹種といえる（表3.10）．

c. 砂漠化防止

1977 年に国連環境計画（UNEP; United Nations Environment Programme）は国連砂漠化会議を開催し，「砂漠化とは，土地のもつ生物生産力の減退ないし破壊であり，終局的には砂漠のような状態をもたらす」と定義した．砂漠は陸地面積 131 億 ha の 3 割を占めているが，これに加えて約 20 億 ha（陸地の 15%）が砂漠化によって何らかの影響を受けている．地球上の陸地の 30% を占める森林（39 億 ha）は，1990 年代に毎年 1,460 万 ha の森林が消失し（収支では 940 万 ha の減

表 3.10 黄土高原に生育する木本植物と草本植物（1997.8）

木本植物	マツ科 3 種, ヒノキ科 1 種, ヤナギ科 6 種, カバノキ科 1 種, バラ科 6 種, マメ科 11 種, トウダイグサ科 1 種, ミカン科 1 種, カエデ科 2 種, クロウメモドキ科 2 種, ブドウ科 1 種, ジンチョウゲ科 1 種, グミ科 2 種, ウリ科 1 種, モクセイ科 3 種, クマツヅラ科 1 種, ナス科 1 種, フジウツギ科 1 種, ゴマノハグサ科 3 種, ノウゼンカズラ科 1 種, スイカズラ科 2 種, キク科 9 種, イネ科 9 種
草本植物	ナデシコ科 1 種, アカザ科 2 種, キンポウゲ科 3 種, ウマノスズクサ科 1 種, フウロソウ科 1 種, セリ科 2 種, ガガイモ科 1 種, アカネ科 1 種, シソ科 4 種, オミナエシ科 1 種, マツムシソウ科 2 種, ユリ科 3 種

図 3.30 黄土高原でみられるテラスを用いた「耕して天まで昇る」耕作

少)，広義の砂漠化に曝されている．1994 年には，砂漠化防止条約（CCD；Convention to Combat Desertification)[注9] が批准され，砂漠化防止に向けて国際的な取り組みが着手された．

　砂漠化を防止するための最大の課題は，生態系システムの持続性の尊重である．砂漠化の進行は過耕作，過放牧，過剰な森林伐採がその主要な原因であり，これらの人為的影響が自然生態系のエネルギー循環と調和が図られなければ，結局は土壌の生物生産力が低下し，砂漠化が進行する．このような生態系のバランスを考慮しない「耕して天まで昇る」耕作（図 3.30）は，終局的には砂漠化に向かう農業といえる．すなわち，黄土高原のような地域では，農業（耕作），牧畜（放牧），森林の三者のバランスが持続的に維持されなければならないのである．

(鈴木和夫)

注 9) 正式名称は「深刻な干ばつまたは砂漠化を経験している国々，特にアフリカにおける砂漠化防止に関する国連条約」で 1996 年に発効．

文　　献

1) FAO : Global Forest Resources Assessment 2000 Main Report, FAO Forestry Paper 140, 479p, FAO, 2001
2) 門村　浩他：環境変動と地球砂漠化，276p，朝倉書店，1991
3) 木崎甲子郎：ヒマラヤはどこから来たのか，173p，中公新書，1994
4) 森崎雅典他：中国黄土高原に生育する樹種の水分生理特性と降水量傾度．日林論 **109**, 301-302, 1998
5) 日本林業技術協会（編）：森林・林業百科事典，1236p，丸善，2001
6) 酒井　昭：植物の分布と環境適応，164p，朝倉書店，1995
7) 佐藤太英（監修）：地球環境 2002-'03，407p，エネルギーフォーラム，2002
8) 林　一六：サバナ ステップ砂漠，週刊朝日百科植物の世界 **47**, 13-98～13-111, 1995
9) 武内和彦：地域の生態学，254p，朝倉書店，1991
10) 矢澤大二：気候地域論考，738p，古今書院，1989

3.3　気象環境の異常

　地球上に陸上植物が登場して以来，植生は大きな気候変動の影響を受けることによってさまざまに変遷してきた．現在の針葉樹の祖先である球果植物（裸子植物）が繁栄し始めるのは，古生代後半の二畳紀から中生代初めの三畳紀にかけて高温と乾燥化が進んだ2～3億年前のことである．白亜紀（約1億数千万年前）に入ると被子植物が分布域を広げるようになった．その間，地球は乾燥化が進行し，植物の形態や繁殖戦略は，乾燥に対する耐性獲得に関連する方向で進化した．新生代第三紀に入ると（6,500万年前），地球の気候は徐々に寒冷化の方向に向かい，第四紀以降（約200万年前），地球は複数回の寒冷な氷河期と温暖な間氷期とを交互に経験した．この間，植物は低温に対する耐性機構を獲得し，これが植物の生存と分布域の拡大に大きな意味をもつようになった．現在の地球上には，約760種の球果植物と23～24万種の被子植物があり，多様な形態，環境適応能，あるいは繁殖戦略をもつ被子植物の全盛時代である．

　地球上の気候は，劇的な変動を繰り返してきたが，その進行は絶対時間で比較すればきわめて緩慢な出来事であり，生物は長時間をかけて気候変化に対応し，自らの進化を遂げてきたといえよう．しかしながら昨今では，大気中の CO_2 濃度の急上昇や温室効果ガスであるメタンの増加などに関係するとされる急激な温暖化の進行，干ばつや熱波に伴う森林火災の発生，氷河の融解，さらにはハリケ

ーンなどの暴風雨や洪水の頻発など，異常な気象現象がさまざまに報告されるようになってきた．これらは今後に起こりうる大きな気候変化の前ぶれかもしれないが，地球的規模のさまざまな気象の変化が短時間に，しかも急激に進行している現実に対して，森林はどのような変容を遂げていくのかを見きわめる必要がある．

この節では，現在進行中の気象環境の異常に焦点をあてて解説する．まず，「水分環境の異常」をテーマとして，水資源および水環境に関する世界各地の緒問題を中心に解説する．続いて，「温度環境の異常」と題して，温度の異常がもたらすストレスとは何か，そして温度環境の異常が森林植生にどのような影響を与えるのか，について解説する．さらに「気象災害」と題して，低温害，干害，湿害，雪害，風害，および塩害について，より具体的に紹介し，それぞれの対策について解説する． (山本福壽)

3.3.1 水分環境の異常
a. 水 資 源
1） 水問題 水は生命の維持になくてはならないものであり，生態系の必須の構成要素である．ブナ林に降った雨は幹を伝い地中に浸透し，数百年の時を経て地下水となって涌きでてくる．こうした水は人類の社会経済の発展に不可欠な資源でもある．しかし，近年，水を利用する知恵が急速に廃れ，水の循環に汚染や枯渇といった異変が起きている．そのため，水資源の適正な評価，開発，管理が不可欠な課題となっている．国境を越えて流れる国際河川は昔から紛争の種であった．したがって，水問題の解決には流域や地下水域全体といった広域での土地と水の利用を視野に入れておかなければならない．これまで水の経済的な価値は十分に認識されていなかったために，無駄に利用され，環境に大きな負荷をかけてしまってきている．

砂漠の広がるクウェートやサウジアラビアにとって，水不足は決して重大な問題ではない．国内で食糧が生産できなくても，輸入することができる．1 t の穀物を生産するためには約 1,000 t の水が必要であり，食糧を輸入できるということは水を輸入できるということでもある．しかし，インドのように貧しい国では，水不足はそのまま飢餓に直結する．水問題あるいは水戦争は 21 世紀にわれわれが解決しなければならない大きな資源問題の一つである．

2） 水 量 地球上には $14 \times 10^{17} m^3$ の水が存在し，そのうち河川や大気な

どにある淡水はわずか0.01%にすぎない．しかし，この淡水こそが陸上のすべての生命を支える源であり，人々はこれを利用し続けてきた．

全世界で1年間に河川から流出する水の量は，洪水時の分も含めると，40兆～43兆 m^3 と推定されている．1人が利用できる水の量を算出すると，1950年は約1万7,000 m^3 であったが，2000年には約7,000 m^3 まで減少した．人口増加によって，1人が利用できる水の量はどんどん少なくなり，逆に，社会の発展に伴って1人が必要とする水の量は増えてきている．

3）水利用　現在，河川から取り出してすぐに利用できる水の量は9兆 m^3 ほどである．その他に湖沼や地下水などに3.5兆 m^3 ほどの水が貯められている．実際には毎年約4兆 m^3 の水を取水しており（1997年現在），この量は世界全体の河川流量（洪水時ではなく平常時の流量）の約20%に相当する．使用の内訳をみると，生活用水は6%にすぎず，70～80%は農業生産のための灌漑用で，残り20%が工業用である．水の需要は急速に増大しており，この100年間で約6倍に膨れあがった．

降雨に依存した農業生産には限界があるので，増え続ける世界人口を養っていくために，灌漑農地が拡大した．事実，灌漑農地の面積は1966年から1996年までに72%も増加し，その結果，世界の農業生産量の約40%は灌漑農地で生産され，そのために毎年2.8兆 m^3 の水が使われている．現在の灌漑の基盤はかなり新しく，その60%はまだ50年もたっていない．ところが，土壌への塩類集積，貯水池や水路での沈泥，河川や地下水の枯渇など生産性の維持を危うくするさまざまな問題がすでに生じてきている．21世紀の食糧生産の持続可能性はその生産の大半を占める灌漑農地での水管理に負うところが大きい．

しかし，農業のみが水を使うわけではない．一般に，同じ量の水を使った場合，工業は農業の50倍の経済効果をもたらす．したがって，農業用水より工業用水や生活用水の需要が優先されるため，農業は節水を強く求められる．そこで，水需要そのものを抑えるために，水の利用効率の改善が重要な課題となっている．利用できる水量が少ない乾燥地ほどその

図3.31　3種類の水道

効率は高く，乾燥の激しい地域では60%に達している．アラブ首長国連邦では海水を浄化した飲料水は廃水処理施設から回収され，2度再利用されている．そのため，上水道の他に2種類の浄化済みの水道の蛇口があって，庭木への灌水やトイレなど用途によって使い分けている（図3.31）．しかし，水が豊富な地域の利用効率は30%にも満たない．

b. 水環境

1) 河川流量の減少 灌漑に使われた水のうち，50〜80%は大気中に戻ってしまうため，下流でもう一度使える水は30〜60%にすぎず，灌漑の拡大は，河川の流量と帯水層の水位を低下させ，湖や内海を縮小させる危険がある．たとえば，アラル海は，1960年代までは6.8万 km^2 の広さであったが，現在では水面が15 mも下がって，広さは4万 km^2 に縮小してしまった．これはアラル海に注ぐシル川とアム川流域で旧ソ連時代に行われた無理な灌漑によるものである．二つの河川で年間550億 m^3 の水がアラル海に注いでいたが，流域で小麦や綿花栽培のための灌漑が進み，1980年代には70億 m^3 になった．流入する水量の減少に加えて，乾燥地帯での盛んな蒸発によってアラル海の塩分濃度は急速に高くなり，漁業は壊滅的な打撃を受けた．流域の灌漑農地でも塩類集積によって生産は著しく減少してしまっている．

黄河，インダス川，ガンジス川，ナイル川，コロラド川などは分水や取水によって流量が大幅に減少し，乾季には流れが海に届かなくなっている．黄河の断流は1972年に初めて観察され，1990年代には毎年起こるようになった（図3.32）．1997年には河口から704 kmに達し，断流の日数も226日を数えた．さらに，1998年には黄河の主流だけでなく中流域の主要な支流でも断流した．そこで，黄河を流れる580億 m^3 の水のうち370億 m^3 が1999年から統一的な管理のもとで流域各省に分配されるようになり，現在は何とか完全な断流はなくなっている．しかし，黄河の流量が増えたわけではないので，流域の灌漑農業や住民の生活に大きな支障が生じていることに変わりはない．

断流することで河口のデルタ地帯では土地の退化が進む一方，土砂の堆積で水害の危険が増している．また，河口付近の地下水盆（地下水が溜まっている場所）への黄河からの淡水の補給がなくなったために，海水の侵入が増えて，土壌の塩類化が進んだ．黄河へ流入する工場や家庭からの廃水の割合が相対的に増加し，水質が急速に悪化している．

黄河流域のほとんどは乾燥地帯であるため，元々黄河の水量は少なく，長江の

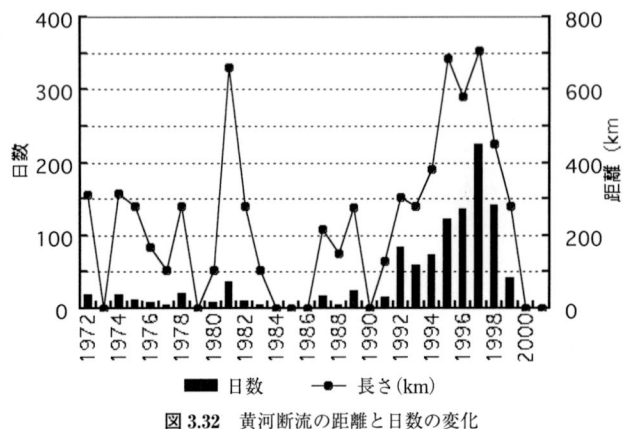

図 3.32 黄河断流の距離と日数の変化

6%にも満たない.しかし,その利用率は長江の2.5倍もあって,すでに限界を超えている.特に1990年代には降雨量が平年より12%も少なかったために,流出量が19%減少した.こうした流出量の減少が断流の自然的背景であるが,それだけで黄河の断流が頻発するようになったわけではない.1990年代になって流域の経済発展により用水量が急増し,1950年代の1.6倍にまで達した.そのうちの92%は農業のための灌漑用水である.

植生の破壊が進んでいる黄土高原で土壌流出を防止するために保全緑化事業が大規模に行われている.しかし,樹林化は降雨の多くを蒸散によって大気に戻すことにもなるので,単純に土砂流出を減らし,供水量を増加させることにはならない.つまり,乾燥した地域での緑化はかえって河川の水を奪うことになる場合もある.樹林による土砂流出阻止のメリットと緑化樹による水消費のデメリットについて慎重に折り合いのつく点を探さなければならない.

2) 地下水の減少 地球規模の水不足は地表水源だけではない.地下水は地表水より取水コストがかからず,しかも水量が安定しているため,灌漑の水源としては河川より優れている.たとえば,川から水を引いて灌漑する場合,川の水量は一定しないので,貯水池が必要となる.しかし,エジプトのナセル湖のような乾燥地の貯水池では,蒸発によって10%以上の水が失われる.そこで,多量の地下水が利用され(全取水量の約20%,1997年現在),それによって約1.8億tの穀物(世界の穀物生産量の約10%)が生産されている.また,インドの農業生産高の約40%は地下水灌漑農地からのものである.

利用している地下水の大半は地表に近い帯水層から供給されている．この帯水層の水は流出水から供給されているため，自然のかん養量を超えて取水すると水位が下がり，ひいては河川の流量を減らすことになる．また，都市での過剰な地下水の汲み上げは地盤沈下を引き起こす．

地底深くに貯えられているため地表からのかん養が期待できない化石水の利用も増えている．たとえば，米国の中西部の乾燥地帯には「オガララ」と呼ばれる世界最大の地下水盆がある．100万年前の地下水とみられており，汲み上げが始まる前には3,700 km^{3}の水をたたえていた．現在では，オガララ帯水層だけでアメリカの灌漑農地の30%を潤している．1990年まで年1～3 mの率で汲み上げられてきたが，雨水でかん養される量は年に2 cmにも満たない．1999年までの総揚水量はおよそ3,250億m^{3}で，水位はすでに12 m以上も低下した．

サウジアラビアにもいくつかの深い帯水層があり，その総水量は約1,919 km^{3}と推定されている．1970年代半ばから穀物の自給を目的として，砂漠でその化石水を用いた大規模な小麦生産が始まった．約20年にわたる小麦の大量生産によって，地下水は減少し，砂地には塩が集積し，現在は深刻な水不足に陥っている．

地下貯水層の枯渇は，一部の農業地帯に限らず，世界中の灌漑地に広がってきている．たとえば，パキスタン第一の農業地帯であるパンジャブ州ではかん養量を30%近く上回る速度で地下水が汲み上げられているし，世界3位の広さの灌漑農地を有する米国[注1]では，その43%が地下水による灌漑である．帯水層が枯渇し始めたのは，比較的最近の出来事であり，その大きな原因としてディーゼルエンジンの普及と井戸の掘削技術がすすんだことで簡単に深い地下水が汲み上げられるようになったことが挙げられる．

3) 水質の悪化　さまざまな汚染物質によって水質は確実に悪化している．特に，河川の水量が減ると塩分や汚染物質を希釈する能力が落ちるために水質が悪化する．また，水を濾過する生態系の能力の減退や，土壌浸食によっても悪化する．ダム建設による流速の低下も河川のもつ水質浄化機能を低下させている．化学肥料を多く含む流出水による富栄養化は全世界の農業地帯で深刻な問題となっている．さいわい，先進国では工業用溶剤や重金属などの素材産業の副産物やし尿などによる汚染は大幅に減少しているが，途上国ではそうした旧来の汚染源

注1)　耕地面積の世界1位と2位は中国とインド．

がいまだに重大な問題となっている.

4) 水害と土壌の水分過剰 森林や湿地などの生態系が破壊されたため水の動きが変わり,洪水や干ばつの発生時期や規模が影響を受けている.たとえば,バングラデシュでは毎年洪水が起きている.かつて国土のほとんどを覆い,水量調整に重要な役割を果たしていた熱帯林が失われたことが被害を大きくしている.特に,海からの風と潮を防いでいたマングローブ林の消失は致命的なものとなっている.さらに,ヒマラヤの雪解け水をいったん吸収し,ガンジス川へ大量の水が一度に流出しないようにしてきた上流のネパールでの森林の減少も,洪水の多発に拍車をかけている.中国の長江でも1992年と1998年夏に大洪水が発生した.いずれも平年の2～3倍という異常な集中豪雨が直接の原因であるが,上流の水源地域での土地の荒廃が被害を拡大させた大きな要因となっている.森林が破壊されると,流出水量の調節が行われなくなるため,雨が少しでも多ければ洪水,少なければ干ばつになりやすくなる.　　　　　　　　　　(吉川　賢)

文　献

1) 世界資源研究所他（編）：世界の資源と環境 2000-2001, 389p, 日経エコロジー, 2001

①土壌の水分過剰と酸素欠乏： 冠水や滞水によって土壌の水分が過剰になると,土壌中の空隙が水で充填されてしまうために根圏の酸素は消失し,土壌は還元状態となる.酸欠土壌環境に置かれた多くの樹木は,根の生理活性を急速に失う.この結果,吸水が円滑に行われなくなり,周辺に水が多いにもかかわらず,地上部には強い水欠乏ストレスが生じてくる.このような土壌の酸欠の影響は全身症状として現れ,樹木は光合成活性の低下,成長の減退,さらには衰弱・枯死の兆候を示すようになる[1].

②過湿環境に対する樹木の適応： 海浜や内陸の湿原などの過湿土壌環境に生育している樹木の多くは,土壌の過剰水分によってもたらされる強い酸素欠乏にも適応して生育することができる.たとえば低緯度地帯の海浜に分布するマングローブ樹種は,潮位の上昇によって根系が水没する環境にもかかわらず,健全な生育が可能である.これらの多くは,根の先端にまで酸素を送り込むための通気システムを内部に構築しており,根圏が水で満たされていても,根が酸欠状態になることはない.またブラジル内陸部のアマゾン川流域には広大な広葉樹の水没林が知られている[2].この地域では3mにも達する水位の上昇期間が6か月にも

及ぶ．その間，多くの樹木は落葉や形成層活性の低下などによって成長を停止または減退させ，長い土壌の酸欠期間をしのいでいる．

過湿土壌環境に耐性をもつハンノキ（*Alnus japonica*）やヤチダモ（*Fraxinus mandshurica*）などの樹種は，根系が冠水すると不定根形成，地際部位の直径増加，肥大皮目の発達などの形態変化を示す[3]（図3.33）．このとき，樹皮内部の空隙が増加したり，不定根に通気組織が形成されたりして，地上部と地下部間の通気機能が向上する．さらにハンノキは萌芽更新を行うことによって恒常的な滞水環境でも個体の維持を図ることができる[4]（図3.34）．特に高い耐性を有するアメリカの南部湿地帯のヌマスギ（ラクウショウ，*Taxodium distichum*）は，滞水環境下では幹の水際部を過剰に肥大させ，根の一部が垂直に伸長した膝根（knee root）と呼ばれる呼吸根を形成する（図3.35）．このような幹や根の構造は根系のガス交換を有利にしている．一方，排水や通気性のよい土壌に生育するヌマスギにはこれらの構造改変は認められない．したがってこれらの変化は，根圏が酸素欠乏となった場合に作動する遺伝子によって引き起こされる形態変化と考えることができる．

③樹種と耐性： 針葉樹の中でもヌマスギなどのスギ科（Taxodiaceae）樹種は過湿土壌

図 3.33 冠水したヤチダモ苗木に認められる不定根形成，地際部位の直径増加および肥大皮目の発達

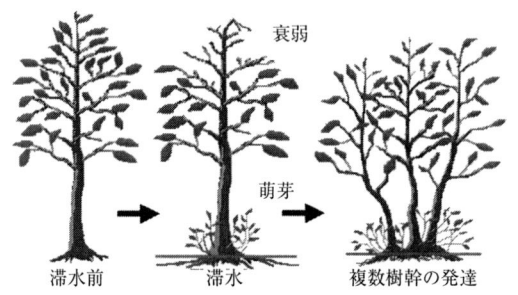

図 3.34 恒常的な滞水環境におけるハンノキの萌芽更新
滞水環境では個体が衰弱しやすく，これとともに根株部に多くの萌芽シュートが現れ，複数樹幹が発達する．

環境に対する耐性が大きい．中国の福建省，雲南省などの湿地にみられるスイショウ（*Glyptostrobus pensilis*）もヌマスギと同様の呼吸根を発達させるなど，きわめて大きな耐性をもつ．また呼吸根こそ形成しないが，スギ（*Cryptomeria japonica*）やメタセコイア（*Metasequoia glyptostroboides*）なども過湿環境で通気組織の発達した不定根を形成するなど，かなり耐性が高い．

針葉樹に比べ，広葉樹にはマングローブやアマゾンの水没林構成樹種をはじめとして過湿環境に耐えて生きるものが多い．暖温帯域でも米国南部の低湿地に分布するヌマミズキ属の water tupelo（*Nyssa aquatica*）は，根株部の過剰肥大や不定根形成を示す樹種として知られている[5]．日本国内でも過湿環境に対する耐性をもつ樹種としてはヤナギ属，ニレ属，トネリコ属，ハンノキ属など，河畔林や湿地林を構成する樹種が知られている．

図 3.35　ヌマスギの膝根

④過湿環境における樹木の生理： 根系などの非同化器官では，葉から転流してきた同化産物が解糖され，細胞中のミトコンドリア内で TCA 回路（クレブス回路，クエン酸回路）をへて酸化されることにより効率的にエネルギー物質（ATP，アデノシン三リン酸）を生産している．この過程では多くの酸素を必要とするため，過湿土壌の酸素欠乏は，根系における ATP 生成を強く阻害し，根の生理的な活性を失わせる．これに対して酸欠に耐性をもつ樹種では，酸欠環境に置かれると根系でのアルコール脱水素酵素（ADH）などの活性が増大し，糖のアルコール発酵などによってある程度の ATP 生産を維持する仕組みが働いている[1]．

過湿環境に置かれた植物では，一般に気孔コンダクタンスの低下に伴って光合成活性が低下し，その結果，成長減退が引き起こされる．耐性をもつ樹種では，これらの生理的な変化は不定根の形成などの形態的な構造改変が進むにつれて急速に改善される[6]（図 3.36）．

過湿環境に置かれた樹木が示す不定根形成，幹の過剰肥大，肥大皮目の発達などの形態的な適応変化は，植物体内におけるさまざまな植物ホルモンの濃度や生

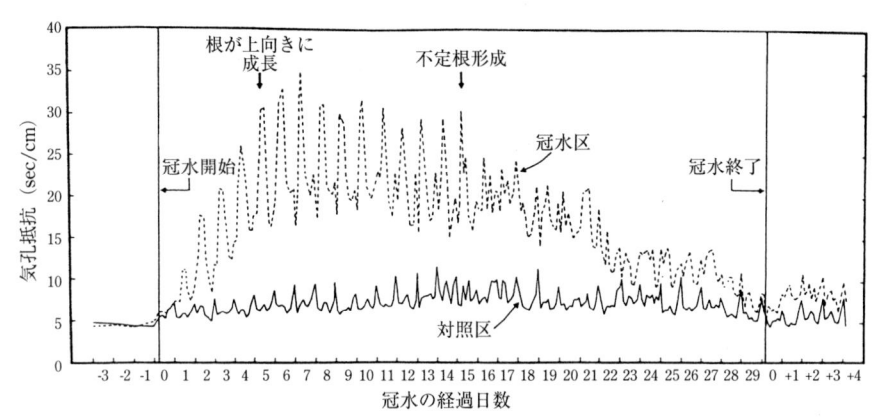

図 3.36 冠水した *Fraxinus pennsylvanica* の気孔抵抗の変化
冠水は気孔抵抗を増加させるが，不定根が形成された後には減少する（文献[6] 原図）.

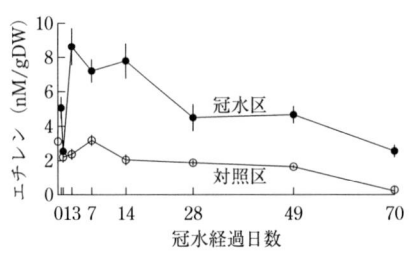

図 3.37 冠水したヤチダモ苗木の幹から放出されるエチレンの変化[7]
エチレンの前駆物質 ACC（アミノシクロプロパンカルボン酸）は酸素欠乏下の根系で生成される.

成量の変化に伴って生じていることが知られる．たとえば滞水環境に置かれた樹木の葉におけるアブシジン酸（ABA）濃度の増加は，気孔閉鎖と密接にかかわっている．また，水際の幹から放出されるエチレンの急増は，冠水や滞水環境下の樹木では普遍的に認められる現象である[7]（図3.37）．このような水際部でのエチレン放出量の増加は，シュートなどから転流してくるオーキシン（IAA）の水際付近の幹における濃度上昇を促す．さらに根圏の酸欠は根におけるジベレリンやサイトカイニンの生成量を低下させる．これらの植物ホルモンバランスの変化は，特に不定根の形成や幹の過剰肥大と関係が深い[3]．

（山本福壽）

文　　献

1) Pezeshki, S. R.：湿地林樹木の生態生理，水辺林の生態学（崎尾　均・山本福壽編），pp.169–196，東京大学出版会，2002
2) Worbes, M.：The forest ecosystem of the floodplain, The Central Amazon Floodplain（Junk,

W. J. ed.), pp.223-265, Springer, 1997
3) 山本福壽：湿地林樹木の適応戦略，水辺林の生態学（崎尾　均・山本福壽編），pp.139-167, 東京大学出版会, 2002
4) 冨士田裕子：湿地林，水辺林の生態学（崎尾　均・山本福壽編），pp.95-137, 東京大学出版会, 2002
5) Hook, D. D. : Adaptations to flooding with fresh water, Flooding and Plant Growth (Kozlowski, T. T. ed.), pp.265-294, Academic press, 1984
6) Sena Gomes, A. R. and Kozlowski, T. T. : Growth responses and adaptation of *Fraxinus pennsylvanica* seedlings to flooding. *Plant Physiol.* **66**, 267-271, 1980
7) Yamamoto, F. *et al.* : Physiological, anatomical and morphological responses of *Fraxinus mandshurica* seedlings to flooding. *Tree Physiology* **15**, 713-719, 1995

c. 水　対　策

　水は，他の天然資源と異なり，海と陸の間を絶えず循環している．水は何度利用しても減らないし，循環の過程で純度が回復し，再利用できる．そのため，水は無尽蔵な資源とみなされてきた．しかし，近年水の需要は増え，開発途上国では明らかに需要量が供給量を上回っている．また，清浄な自然水が廃水によって汚染され，人類を取り巻く水環境はますます悪化している．

　水源の確保と河川の水質浄化機能の回復を図るためには，集水域の整備が必要である．しかし，世界の主な集水域のうち，約30％の地域で森林の75％以上が失われ，裸地化や砂漠化が進行している．水利用問題解決のためには森林の再生と保全が急がれている．同時に，半世紀前に農地のフロンティアが消滅してからは土地の生産性の向上を目指したように，水の生産性の向上を目指さなければならない．
　　　　　　　　　　　　　　　　　　　　　　　　　　　　　　　（吉川　賢）

3.3.2　温度環境の異常
a.　温度ストレス

　生育に不利な環境条件のため，ある植物に成長の停止やしおれなどの生理的負荷が生じているとき，この植物に現れている影響をストレス（stress, 緊張状態）と呼ぶ．温度ストレスとは，植物に生理的負荷が現れるような温度の影響であり，高温，低温および凍結の三つのストレス因子がある．

　1）高　温　　植物の高温ストレスは太陽光の照射，気温の上昇，あるいは火災などによってもたらされる．高温の影響は，温度×時間によって決まるために，短時間の高温に曝されたときに現れる影響は，長時間のやや低い高温に曝された場合と同等の傷害を引き起こす[1]．高温ストレスの傷害は，基本的には生体

膜の物理化学的状態の変化とタンパク質の損傷や変性によって生じる[1,2]. 植物体が50℃を超えるような高温に曝されると原形質は変性し, 組織には有毒物質が集積してくる. また原形質の流動性については, 高温乾燥下の砂漠に生育する植物では46℃を超える高温でも保たれるが, ツンドラやタイガの植物では高温では阻害されてしまう (図3.38). また高温ではさまざまな酵素が失活することによって生命活動を維持してきた核酸やタンパク質の代謝, 生体膜の微細構造, 膜を介する物質の輸送, ミトコンドリアの呼吸などは機能不全となり, 細胞は死んでしまう[1].

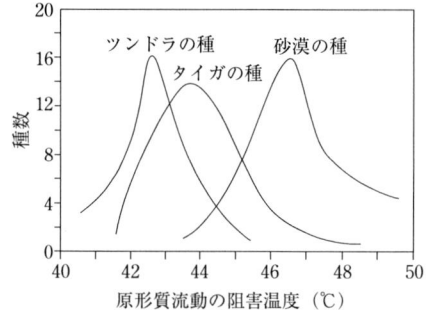

図3.38 高温乾燥下の砂漠植物では多くの種が高温でも原形質流動を維持するのに対し, 寒冷なツンドラやタイガでは高温で原形質流動が阻害される種が多い (文献[1] 原図)

一方, これらの変化とは別に35〜45℃以上の温度では生物の体内には熱ショックタンパク質 (HSP ; heat shock protein) と呼ばれるタンパク質の合成が開始される. HSPは細菌から高等動植物までのほとんどの生物で合成されるが, 植物では約30種類が確認されている. これらが合成された後には, 高温下 (40〜50℃) での生存能力が向上することから, HSPは高温ストレスに対する抵抗性を高める役割を果たしていると考えられている[3]. 植物は比較的低い高温に一定時間曝すことによって高温に順化 (acclimation) し, 耐性を高めることが知られている. このとき, HSPの合成は重要な鍵となるようである.

植物はそれぞれが分布する環境に応じた光合成の最適温度範囲を示す. たとえば, 寒冷地に分布する植物は熱帯地方の砂漠植物に比べて光合成や成長の最適温度ははるかに低い[3]. また同種の植物でも光合成の最適温度は生育環境によって異なり, 高温環境下で育成した個体は低温下で育てた個体よりも光合成最適温度が高くなる (図3.39). さらに気温の季節変化が著しい地域では, 光合成の最適温度も気温に応じて季節変化し, 最適温度を超えると光合成活性は急低下してしまう. このように光合成は温度の変化に対してきわめて敏感に反応することから, 植物の高温ストレス耐性を論じる場合, 光合成装置の熱安定性が最も重要な論点となる[3]. 特に葉緑体のチラコイド膜は熱に対してきわめて敏感である. さらに高温は, 光合成のプロセスにおける光化学系IIを阻害したり, カルビン-ベ

ンソン回路に働く熱に弱い酵素を失活させたりする．このことから，高温による光合成阻害は，植物の高温耐性を知る上での重要な指標となる．最近では，光合成の高温耐性向上の観点から，光合成装置における HSP の機能についての研究も進められてきている．

日本などの暖温帯域においては，太陽の放射量の変化に伴う高温は持続的ではなく，日中の一時期のみの現象である．また植物は気孔やクチクラからの蒸散作用によって葉の温度をある程度低下させることができるので，通常，葉の高温ストレスが長時間にわた

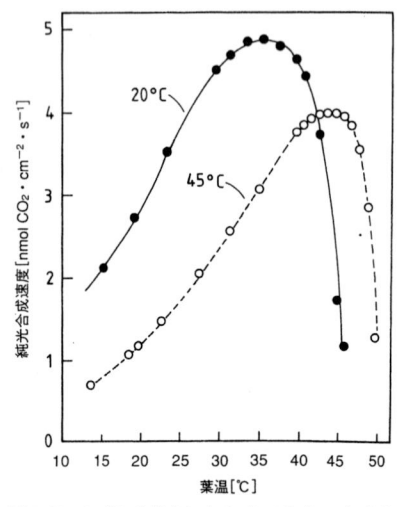

図 3.39 45℃で育成したセイヨウキョウチクトウ（*Nerium oleander*）は 20℃で育てた個体よりも光合成最適温度が高くなる（文献[3] 原図）

って持続することは少ない．しかしながら無降水期間が長く続く夏の日や，フェーン現象によって熱波が襲来するような日には，多くの植物で水ストレスに伴う日中の気孔閉鎖が起こる．このために植物体温が上昇しやすくなり，植物は強い高温ストレスをこうむることになる．しかし自然状態における植物の高温障害や高温死の情報は少なく[1]，むしろ高温ストレスと同時に生じている強い水ストレスが，枯死を引き起こす主要なストレス因子として理解されやすい．

2) 低温 低温のストレスとは，0～15℃までの温度範囲がもたらすストレスである．熱帯や亜熱帯に生育する低温感受性の高い植物では，15℃以下の温度まで気温が低下すると低温ストレスが生じて成長が停止し，枯死するようになる．このような現象は，生体膜構造の変化によってもたらされると考えられている[3]．低温感受性の高い植物が低温に曝されると，カリウムイオン，アミノ酸，糖などの代謝産物が漏出し始める．また低温は膜脂質の流動性にも影響を及ぼし，低温に弱い植物では比較的高い温度（10～17℃）でその流動性を失うようになる．このような膜脂質の流動性の低下はイオンポンプなどの膜の機能に大きな影響を及ぼす．

一方，低温に強い植物では，低温に曝されることによって膜脂質における不飽和脂肪酸の比率が高まって流動性が維持され，低温耐性が向上する[4]．なお，細

胞レベルでの低温耐性を高める要因としては，膜脂質の流動性以外にも，糖類やプロリンなどの親水性の高い溶質の蓄積なども重要な意味をもつ．さらに低温ストレスが生じた植物は葉のしおれ症状を呈するようになることから，低温環境下では強い水ストレスが生じることを示している．したがって低温に順化することによって耐性が向上した植物では，水ストレス耐性もまた向上していることになる．

このような低温と水ストレスに対する耐性の向上には，植物ホルモンの一つであるアブシジン酸が重要な役割を果たしている[4]．アブシジン酸の細胞内濃度は低温，高温，あるいは乾燥処理によって増加する．またアブシジン酸を植物体に処理することで低温耐性が向上することが確認されている．たとえば亜熱帯産の低温感受性の高いマングローブ樹種にアブシジン酸を散布すると，関東地方の野外でも越冬させることができるようになる．

3) 凍 結　凍結によるストレスとは細胞内の結氷が大きな因子となるストレスである．植物の組織を$-1℃/h$のようなゆっくりとしたペースで冷却し，$0℃$以下の凍結温度に曝すと，まず細胞外のアポプラスト（apoplast，細胞壁と細胞間隙からなる）に氷の結晶が形成される（細胞外凍結，extracellular freezing）．氷晶が小さい段階では細胞の生理機能に傷害が現れることはないが，氷晶が大きく成長すれば，細胞内外の水ポテンシャル勾配が大きくなり，水が原形質からアポプラストに出ていくために脱水による原形質分離が生じ，細胞は枯死することになる．一方，凍結がシンプラスト（symplast，原形質の連続体）にまで達すると，氷の結晶は原形質内のさまざまな生体膜を破壊し，たちどころに細胞は死んでしまう（細胞内凍結，intracellular freezing）．したがって凍結ストレス耐性とは，基本的にはシンプラストにまで凍結が及ばないような仕組みに他ならない[3]．

凍結耐性の仕組みは乾燥耐性の

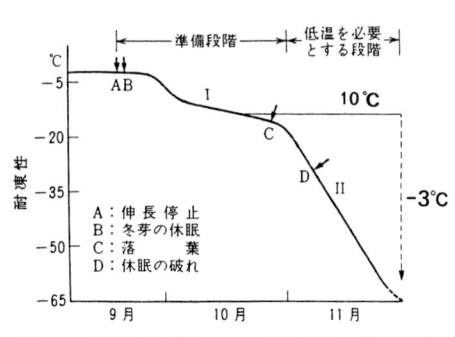

図3.40　札幌におけるクワの靱皮細胞の耐凍性増大過程

気温の低下とともに耐凍性は増大する．10月の休眠期にガラス室内の$10℃$という高い温度に置いても耐凍性は増大しないが，$-3℃$に置くと耐凍性が著しく高まった．このように，耐凍性を高めるためには$0℃$以下の温度にある期間曝されることが必要である（文献[5]原図）．

それと多くの点で共通している．凍結耐性は冬季の気温低下とともに増大し（図3.40），寒冷地に生育するポプラの枝は1月に-70℃の極低温にも耐えることができる[5]．このような凍結にきわめて強い樹種では，原形質がガラス状態（vitreous state）になることによって耐凍性が獲得されることが明らかにされている．ガラス状態とは，ショ糖などの高分子化合物の高濃度水溶液が温度の低下によって固体のような粘度をもった不定形状態になることである．ガラス状態では粘性が非常に高く，細胞におけるすべての生化学的反応は停止し，水の移動による脱水濃縮や収縮も起こりにくくきわめて安定している．このようなガラス化は植物の乾燥耐性の獲得にも大きな役割を果たしており，糖類やプロリンなどの親水性の高い溶質の蓄積や，アブシジン酸によって誘導される親水性のタンパク質の蓄積も重要な意義をもっている．

b. 温度環境の異常と森林植生

1） 地球温暖化 植物に高温ストレスをもたらす熱源としては，太陽からの放射を挙げることができる．乾燥した熱帯では時としてきわめて高い温度に曝される地域があり，北アフリカ，インド，メキシコおよびカリフォルニアにおいて，57～58℃の気温が記録されている[1]．砂漠地帯での土壌表面温度はこれよりもさらに高く，地温は80℃にも達する．日本などの暖温帯域においても，近年，CO_2やメタンなどの温室効果ガスの増大に伴う地球温暖化や，都市のヒートアイランド現象などの影響によって気温の急激な上昇が記録されている．このような気温の上昇は，日差しの強い日中には植物体の温度が致死的な高さにまで上昇する可能性を示している．したがって現在では，太陽からの放射熱のみでも植物に回復不能なダメージが生じたり，短期間に植生が変化したりする可能性が高まってきている．

ハワイ島のマウナロア観測所では大気中のCO_2濃度の経年変化が測定されているが，1957年以来，年間の上昇速度は1.5 ppm（v/v）にも達している[6]．このようなCO_2の濃度やメタンなどの温室効果ガスの増加は地球の温暖化を促進しており，植生変化についてのさまざまな観測や予測が行われている．地球温暖化とそれに伴う局地的な降水量の変動は，植生の大きな移動を強いるようになる．過去の例からみた植物の自然状態での移動距離は年間40～500 m，多いものでも2 kmにすぎなかった[7]が，温暖化により予想される植生の移動距離は，極方向に年間1.5～5.5 km，垂直方向では年間1.5～5.5 mにもなる．ブナの例では，温暖化予測は今後100年の間に700～900 kmの移動を想定しており，過去の移

動実績の40倍となっている[7]．これはブナの自然の種子散布では追いつけない速度であり，南限地や標高の低い山地に分布するブナ林は消滅の危機に瀕しているといえる．またヨーロッパアルプス中部山岳地の例でも，地球温暖化の進行は植生を高山の上部に押し上げており，標高の高いところに分布する植物の絶滅が危惧されている[8]．このような地球温暖化の影響は高緯度地帯ほど大きくなる．たとえばツンドラ地帯では，永久凍土の融解に伴うピートの分解などにより，CO_2やメタンガス放出増加の可能性があり，ツンドラ生態系の崩壊が懸念されている[9]．また低緯度地帯においても，気温の上昇に関連してさまざまな問題が指摘されている．たとえばハリケーンなどの暴風雨の頻発や環境の乾燥化に伴う森林火災の頻度増加は，現在の熱帯雨林を大きく変容させる可能性が高い．このように森林植生や樹木に対する地球温暖化の影響のみを考えてみても，急激な気温上昇は，①植生の北方および高山への移動，②寒冷地や高山の植物種の減少・消滅，③光合成・呼吸・成長などにかかわる樹木の生理活性の増大，④生育可能期間の延長，⑤侵入植物との競争激化，⑥森林動物相の変化，⑦菌類・微生物相の変化，⑧森林病虫害の大発生，⑨気象災害の頻発，⑩森林火災の頻発など，さまざまな変化をもたらす可能性が高い．

2） 乾燥化と森林火災　森林火災は，植物に一過性の高温ストレスをもたらすが，それ以上に生態系に大きな影響を及ぼす．懸念されている地球温暖化によって降雨量が減少し，各地で乾燥地化が進行すれば，森林火災の頻度はさらに増加する恐れがある．現在でも半乾燥地の疎林やモンスーン地帯の森林などでは，表面野火や地下の有機質が焼ける地下火事が頻繁に起こっている[1]．大規模な山火事によって林冠に火が入ったとき，林内の温度は500〜700℃にまで上昇し，樹木のほとんどは枯れ，森林は全滅状態となってしまう．森林火災が恒常的に発生する地域では，火災の高温に対して耐性をもつマツ属やコナラ属などの樹種が繁茂しやすくなる[10,11]．また，特異な更新メカニズムをもつ樹種の優占する森林が形成される．この例として北アメリカ大陸の北部に分布するジャックパイン（*Pinus banksiana*）の山火事更新を挙げることができる[11,12]．この樹種の種子は球果の中に樹脂で封じられており，長い年月にわたって林冠に貯蔵されている．ひとたび山火事が起きれば，49〜60℃の熱で樹脂が溶け，球果は開裂して種子を大量に散布する．その結果，数年後にはジャックパインの純林が再生されることになる（図3.41）．また，オーストラリアに分布するユーカリ属樹種の多くは，山火事によって致命的なダメージを受けることがなく，幹の基部における

図 3.41 山火事によって一斉更新したジャックパインの若齢林

リグノチューバー (lignotuber) と呼ばれる貯蔵器官からの萌芽によって更新が行われ，森林を再生することができる[12]．さらに北アメリカ東部にはコナラ属樹種が優占する森林が多いが，これは先住民によって繰り返し行われた火入れとの関係が深い[10]．この現象は，コナラ属が周期的な野火，乾燥，あるいは痩せ地に強いという特性によるものである．特に樹皮の厚さ，萌芽能力，耐腐朽性，焼け跡での速やかな種子の発芽，深根性といった総合的な耐火性の大きさがコナラ属優占の裏づけとなっている．なお，日本においても，恒常的に火入れが行われている採草地の周辺では，耐火性の大きいカシワ（*Quercus dentata*）の優占する疎林をみることができる．

以上のように地球温暖化や乾燥化に伴って森林火災が頻発するようになれば，火災に対する生態学的な生存戦略をもつ樹種のみが繁茂するようになる可能性が高い．この結果は，陸上生物圏の生物多様性に大きな影響を及ぼし，現在の植生は，将来，大きく変容していくことになろう．　　　　　　　　　　（山本福壽）

文　献

1) Larcher, W.（佐伯敏郎監訳）：ストレスと植物，植物生態生理学，pp.233-333，シュプリンガー東京，1999
2) 高橋 卓・米田好文：熱ショック応答の分子機構，環境応答・適応の分子機構（篠崎一雄他編），pp.39-44，共立出版，1999
3) Mohr, H. and Schopfer, P.（網野真一・駒嶺 穆監訳）：植物生理学，pp.527-553，シュプリンガー東京，1998
4) 鈴木石根・村田紀夫：低温ストレス応答のシグナル伝達，環境応答・適応の分子機構（篠

崎一雄他編), pp.17-23, 共立出版, 1999
5) 酒井 昭:植物の分布と環境適応, pp.1-10, 102-108, 109-112, 朝倉書店, 1995
6) Keeling, C. D. et al. : A three dimensional model of atmospheric CO_2 transport based on observed winds : l. analysis of observational data, aspects of climatic variability in the Pacific & the Western Americas (Peterson, D. H. ed.). *Geophysical Monograph* **55**, 35-363, 1989
7) 松下まり子:日本列島太平洋岸における完新世の照葉樹林発達史. 第4紀研究 **31**, 375-387, 1992
8) Grabherr, G. et al. : Climate effects on mountain plants. *Nature* **369**, 448, 1994
9) Billings, D. W. and Peterson, K. M. : The possible effects of climatic warning on arctic tundra ecosystems of the Alaskan North Slope, Global Warming and Biological Diversity (Peters, R. M. and Thomas, E. L. eds.), pp.233-243, Yale University Press, 1992
10) Abrams, M. D. : Fire and the development of oak forests. *BioScience* **42** (5), 346-353, 1992
11) Ahlgren, C. E. : Effects of fires on temperate forests : north central united states, Fire and Ecosystems (Kozlowski, T. T. and Ahlgren, C. E. eds.), pp.195-223, Academic Press, 1974
12) 菊地多賀夫:山火事と植物. 週刊朝日百科植物の世界 **5**, 30-32, 1995
13) 朝日新聞社 (編):植物用語集. 植物の世界創刊号別冊付録, 7-24, 1994

3.3.3 気象災害

樹木は,前項で述べられたようにマクロな水分環境や温度環境の異常による生育障害が圧倒的に多いが,しばしばミクロな気象被害として,低温害,干害,湿害,雪害,風害,塩害,森林火災などが発生する.樹木に対する影響は,これらの要因が相乗的に作用して被害を与える場合も少なくない.近年の林木の気象被害についてみると,寒害による被害が最も多い[1].なお,森林火災については3.2.1a項および3.3.2b項参照.

a. 低温害

樹木の最適環境温度は樹種によって異なるが,その温度範囲を越えると次第に生理的機能は低下し,最高~最低温度域をはずれると生命活動は停止する.温度環境の直接的影響は呼吸と光合成機能に顕著に現れる.

わが国の気象被害のなかで最も多く発生するのは低温による障害である.低温による被害は寒気 (frost) によるものが主なものであり,このような寒気は対流や放射によって生ずる.林木や苗木の生育に及ぼす低温の影響は,樹種,成長段階,環境要因との関連などによってさまざまである.低温害を原因と現象別に分類すると図3.42のように区分できる.わが国で最も多く発生する低温による害は凍害と寒風害である.

凍害の発生機作は次のように考えられる.植物組織がゆっくり冷却されると,

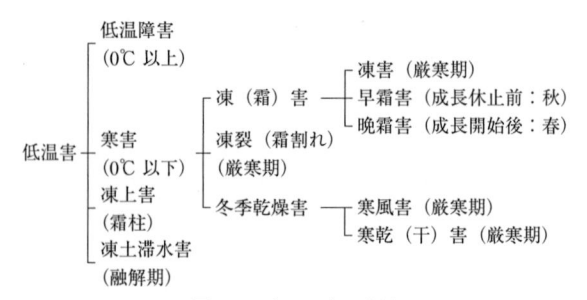

```
                ┌ 低温障害
                │ (0℃以上)
                │                ┌ 凍害（厳寒期）
                │        ┌ 凍（霜）害 ┼ 早霜害（成長休止前：秋）
                │        │        └ 晩霜害（成長開始後：春）
         寒害 ─┤ 寒害    ┤ 凍裂（霜割れ）
         低温害 │ (0℃以下) │ （厳寒期）
                │        │                ┌ 寒風害（厳寒期）
                │        └ 冬季乾燥害 ┤
                │                        └ 寒乾（干）害（厳寒期）
                │ 凍上害
                │ (霜柱)
                └ 凍土滞水害
                  （融解期）
```

図 3.42 寒さの害の分類

このなかで，低温障害は熱帯・亜熱帯の植物が 0～15℃ の気温で障害を受けるものである．

細胞壁に接してその外側に氷ができて，細胞間隙の蒸気圧は低下する．細胞内の水は原形質膜を通り蒸気圧の低い細胞外に出て細胞外にある氷の表面に達して凍る．これが細胞外凍結である．このような細胞外凍結による脱水があまり進まないうちに細胞が急速に冷却されると細胞内凍結を起こす．細胞外凍結が起こっても一般に植物は死ぬことはないが，細胞内凍結が起これば細胞は生存できない．細胞外凍結によって樹木が受ける被害の程度は細胞の浸透濃度と関係し，これを耐凍性（freezing tolerance）という．冬の細胞は細胞質にとみ，含水量が少なく，糖，糖アルコール，アミノ酸などの溶質が多いために細胞の浸透濃度は高く，また細胞膜は可塑性にとむようになる．このような耐凍性の季節変化は樹種によって一定したものではなく，環境によっても変化する．主要な樹木の耐凍性の季節変化を図 3.43 に示した．

　凍害を受けた樹木は，軽度の場合には形成層が異常組織をつくり，年輪に沿って霜輪（frost ring）が現れる場合があるが，強度の場合には形成層は壊死して胴枯れ・枝枯れ症状を示す．

　凍裂（霜割れ）（frost crack）は，樹幹が氷点下に冷却されて辺材部の細胞内の水分が放出されると辺材部樹幹の切線方向への収縮が大きくなり，樹幹を縦裂させる現象である．－20℃以下の低温時に発生しやすい．トドマツでは含水量が部分的に多い水喰材の樹幹部に発生するとされている[3]．

　冬季の乾燥害として寒風害（winter desiccation injury）と寒乾（干）害がある．寒風害は土壌が凍結した風当たりの強い場所，寒乾害は土壌が凍結した日だまりの凹地で発生する乾燥害である．

　低温害の予防は被害の種類によって異なる部分もあるが，造林地では耐寒性樹

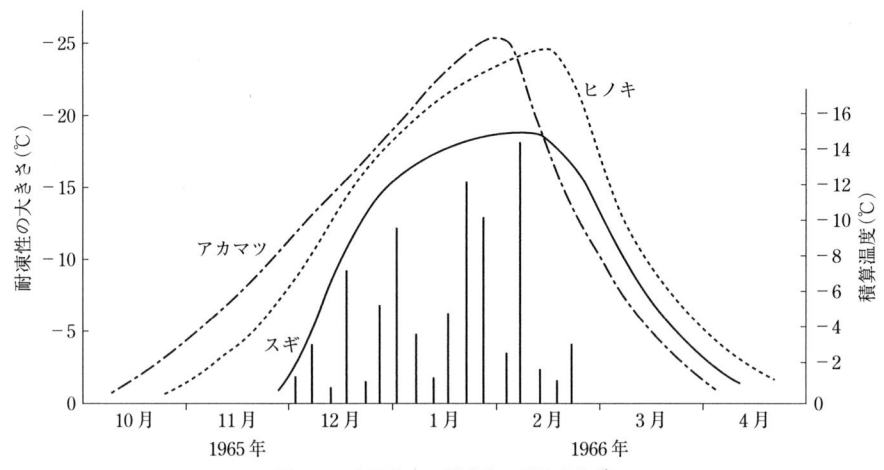

図 3.43 主要林木の耐凍性の季節変化 [2)]
温度は各 5 日間における氷点以下の日最低気温の積算.

表 3.11 干害の発生型と気象の特徴

発生時期	被害発生型	気象的特徴
春 季	春型干害	融雪後の異常高温と異常乾燥,フェーン現象
春〜夏	連続型干害	春から夏にかけての期間に少雨,フェーン現象
夏 季	夏型干害	北日本はオホーツク海高気圧に覆われて少雨
秋〜冬	連続型干害	西日本は 8 月〜9 月の降水量が 100 mm 以下 秋から冬にかけての期間に少雨 20 mm 以下の日数 100 日前後

種の植栽,樹下植栽,側方保護樹帯(防風林)の設置などが効果的である.また,苗畑では窒素肥料の多用の禁止,防寒用被覆などが効果的である.

b. 干　害

　降水量の多いわが国では,樹木に生育障害を引き起こすだけの長時間の無降水現象である干ばつ(drought)は突発的に発生する.樹木は干ばつによって水分不足となり干害(drought injury)を受ける.干害は暖候期 30 日以上,寒候期 40 日以上の無降水期間の連続と気温が平年値より 2〜3 ℃ 高い場合に発生しやすい[4)].近年,地球規模の気候変動の影響で異常気象が出現しやすくなっている.夏季に太平洋高気圧の勢力が異常に強くなった 1994 年には,西日本が干ばつとなり,従来は被害を受けにくかったスギの中・壮齢林で被害が発生した[5)].干害は発生する時期によって区分され,それぞれの気象的特徴が異なっている(表3.11).

地形と干害の関係では斜面傾斜20°〜29°あるいはそれ以上の傾斜地に多く発生し，土壌深度が30cm以下，礫土，川沿いの場所などが干ばつ時に被害が多発する．

干害の予防対策としては苗木の育成にはリン酸とカリ肥料を施用して根系の発達を促す．また，植栽時には根が乾燥しないようにしっかりと梱包して運搬し，その日のうちに植栽することが重要である．植栽は丁寧植えとし，植え穴は腐植層の下まで掘り下げ，根元をよく踏みつけて根元部分を落葉，枯れ草で覆う．保護樹林帯の設置や上木被覆により被陰地面積を広げて造林地の蒸発を抑制することが効果的である．

c. 湿　　害

林木の湿害は地下水位が高く排水の悪い場所で起きる．地形的には凹地，水辺，泥炭地などで，土壌水分が多過ぎると土壌中の酸素が欠乏し，根の呼吸障害が起こり，生育障害を引き起こす．地下水位の高い泥炭層の上に植栽された林木は，根系が泥炭上の乾いた土壌中にあるうちは健全な生育をするが，根が過湿な泥炭部分に達する段階になると，根腐れが起こり成長が抑制される．

寒冷地の平坦地では，森林が皆伐されると，それまで林木の蒸散作用で土壌水分が減少していた林地が，湿地化することがある．このような場所では皆伐後の造林木に湿害が発生する危険がある．また，海岸林の海側に堤防や道路がつくられた場合に，地下水の流れが止められると既存の海岸林の根系の周辺が過湿となり生育が悪くなることがある．

湿害の予防策としては苗畑では暗渠排水を行い，造林地では排水溝を設置して土壌水分の減少を促進する．地下水位の高い場所での植林を行う場合は，アカエゾマツ，スギなどの耐湿性樹種を導入する．

d. 雪　　害

雪害は，5種類に分類される（図3.44）．冠雪害（snow damage）は，湿雪が大量に降ると，樹冠に付着した冠雪が増加し，枝または幹が折損，湾曲する．雪圧害は，積雪の沈降圧（snow settling pressure）と匍行圧（creep and gliding pressure）よる被害である．積雪に埋まっている樹木には斜面の鉛直方向に働く沈降圧と斜面の下方に変形またはすべり落ちようとする匍行圧が作用して，幹折れ，幹割れ，枝抜けなどが生じる．なだれ害（avalanche damage）は斜面上の積雪が崩落・滑落する現象である．雨氷害（glaze damage）は，上空の氷粒が雨滴となって，再び地表付近が氷点下である時に過冷却となり，枝葉に当たって直ち

3.3 気象環境の異常

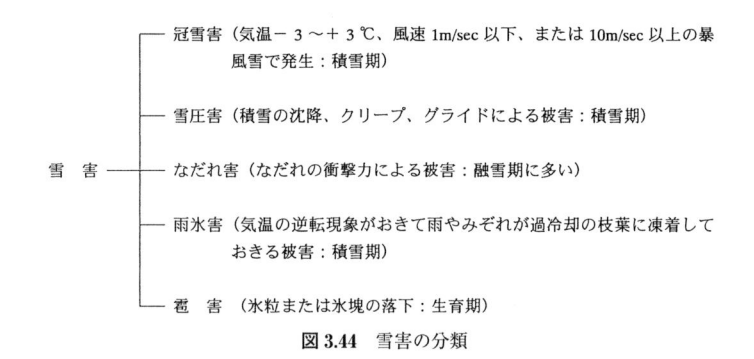

```
                ┌─ 冠雪害（気温 −3〜+3 ℃、風速 1m/sec 以下、または 10m/sec 以上の暴
                │    風雪で発生：積雪期）
                │
                ├─ 雪圧害（積雪の沈降、クリープ、グライドによる被害：積雪期）
                │
    雪　害 ─────┼─ なだれ害（なだれの衝撃力による被害：融雪期に多い）
                │
                ├─ 雨氷害（気温の逆転現象がおきて雨やみぞれが過冷却の枝葉に凍着して
                │    おきる被害：積雪期）
                │
                └─ 雹　害　（氷粒または氷塊の落下：生育期）
```

図 3.44 雪害の分類

に凍結して着氷する現象をいう．わが国では埼玉県秩父山地や長野県下で発生している[6]．雹害（hail damage）は直径 5 mm 以上から野球ボールほどの氷の粒または塊が樹体に衝突して起きる被害である．雹は積乱雲の急激な発達で発生し，植物の成長期に激しい降雹があると枝葉の損傷脱落，樹皮の剥皮などの被害が発生する．

雪害の予防対策は被害の種類によって異なる．冠雪害と雨氷害は中・壮齢林に発生するので，小規模な間伐を繰り返し行い，形状比（樹高 cm/胸高直径 cm）が 70 程度以下になるように調整することが重要である．雪圧害に対しては積雪の匍行圧を抑制する階段造林が有効である．積雪深が 2.5 m 以上の場所は成林させることが困難なので林業対象地とすべきではない．なだれの常習地では，被害防止のためには土木的な構造物の建設が必要であるが，なだれ防止林の造成によって半永久的に防止することが重要である．雹害に関しては林業上は大きな被害は少ない．

e. 風　害

風害には海岸の潮風や季節風の当たる場所で発生する常風害（prevailing wind damage）と台風や低気圧の暴風が原因となる風害（wind damage）がある．前者は，幹が直立できずに風下側に偏倚することが多く，枯死することは少ない．後者は，暴風に伴う風倒，幹折れ，傾斜などの被害となり，一度に大面積の被害をもたらす気象害である．風害は風速が 20 m/sec 以上で発生し，30 m/sec 以上の風速では大規模な被害となりやすい．台風の進路方向の東半分は強風域となる．特に，台風が日本海沿岸を北上するコースで移動すると，日本列島は中心から南東側に位置して強風が吹き込むため大災害になる恐れがある．

風害の予防対策としては，林内に強風が吹き込むと被害が発生するため，林縁

木の下枝を発達させて，形状比が70以下で，林冠の凸凹を少なくし，除間伐をまめに行う．また，択伐施業を行っている複層林での被害率が小さいので，多段林構造の複層林にすることが望ましい．

f. 塩　　害

塩害（salt damage）には海水の飛散による salt spray（塩風害）と，道路の凍結防止に用いられる NaCl や $CaCl_2$ による road salt による被害がある．わが国では比較的気候が温暖なためにヨーロッパや北米でみられるような road salt による被害は少ないが，台風の常襲地帯であるために salt spray による被害がしばしば発生する．

salt spray は海水と空気の接触面で生ずる海水泡沫に Cl^- が濃縮され，これが空中に霧状に分散した状態（エーロゾル，aerosols）で存在するために引き起こされる．台風時にはこのエーロゾルは空中で増大し，内陸深く被害を及ぼすことがある．塩害被害は，Cl^- の過剰な樹体への取り込みによって生ずるが，雨量の少ない場合には特に被害は激しくなる．被害を受けた樹木はその被害が軽度であれば回復するが，その後葉枯性・枝枯性病害に侵されることが少なくない．

（吉武　孝・鈴木和夫）

文　　献

1) 鈴木和夫：非寄生性疾病と大気汚染，新編樹病学概論，pp.269-284，養賢堂，1986
2) 高木哲夫他：主要林木の耐凍性カーブの年変動について1, 2の知見．日林九支論 **20**, 31-32, 1966
3) 石田茂雄：トドマツ樹幹の凍裂と発生機構―とくにその水喰材との関係について―．北大演研報 **22**, 273-374, 1963
4) 吉武　孝：気象環境，樹木医学（鈴木和夫編），pp.138-152, 朝倉書店, 1999
5) 讃井孝義：南九州における中・壮齢造林木の干害．山林 **1346**, 48-58, 1996
6) 梶　幹男他：1990年11月下旬秩父山地甲武信ケ岳周辺の亜高山針葉樹林で発生した雨氷害．東大演報 **91**, 115-126, 1994

4. 森林保護各論

4.1 生物被害

　自然保護の概念は，第1章総説で述べたように，人間とのかかわりで自然を守っていく，つまり保全 (conservation : to keep in a safe and sound state ("Webster") ; to prevent something from being wasted, damaged, or destroyed ("Longman")) が基本となる．森林保護においても同様で，森林・樹木に加えられるさまざまな危害から森林を保全することが目的である．森林・樹木に対する危害はさまざまあるが，大きく生物的要因と非生物的要因（気象的要因と人為的要因）に分けることができる．もちろん，実際には森林・樹木の健全性にかかわる要因（図1.3）からも明らかなようにこれらが複合して引き起こされるのであるが，樹木を死に至らしめる最終的な要因は生物的要因である．生物的要因としては，病害，腐朽害，虫害，鳥獣害などが挙げられる．

　わが国の主要な生物被害は，1950年に松くい虫被害に対処して「松くい虫等その他の森林病害虫の駆除予防に関する法律」（1952年に「森林病害虫等防除法」に改称）が制定されて以降，多くの知見が蓄積された．法定病害虫等に指定されているのは松くい虫，松毛虫，マツバノタマバエ*，スギタマバエ*，マイマイガ，スギハダニ*，クリタマバチ*，野ネズミ，カラマツ先枯病菌*の九つであるが，松くい虫などいまだに蔓延して猛威を振るっているものもあれば，現在被害の発生が問題にならないもの（*）もある．これらを含めて，今までに注目を集めた主要な生物被害を表4.1に取りまとめた．

　本節では，生物被害の考え方について概観するとともに，これまでの主要な被害と注目を集めている被害について重点的に述べた．なお，それぞれの病虫獣害の各論については関連文献を参考に願いたい．

4.1.1 病　　害

　樹木の病害は，病気 (disease) による被害を指すものであって，被害に伴っ

表 4.1 わが国の主要な病虫獣害

病害	材線虫病	松くい虫被害参照.
	苗立枯病	第二次世界大戦後に苗木が大量に養成されるようになって，欧米の立枯病と比較して発生環境などについて明らかにされた.
	スギ赤枯病・溝腐病	1909年茨城県下の苗畑で発生して瞬く間に蔓延し，わが国最大の苗畑病害となる. 第二次世界大戦後に溝腐病との因果関係が明らかにされた.
	カラマツ先枯病	1959年北海道で集団発生し，カラマツ造林の成否を左右するとまでいわれた. 拡大造林における導入樹種と流行病発生の関係について関心を集めた.
	ならたけ病	1955年頃からカラマツの拡大造林に伴ってナラタケによる被害が顕在化した. ナラタケの生態的性質はきわめてユニークで，謎に包まれた菌類と考えられてきたが，生物学的種が見いだされて，従来のナラタケは複数の生物学的種の集まり（広義のナラタケ）とみなされるようになった.
	ナラ類萎凋枯死	昭和50年代後半に日本海側のナラ類（おもにコナラとミズナラ）が広い地域で集団的に萎凋枯死する被害が発生し，現在も拡大傾向にある. 米国のナラ・カシ類萎凋病とは異なる病原菌によって引き起こされる.
虫害	松くい虫	1905年に長崎市内のマツ林で集団枯損が発生し，第二次世界大戦後，拡大蔓延した. 現在，世界的流行病の様相を呈している.
	マツカレハ（松毛虫）	松くい虫以外の法定害虫のなかで最も問題となる代表的な森林害虫で，マツ林にしばしば大発生する.
	マツバノタマバエ	針葉の基部に虫こぶがつくられて葉量が減少し，成長に影響を与える. 特に韓国ではマツ林に大発生し，重大な問題となっている.
	マイマイガ	広食性の食葉性害虫で，世界各地に広く分布する. 大発生が2～3年続いた後に終息するのが普通である.
	スギカミキリ	わが国のスギ・ヒノキ人工林の最大の問題はスギカミキリによる材質劣化被害である. 昭和30年代に取り組まれ，ハチカミの原因がスギカミキリの食害に起因することが明らかにされた.
	スギノアカネトラカミキリ	1956年に石巻市のスギ被害林調査からトビグサレとの因果関係が明らかにされた.
獣害	野ネズミ	北海道の被害が全国の5割を占めるが，近年獣類全体に占める野ネズミの被害割合は大型獣類（シカ，カモシカ，クマ，イノシシ）に比べて低下の傾向にある. 北海道では省力的・低コストの野ネズミに強い山づくりが望まれる.
	ノウサギ	被害発生量は漸減の傾向にあるが，造林地の小面積・分散化に伴って，今後低コストかつ有効な食害防止法が望まれる.
	ニホンジカ	平成に入って被害発生面積は獣害の第1位を占めている. 今後，適正密度などの個体数管理についての検討が望まれる.

て生ずる経済的な損失（損害）の意味が含まれている. 病気とは何かというと，一般には，「生物の全身または一部に生理状態の異常をきたし，正常の機能が営めず，また諸種の苦痛を訴える現象」（『広辞苑』）とあることから，その対象は苦痛を訴える動物であって植物ではない. 植物の病気について『植物感染の原理』（E. Gäumann, 1946）では，植物の病気を常に医学と対比させながら考察を

すすめている.

　植物の病気あるいは病的現象とは何かということに一般的な定義はないが「絶え間ない刺激によって生ずる機能不全の現象」と考えられる.しかし,正常な状態からはずれているものをすべて病気というと,農作物のようにヒトが自分の都合のよいように栽培している植物はすべて病気に罹っている,とする極論もある.この場合には植物は病気であっても,ヒトは経済的な損失を被らないのでこれらの農作物を病害とはいわないのである.一方,樹木を積極的に病原菌に感染させて付加価値を高める場合もある[注1].病害には,哺乳類などによる損傷や一時的な汚染物質によって生ずる傷害(injury)が含まれるが,病気と傷害の違いは病原の刺激が持続的であるか否かによる.

　植物に機能不全を引き起こす原因(ストレス因子)を病原(pathogens)といい,微生物などの生物的因子(biotic stress agents)と環境ストレスなどの非生物的因子(abiotic stress agents)とに分けられる.ここでは,生物的因子によって引き起こされる病気について述べるので,非生物的因子による病害については第3章森林の活力と健全性を参照されたい.

　樹木の病気は,植物の病気一般を取り扱う植物病学の一分野として位置づけられるが,植物病学の中心的課題である作物病学が主として一年生の農作物を対象としているのに対して肥大成長を伴うまったく構造の異なる永年生の樹木を対象にしていること,農作物が人為的環境下で育てられるのに対して人為が加わりにくい自然環境下で生育していること,などが両者の著しく異なる特徴である.

　病気に関する「ことば(術語)」は,病気の真の本性が明らかにされればその「ことば」がすべての人々に受け入れられるが,人によってその使い方が異なる場合がある.たとえば,種を考える上で形態,生活史,宿主関係を同時に考察することが必要なさび病菌では,胞子型の呼び方だけでも60にも達している.このように,病気を理解する上で「ことば」の定義が必要である.

　腐生,寄生,共生:　菌類の栄養要求の違いであって,もっぱら腐生生活を営むもの(腐生菌,saprophytes),一方のみが利益を受けて他方が不利益を受けるもの(寄生菌,parasites),異種の生物が一緒に生活して双方あるいは一方が利益を受けるもの(共生菌,symbionts)があるが,それぞれにはっきりとした区

注1)　たとえば,タケ類の竹稈にさまざまな紋様を生ずるゴマタケは *Apiospora shiraiana* などの感染によって,ヒノキやアテのサビ丸太は *Gliocladium* sp., *Fusarium* sp. などの感染によってゴマタケのようなゴマサビやピンクと青のボタンサビなどを生じさせて珍重され,付加価値を高めている.

別があるわけではない．

病徴，標徴： 病気によって生ずる植物の形態的な異常を病徴（symptoms）といい，病原体の一部が宿主体外に現れて肉眼的に見られるものを標徴（signs）という．

感染，発病： 宿主が病原体に侵され，両者の間に栄養関係が成立する過程を感染（infection）といい，これによって引き起こされる機能不全の現象を発病（disease）という．

病原性，病原力： 植物に病気を起こさせる能力を病原性（pathogenicity）といい，病原体が宿主に侵入・定着するまでに発揮する力を感染力（侵略力，aggressiveness）とし，その後病気を起こさせるまでの力を発病力（病原力，virulence）として，二つに分けて考える場合がある．

感受性，抵抗性： 病原菌の侵入に対して植物は感受性（susceptibility，病原菌が増殖・蔓延し，発病しやすい性質），抵抗性（resistance，発病を阻止する性質），免疫性（immunity，病原菌に侵されない性質），耐病性（tolerance，感染しても病徴が現れなかったり，または発病しても実害が少ない性質）の用語が用いられる．抵抗性は宿主の病害抵抗遺伝子を考慮に入れて，垂直抵抗性（vertical resistance，少数の遺伝子に支配されている抵抗性を指し，特異的抵抗性，真性抵抗性，質的抵抗性などとも呼ばれる）と水平抵抗性（horizontal resistance，多数の遺伝子によって発現する抵抗性を指し，非特異的抵抗性，圃場抵抗性，量的抵抗性などとも呼ばれる）に分けて考えられるが，いずれも理論上の概念である．

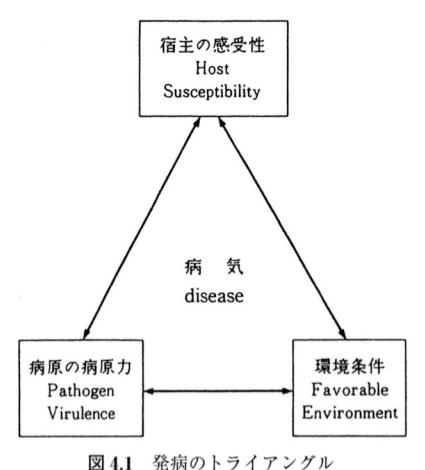

主因，誘因，素因： 樹木の病気は，発病のトライアングル（図4.1）にみられるように，いくつかの要因が関与して引き起こされる．主因（contributing factors, essential factors）は最終的に樹木を枯死に至らせる因子であって生物的病原による場合が多い．誘因（inciting factors, promoting factors）は主因の作

図4.1 発病のトライアングル
発病に関与する3因子（disease triangle）が最大限に発揮されたときに，病気の発生は最も激しいものとなる．また，実際には，宿主-病原という複合体に対しての環境の影響が考えられる．

用を促進させる因子であって，気象環境の異常，食葉性昆虫害，大気汚染などが含まれる．素因（predisposing factors）は，植物の病気に対する感受性であって，病気への罹りやすさを示す．

4.1.2 樹木病害研究の概観

植物の病気は，神々の復讐によって生ずるものと旧約聖書には記されている．18世紀にリンネ（C. von Linné）が植物の命名法の基準となる『植物の種（Species Plantarum）』（1753）を著して以降，菌類についての知識が発達した．そして，従来の生物の自然発生説は次第にその勢力を失い，パスツール（L. Pasteur）によってフラスコ内の水を煮沸すれば内部に微生物はまったく発現しないことなどが明らかにされて（1862），微生物病原説が確立した．植物の病気の重要さを広く人々に認識される契機となったのは，1844年にベルギーで発生したジャガイモ疫病であった．翌年にはヨーロッパ全域に広がり，アイルランドでは，1846年には1,500万tあったジャガイモ生産は120万tに落ち込み，1845〜1855年の10年間に200万人以上の人々がアメリカ大陸に移民したといわれる．

樹木の病気については，ハールテッヒ（R. Hartig）によって『樹病学教科書』（1882）が著されて植物病学から分かれて学問的体系付けがされた．

わが国では東京大学でドイツ農学の流れを汲む白井光太郎（ベルリン大学留学）が「樹病学および森林保護学」（1895）を開講し，北海道大学ではアメリカ農学の流れを汲む宮部金吾（ハーバード大学留学）が「樹病学及び木材腐食論」（1907）を開講した．

明治期におけるおもな樹病研究についてみると，白井光太郎「桜樹ノ天狗巣ニ就テ」（1895），白井光太郎「本邦産松属ニ生スル木瘤ノ原因ヲナス病菌ノ説」（1899），川上滝弥「桐樹天狗巣病（桐樹萎縮病）原論」（1902）などがある．サクラ天狗巣病はサクラが材質腐朽に対して著しく弱く「サクラ切る馬鹿」ともいわれることからその防除が難しく，現在も景観樹木の主要な病気である．マツこぶ病は本報によって初めてさび病菌の異種寄生性が明らかにされ，現在も欧米のさび病菌との関連が検討されている[注2]．キリ天狗巣病はファイトプラズマによ

注2) こぶ病にはコナラ類を中間宿主とする異種寄生性のEastern gall rust（pine-oak rust, *Cronartium quercuum*）と北米の同種寄生性のWestern gall rust（pine-pine rust, *Endocronartium harknessii*）があって分類上の論議がある．

って引き起こされることがその後世界に先駆けて明らかにされ（1967年），最近クサギカメムシが媒介昆虫であることが証明された（1998年）．明治期におけるこれらの研究が1世紀もの間注目を集めてきたことは興味深い．

　第二次世界大戦後は，植物病学の一層の専門細分化によって樹病に興味をもつ研究者は少なく，樹病研究のほとんどは国立林業試験場（現，独立行政法人森林総合研究所）伊藤一雄一門によって取り組まれた．

　樹木病害に関するわが国の代表的な著書は，伊藤『樹病学体系』（1971～1974）である．枯れ草病理学～寒天病理学[注3]から一歩進めて論述した著書に赤井『樹病学総論』（1970），千葉『樹病学』（1971），さらにマニヨン（P. D. Manion）"Tree Disease Concepts"（1981）がある．そして，わが国では1998年の樹木医学会の発足後，新しい観点から鈴木『樹木医学』（1999）が著された．

　わが国の植物病名については日本植物病理学会（2000），植物病害については岸（1998），樹木病害については伊藤（1971～1974），世界の樹木病害についてはSinclair（1987），熱帯の樹木病害についてはJIFPRO（2001）にそれぞれとりまとめられている．

4.1.3　世界，アジア，日本の主要病害

　20世紀に入って，クリ胴枯病（Chestnut blight），五葉マツ発疹さび病（White pine blister rust），ニレ立枯病（Dutch elm disease）の世界的な樹木の流行病（epidemic diseases）が次々に蔓延した．さらに，最近アジアで猛威を振るっているマツ材線虫病（Pine wilt disease）はヨーロッパのポルトガルで発見され（1999年），世界的な流行病となった．これら樹木の世界的流行病を表4.2に示した．

　欧米の最も重要な森林病害に，針葉樹根株腐れ病（Annosum root and butt rot, *Heterobasidion annosum*）と針葉樹・広葉樹ともに侵すならたけ病（Armillaria root rot, *Armillaria mellea* sensu lato）がある．

　アジアの主要な樹木病害については，羅（ソウル大学）『樹木病理学』（1999），周（北京林業大学）『林木病理学（修訂本）』（1990）がある．わが国と共通の主要樹病として，ポプラ葉さび病・落葉病[注4]，炭疽病[注5]，キリ天狗巣病，カラマ

注3）　枯れ草病理学とは病気にかかった植物のさく葉標本をつくり記載する学問を，寒天病理学とは罹病植物から採取した菌類の性質を寒天培地上で調べる学問を指す．いずれも自然の営みと大きな隔たりをもつが，その後の植物‒病原菌の相互作用解明のもととなった．

表 4.2 世界的樹木の 4 大流行病

流行病	病原体（宿主）	備考
クリ胴枯病 (Chestnut blight)	*Cryphonectria parasitica* (syn. *Endothia parasitica*)	日本および中国のクリは抵抗性，北米およびヨーロッパのクリは感受性．1904年にニューヨークで発見されて，その後北米東部の用材として重要であったクリを壊滅させた．ヨーロッパに蔓延したが，イタリアで本病に抵抗性の個体の生存が見いだされ，hypovirulent (nonvirulent) strain の存在が明らかにされた．
五葉マツ発疹さび病 (White pine blister rust (Stem rust of pine))	*Cronartium ribicola* (syn. *C. kamtschaticum*)	アジアの高山性五葉マツの風土病（わが国ではハイマツ）であったが，その後ヨーロッパでストローブマツに流行し，北米に蔓延した．
ニレ立枯病 (Dutch elm disease)	*Ceratocystis ulmi*	ヨーロッパと北米のニレは感受性，アジアのニレは抵抗性．オランダで最初に発見されたこと（1920年）からオランダニレ病と名づけられた．ヨーロッパで流行後，北米に蔓延した．
マツ材線虫病 (Pine wilt disease (Wilt of conifers by the Pine wood nematode))	*Bursaphelenchus xylophilus*	北米でマツ属・ヒマラヤスギ属・モミ属・カラマツ属・トウヒ属樹木の風土病であったが，日本で流行後，アジアに蔓延，その後ポルトガルで発生した．

ツ先枯病，ならたけ病などが挙げられる．現在では，マツ材線虫病が両国の最大の樹木病害となっている．

　わが国では，森林保護に関する法律は，第一次森林法第3章森林警察第36条に1ヶ条，火災，虫害，犯罪に関して記載されている（1897年）．第二次世界大戦後松くい虫被害が激化したことから「松くい虫等その他の病害虫の駆除予防に関する法律」（1950年）が施行され，その後名称が「森林病害虫等防除法」（1952年）に改められて現在に至っている．

　わが国の今までに発生した最も重要な樹木病害は，明治末年（1909～1910年）に発生しその後わずか10年あまりの間にスギの生育地全域に蔓延したスギ赤枯病，昭和30年代に北海道・東北地方に集団発生してその後瞬く間に蔓延し

注4) わが国では第二次世界大戦後欧米で成長のよいポプラ類の導入が積極的に試みられた．ポプラ類には病虫害の発生が多く，病気としては成長に大きな影響を与える葉さび病 (Melampsora rusts) や欧米で激しい被害を引き起こすマルゾニナ落葉病 (Marssonina leaf spots) の被害が甚だしい．マッチの軸木用に植栽されたポプラは1970年代の安価なライターの出現によって消失した．

注5) 炭疽病は多犯性の炭疽病菌によって引き起こされ，広葉樹に広く潜在感染して，宿主がストレス下に置かれると葉や葉柄・幼茎枝を侵して発病する．

たカラマツ先枯病，そして1970年代以降に猖獗を極めたマツ材線虫病を挙げることができる．その他の樹木の主要な病気については表4.3に示した．

ここでは，時代の要請を受けて取り組まれた代表的な樹病と森林更新にかかわる主要な菌類について概観する．

a. 苗立枯病

第二次世界大戦後，造林用の苗木が大量に養成されると，得苗率の著しい低下を引き起こす苗立枯病が問題となった．苗立枯病は，播き付け苗の生育段階に応じて現れる被害（立枯病，damping off）の総称である．すなわち，発芽以前あるいは直後に腐敗する地中腐敗型，発芽後間もなく幼苗の子葉が侵される首腐型や地際部が侵される倒伏型，夏以降に根が腐敗する根腐型，台風時期以降土ばかまの付着が誘因となるすそ腐型などがある．立枯病に関連する菌類は，春から梅雨または低温多雨な夏には湿潤な土壌を好む $Rhizoctonia\ solani$ 菌などが，梅雨の短い夏または夏から初秋には乾燥気味の土壌を好む $Fusarium\ oxysporum$ 菌などが主要な菌類である．立枯病は，苗の生育段階に応じて病原菌の発生する時期，土壌条件，気象条件などがそれぞれ顕著に異なっているのが特徴である．

このような稚苗の時期に生ずる病気は，森林の天然更新と密接なかかわりをもつ（雪腐病参照）．温帯林の代表樹種であるブナの天然更新は，しばしば林床に繁茂するササ類によって阻害されるが，もう一つには豊作翌年に芽生えた大量の実生稚苗は立枯病によって阻害される．立枯病菌として土壌病原菌 Cylindrocarpon, Fusarium 属菌の他に炭疽病菌 Colletotrichum 属菌の関与が指摘されている．また，林外では葉枯れ型被害として日焼けの害があり，病原菌のみならず環境条件も関与している．

b. スギ赤枯病・溝腐病

スギ赤枯病は，明治末年（1909～1910年）に茨城県下で発見されたスギ苗の病気で，発見後わずか10年あまりの間に青森県から台湾に至るまで広域にわたって蔓延し，わが国の林業始まって以来の大きな問題となった．大正年代には本病の病原菌やその生態が不明ななかで，ともかく濃厚ボルドー液[注6]散布が有効で防除法が確立した．

注6) ミヤルデ（P. M. A. Millardet, ボルドー大学教授）によって1882年に偶然発見された硫酸銅と生石灰の合剤．不溶性の銅塩のかたちで植物体上に散布されるが，病原菌が付着すると菌自体の代謝産物によって可溶化されて有毒となり，病原菌を殺菌する．ちなみに，ブドウ畑にこそ泥除けに撒かれ，青色の付着物（硫酸銅）が衣服に付くとこそ泥の決め手となる．

表 4.3 わが国の樹木の主要病害

区分	病害
針葉樹, 広葉樹 共通	立枯病（Damping off）：*Fusarium oxysporum, Rhizoctonia solani, Cylindrocladium scoparium* 紫紋羽病（Violet root rot）：*Helicobasidium mompa* 白紋羽病（White root rot）：*Rosellinia necatrix* 線虫病（ネグサレセンチュウ）（nematode disease）：*Pratylenchus* spp.
針葉樹	暗色雪腐病（Snow blight）：*Racodium therryanum*（*Rhacodium therryanum*）
スギ	赤枯病・溝腐病（Blight and canker of Cryptomeria）：*Cercospora sequoiae* 暗色枝枯病（Dieback of Cryptomeria）：*Guignardia cryptomeriae* 黒粒葉枯病（Chloroscypha needle blight）：*Chloroscypha seaveri* 黒点枝枯病（Twig blight of Cryptomeria）：*Stromatinia cryptomeriae*
ヒノキ	樹脂胴枯病（Seiridium canker）：*Seiridium unicorne*（*Monochaetia unicornis*） ならたけ病（Armillaria root rot）：*Armillaria mellea* sensu lato 漏脂病（"Rooshi" pitch canker）：本文複合病害参照 徳利病：病因不明 根株心腐病：*Tinctoporia epimiltina*
マツ類	材線虫病（Pine wilt disease）：*Bursaphelenchus xylophilus* 発疹さび病（White pine blister rust）：*Cronartium ribicola* 葉ふるい病（Lophodermium needle cast）：*Lophodermium pinastri, L.seditiosum* すす葉枯病（Rhizosphaera needle blight）：*Rhizosphaera kalkhoffii* こぶ病（Pine gall rust）：*Cronartium quercuum* つちくらげ病（Rhizina root rot）：*Rhizina undulata*
カラマツ	先枯病（Shoot blight of larches）：*Guignardia laricina*（*Botryosphaeria laricina*） 落葉病（Needle cast of larches）：*Mycosphaerella larici-leptolepis* ならたけ病（Armillaria root rot）：*Armillaria mellea* sensu lato がん腫病（Larch canker）：*Lachnellula willkommii* 腐心病（Root and butt rot）：*Phaeolus schweinitzii*（*Polyporus schweinitzii*）
トドマツ, モミ類	枝枯病（Scleroderris canker of Todo-fir）：*Scleroderris largerbergii* がん腫病（Trichoscyphella canker of Todo-fir）：*Lachnellula calyciformis* 天狗巣病（Witches' broom）：*Melampsorella caryophyllacearum*
ビャクシン類	さび病（Ceder-apple rust）：*Gymnosporangium asiaticum*（*G. haraeanum*）
広葉樹	クリ胴枯病（Chestnut blight）：*Cryphonectria parasitica*（*Endothia parasitica*） サクラ天狗巣病（Witches' broom）：*Taphrina wiesneri* ポプラ葉さび病（Poplar leaf rust）：*Melampsora larici-populina* ポプラ落葉病（Marssonina leaf blight）：*Marssonina brunnea* キリ天狗巣病（Witches' broom of paulownia）：phytoplasma（MLO） キリ腐らん病（Paulownia canker）：*Valsa paulowniae* キリ炭疽病（Anthracnose）：*Glomerella cingulata*

本病の病原菌については当初諸説あったが，第二次世界大戦後に基本的な病原学的研究が行われ[注7]，*Cercospora cryptomeriae* とされた（1952年）．その後，赤枯病菌は，米国でギガントセコイア，ラクウショウ，イトスギなどの葉枯性病原菌 *C. sequoiae* と同一であることが明らかにされたことから，本病は，明治時代にラクウショウやイトスギなどが米国から導入された際に，苗木に付いてわが国に持ち込まれたものと推測される．

昭和初期に，埼玉・高知・宮崎県下で，スギ造林木の幹がでこぼこになる症状が見出され，原因不明のまま溝腐（みぞぐされびょう）病と病名がつけられた．本病は，苗木時代に赤枯病に感染した緑色主軸部が，その後溝腐症状を呈するものであることが明らかにされた．

このように，スギ赤枯病・溝腐病は，米国から持ち込まれた侵入病害で，苗畑のみならず林地においても大きな被害を及ぼした．

c. カラマツ先枯病

カラマツは成長が早いことから第二次世界大戦後拡大造林樹種として北海道・東北地方に広く植栽された．病気に対して弱く，先枯（さきがれびょう）病，落葉病，がん腫病，ならたけ病が，カラマツ造林の4大病害とされた．先枯病は，1959年に北海道太平洋沿岸のカラマツ幼齢林に集団発生して以来，わずか数年間で北海道および東北地方の約10万 ha の林地に大発生して，カラマツ造林の成否を左右するとまでいわれた．1962年に，森林病害虫等防除法の森林病害虫等（法定病害虫）として，病気として初めて指定された．

本病は，落葉松（からまつ）針葉斑点病として記載され（1938年），*Physalospora laricina* と命名されたが，その後無性世代の Macrophoma 属菌が発見されて，同根関係から *Guignardia laricina* と改められた[注8]．

本病が流行した原因は，当時の苗畑周囲の防風林や苗畑内の生け垣のほとんどがカラマツであったため，これらが本病に罹病していて養苗中のカラマツ苗に感染し，この感染苗を山出ししたことによるもので，積極的な拡大造林が被害の蔓延・拡大に拍車をかけた．

注7) ある微生物が病原であることを証明するためには，①病原微生物はその病気と常につながりをもたなければならない，②その微生物は分離され，純粋培養されなければならない，③分離・培養された微生物を健全な植物に接種した場合には，まったく同じ病気が引き起こされなければならない，④発病させた植物からは，同じ病原微生物が再分離されなければならない，という4原則が確認される必要がある（コッホの原則）．

本病の発生は，風によってカラマツの枝葉に傷が付き病原菌の侵入門戸となることから，風衝地において被害の蔓延が甚だしい．現在，わが国のカラマツ生育地のすべての地域に本病が分布する状況となっている．
　本病防除には，浸透移行性（systemics）殺菌剤である抗生物質シクロヘキシミド（cycloheximide）が効果的で，地上散布やヘリコプター散布が行われた．その後のカラマツ造林の著しい減少からシクロヘキシミドは1980年以降農薬登録が失効している．
　このように，本病は，本来郷土樹種でないカラマツが北海道・東北に導入植栽されて流行病化したもので，導入樹種の流行病蔓延の典型的な一例である．

d. ならたけ病

　ナラタケは世界に広く分布する菌類として昔から知られており，生態的には，腐生，寄生，共生と多様な性質を示すことから謎に包まれた菌類と呼ばれていた．一般に，ナラタケ属菌は人工培養基上に子実体[注9]を形成することが著しく困難で，このことが，これまでナラタケを謎の多いキノコとした一因でもある．その後，"Armillaria root rot : The puzzle is being solved"（1985）の論文が発表され，ナラタケには生殖的に隔離された生物学的種（biological speceis）の存在が明らかにされた．生物学的種の判別には，単胞子由来の単相菌糸の対峙培養が用いられるが，この他にもDNAのRFLPなど遺伝的性質を用いる方法がある．わが国のナラタケ属菌は，現在，つばをもつナラタケなど9種とつばをもたないナラタケモドキなど2種の11種が知られていて，その宿主だけでも33属59種に及ぶ．したがって，従来ナラタケと呼ばれていたものは，広義のナラタケ（*Armillaria mellea* sensu lato，ナラタケ，オニナラタケ，ヤワナラタケなど）を指し，その中に狭義のナラタケ（*A. mellea* sensu stricto）が含まれる．

注8) 子のう菌のPhysalospora, Guignardia, Glomerella各属の形態的特徴は類似しており，環境によって形態的変異が多く，分類が困難な場合が多い．そこで，次のように有性世代と無性世代を対応させて考えると，分類が容易となる．しかし，最近，樹木のGuignardia, Physalospora属菌には，Botryosphaeria属に所属すると考えられる種があって，カラマツ先枯病菌も*Botryosphaeria laricina*に転属すべきであるとする提案がある．

有性世代（テレオモルフ）	無性世代（アナモルフ）
Glomerella	Colletotrichum
Guignardia	Phoma, Macrophoma, Phyllosticta
Physalospora	Sphaeropsis

注9) 菌類において各種の胞子を生じる菌糸組織の集合体の総称．すなわち，子のう菌類や担子菌類のきのこを指す．

ならたけ病は，第二次世界大戦後の拡大造林に伴い，カラマツ幼齢造林木に多大の被害を与えた．現在，ヒノキ造林地で被害が顕在化しており，ヒノキは感染すると地際部樹幹に白色膜状の菌糸層（扇状菌糸）が形成されてきのこの香りを発し，地上部樹幹では樹脂の滲出を伴う場合が少なくない．ナラタケの菌糸は，根状菌糸束（rhizomorph）といわれる菌糸組織からなる糸状あるいはひも状の構造をつくる特徴があり，この特徴が shoe string root rot といわれるゆえんである．また，縞枯れ現象に関与する菌類として，あるいはサクラ類にしばしば発生する病原菌として知られている．また，各地でボリボリやサワモタセなどの名前で山の幸として食卓に上っている．

e. 雪腐病

　積雪下で生ずる比較的病原性の弱い菌類（snow mold [注10]）によって引き起こされる病気を雪腐病（Snow blight [注11]）と呼び，苗畑では稚苗が林地では天然生稚樹が侵され，北方林や亜高山帯林において天然更新を阻害する病気として重要である．積雪下は，温度0℃，湿度過飽和，加圧は大で，光量は少ない（光線透過率は 0.88）という環境で，根雪期間が 100 日を超す地域で雪腐病の被害が激しくなる．倒木更新は，大径木の倒木上の環境を利用し，積雪期間を短くして雪腐病を回避するという天然更新の一つである．

　北米ではトウヒ属・モミ属などの針葉樹，ヨーロッパではヨーロッパアカマツがファシディウム雪腐病（*Phacidium infestans*）によって，わが国ではエゾマツ・トドマツが暗色雪腐病（*Racodium therryanum*）とファシディウム雪腐病によって甚だしい被害を受ける．

　北海道や東北地方に広く分布する暗色雪腐病菌は，多犯性で病原性が強く，多雪地帯のスギ仮植苗では約4割の被害が普通とされる．

　「北海道ではトドマツ林を登っていくと次第にエゾマツと混交するようになり，さらに登っていくとエゾマツ林に移行する」というトドマツとエゾマツの天然分布を，「トドマツは広く分布する *Racodium* 菌に対して抵抗性であるが，標高 500 m より上部に分布する *Phacidium* 菌に弱く，そのために 500 m より下部で生存が可能となる．エゾマツは *Racodium* 菌に対して感受性で 500 m より下部で生存が難しいが，*Phacidium* 菌に対して強く，そのために 500 m より上部で生存が可

注10）融雪期に植物体表面を白色菌糸で覆う病気の総称またはその菌で，mold はかびの意．代表的な雪腐病菌に，暗色雪腐病菌，灰色かび病菌，菌核病菌などがある．

注11）葉などが急激に侵される致命的な病気の総称で，blight は焼枯の意．

能である」と，雪腐病との関係から説明できる．このような考え方は，陽光や土壌条件だけでは解釈できない天然更新様式が，菌害との関連から説明できるとする菌害回避更新論と呼ばれる．　　　　　　　　　　　　　　　　　　（鈴木和夫）

文　献

1) 赤井重恭：樹病学総論，182p，養賢堂，1970
2) 千葉　修：樹病学，226p，地球社，1971
3) 平井直秀：植物銹菌学研究，382p，笠井出版，1955
4) 伊藤一雄：樹病学体系 I - III，279p，302p，405p，農林出版，1971，1973，1974
5) 伊藤一雄他：スギの赤枯病に関する病原学的並に病理学的研究 1．林試研報 **52**，79 - 152，1952
6) JIFPRO : Diagnostic Manual for Tree Diseases in the Tropics, 178p, JIFPRO, 2001
7) 金子　繁：植物寄生菌類，とくに樹木寄生菌類の分類と生態に関する研究．日菌報 **42**，137 - 148，2001
8) 岸　國平（編）：日本植物病害大事典，1276p，全国農村教育協会，1998
9) 紺谷修治：ゴマタケについて．森林防疫 **28**，221 - 225，1979
10) 倉田益二郎：菌害回避更新論．日林誌 **31**，32 - 34，1949
11) 羅　瑢俊（La Yong Joon）：樹木病理学，346p，郷文社，1999
12) Manion, P. D. : Tree Disease Concepts, 399p, Prentice Hall, 1981
13) 日本植物病理学会（編）：日本植物病名目録，858p，日本植物防疫協会，2000
14) 大隅真一：黒田村のアテ林とサビ丸太．山林 **863**，48 - 58，1956
15) 全国森林病虫獣害防除協会（編）：森林病虫獣害防除技術─森林防疫事業三十周年記念出版─，352p，全国森林病虫獣害防除協会，1982
16) 佐保春芳・髙橋郁雄：エゾマツとトドマツの天然分布に関与する菌類．林業技術 **388**，6 - 8，1974
17) Sinclair, W. A. *et al.* : Diseases of Trees and Schrubs, 574p, Cornell University Press, 1987
18) 鈴木和夫：樹木医学─今後の樹木医学の方向性と林業薬剤の果たす役割─．林業と薬剤 **163**，1 - 6，2003
19) 鈴木和夫：樹木医学，325p，朝倉書店，1999
20) 鈴木和夫：森林における菌類の生態と病原性─ナラタケの謎─．森林科学 **17**，41 - 45，1996
21) 鈴木和夫：樹木・森林の病害．森林保護学（真宮靖治編），pp.5 - 56，文永堂，1992
22) 上山昭則：植物と病気の話，179p，研成社，1983
23) Wargo, P. M. and Shaw III, C. G. : The puzzle is being solved. *Plant Disease* **69**, 826 - 832, 1985
24) 山本昌木：植物病学概論，238p，共立出版，1985
25) 全国森林病虫獣害防除協会（編）：森林をまもる─森林防疫研究 50 年の成果と今後の展望─，全国森林病虫獣害防除協会，2002
26) 周　仲銘（Zhou Zhongming）：林木病理学（修訂本），250p，中国林業出版社，1990

4.1.4 松くい虫被害
a. 松くい虫被害とは

松くい虫被害（図 4.2）とは，森林病害虫等防除法に用いられる行政用語で，具体的には，植物寄生性の線虫（nematode）の一種であるマツノザイセンチュウ（*Bursaphelenchus xylophilus*）（図 4.3）が引き起こすマツ材線虫病によるマツの集団枯死（マツ枯れ）を指す[3,4]．日本国内のマツ枯れは，被害木の材積にして毎年 80 万〜 100 万 m^3 程度発生しており（図 4.4），最大の森林病害であるのみならず，被害は中国，韓国，台湾などに拡大し，1999 年にはポルトガルからも発見され，世界的な大流行病となっている．

日本のアカマツ・クロマツ林において，材線虫病とみられるマツ枯れが初めて記録されたのは，1905 年，長崎市付近である．長らくマツ枯れの原因は不明であったが，枯死木にはキクイムシ，カミキリムシ，ゾウムシなどの穿孔性昆虫がみられることから，「松くい虫」被害と呼ばれてきた．その後 60 余年を経て，徳重・清原[5]によるマツ枯死木からの線虫の発見，清原・徳重[6]による線虫接種による枯死の再現によって，枯死の原因が線虫による萎凋病であることが明らかにされた．翌 1972 年，この線虫は新種として *Bursaphelenchus lignicolus* と命名され，和名をマツノザイセンチュウとされたが，北米で 1934 年に記載された線虫と同一種であることが判明し，*B. xylophilus* が正しい学名とされた．また，線虫は，主にマツノマダラカミキリ（*Monochamus alternatus*）によって伝播（媒介）されることも明らかにされた．当時，植物地上部に病気を起こす線虫はまったく知られていなかったことから，これらマツ材線虫病にまつわる一連の研究は，世界的な驚愕と称賛をもって迎えられた．

その後の研究によって，材部に樹脂道をもつマツ科の *Pinus, Abies, Picea, Pseudotsuga, Larix,*

図 4.2 松くい虫の被害林
（茨城県筑波山，1998.5, 市原原図）

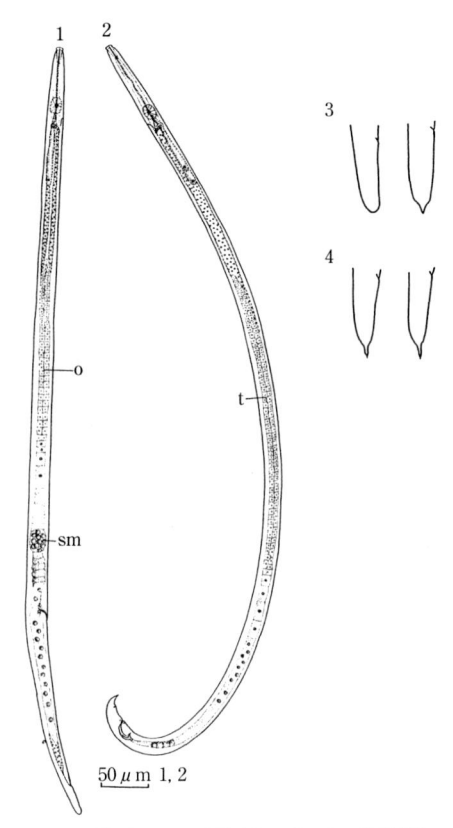

図 4.3 マツノザイセンチュウの形態[3,4]
1）雌　o：卵巣，sm：受精のう　2）雄　t：精巣
3）マツノザイセンチュウ雌成虫の尾部　4）ニセマツノザ
イセンチュウ雌成虫の尾部.

　Cedrus の各属がマツノザイセンチュウの宿主となりうることが確認され，なかでも日本のクロマツやアカマツはきわめて感受性が高いことがわかった．これに対して，マツノザイセンチュウが分布する北米，特に東部では，自生マツ類は材線虫病に対して抵抗性で，日本のようなマツ枯れは発生しない．このことから，マツノザイセンチュウは北米の在来種で，日本に明治期に侵入したのではないかという仮説が提唱されてきたが，近年，DNA分析によって日本のマツノザイセンチュウは北米東部から侵入したことが裏付けられた．一方，日本およびユーラシア大陸には，マツノザイセンチュウにきわめて近縁で病原性の弱いニセマツノ

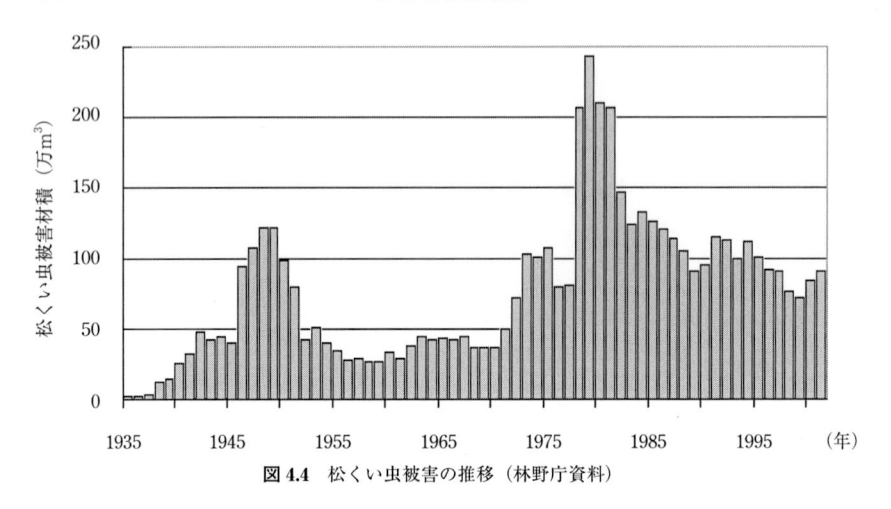

図 4.4　松くい虫被害の推移（林野庁資料）

ザイセンチュウ（*B. mucronatus*）が広く分布している．

b. マツ枯れ発生のサイクル

マツノマダラカミキリ（カミキリ）によって媒介されるマツノザイセンチュウ（以下，線虫）がアカマツ，クロマツなど（以下，マツ）を枯死させるメカニズムを図4.5に示した．カミキリは枯死木から毎年5〜7月に羽化・脱出する．羽化したカミキリの気門には，線虫の耐久性のステージである分散型第4期幼虫が侵入している．カミキリは，健全なマツの樹冠に飛来して，マツの新梢部小枝の樹皮を摂食する（後食という）が，この際，線虫が気門から後食部へと落下して，感染が起こる．

樹体組織内に侵入した線虫は脱皮して成虫となり，樹体内を移動するとともに交尾と産卵を行う．線虫は卵殻内で一度脱皮するので，第2期幼虫として孵化し，増殖型第3期幼虫，増殖型第4期幼虫を経て成虫となる（図4.5）．線虫は3〜4日で成虫となり，約1か月間に約80個の卵を産む．培地上で増殖させた線虫数をロジスチック式にあてはめると，$r = 0.8$ 前後となる．25℃で測定された例[7]では $r = 0.81$ で，15日間で1対の線虫が30万頭になる計算となる．

線虫が感染したマツは樹脂の分泌が停止し，8〜9月には萎凋・枯死する．カミキリは後食後に交尾を行い，マツの発病木や枯死木に産卵する．カミキリの幼虫は，マツの内樹皮や辺材部を食害しながら4回脱皮し，10月頃までに樹皮下に蛹室を形成して終齢幼虫として越冬する．一方，気温の低下やマツ枯死に伴う

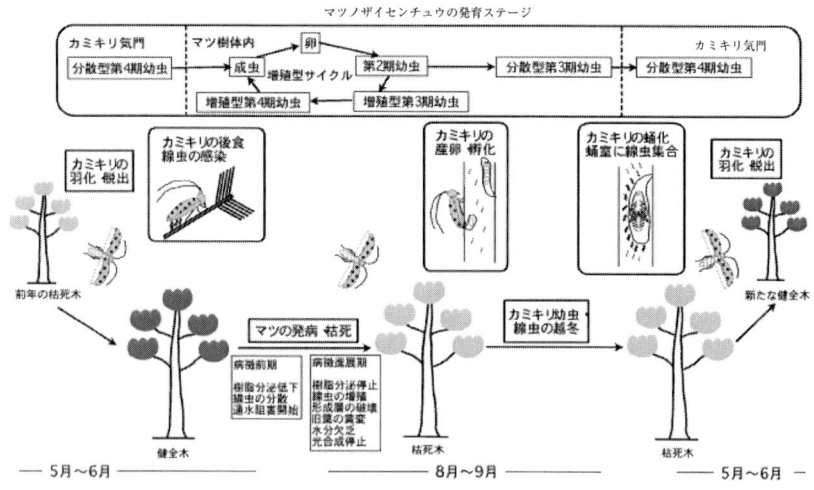

図 4.5 マツノマダラカミキリ・マツノザイセンチュウの生活環とマツ枯れの発生機構

材内環境の変化に応じて，線虫は増殖型幼虫からカミキリへの乗り移りのステージである分散型幼虫へと転換する．第 2 期幼虫は貯蔵物質に富む分散型第 3 期幼虫へと脱皮して越冬し，2～4 月には蛹室の周囲に集合する．

翌年 4～6 月には，カミキリは蛹室内で蛹となる．分散型第 3 期幼虫は脱皮して分散型第 4 期幼虫（耐久型幼虫）となり，カミキリの気門に侵入する．5～7 月に羽化．脱出したカミキリは，新たな感染源としての線虫を健全木へと運搬することになる．

このように，カミキリと線虫の生活環はきわめて巧妙に組み合わさってマツの枯死を引き起こしている．

c. マツ枯れの生理的メカニズム

マツノザイセンチュウが侵入したアカマツやクロマツの枝では，皮層樹脂道に多くの線虫が侵入していることが観察される．この皮層樹脂道は，当年～2, 3 年生枝に存在し，水平方向の放射樹脂道と連絡している．線虫は，放射樹脂道を経由して形成層を横断したり，カミキリによって形成層が破壊された部位を通って，木部の樹脂道に侵入し，垂直，水平方向の樹脂道を移動経路として樹体全体に分散する[8]（図 4.6）．線虫の移動速度は速く，苗や若木では数日で樹体全体に分散するが，この間の個体数の増加はほとんどみられない．

線虫は分散と同時に，樹脂道の内側にあるエピセリウム細胞を摂食する．このため，樹脂分泌が感染数日後から局所的に低下する．感染した枝や幹の木部で

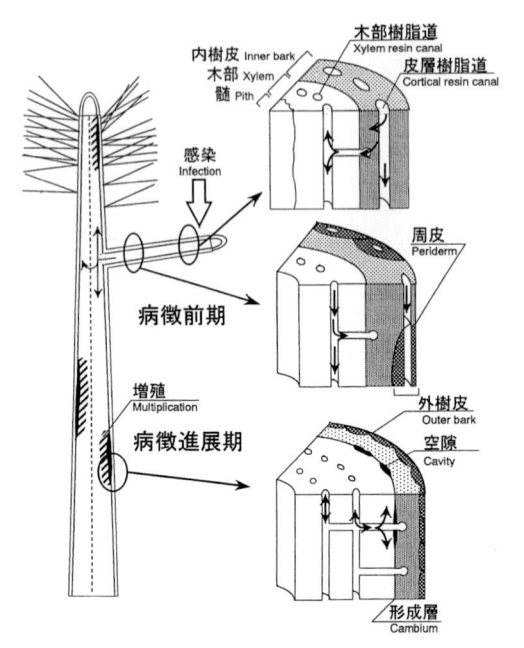

図4.6 クロマツ樹体内におけるマツノザイセンチュウの移動経路（文献[8]より改変）

は，木部放射組織や樹脂道に接する柔組織の細胞が変性，壊死するとともに，仮道管にキャビテーション（cavitation：仮道管や道管内に気泡が発生し，水柱が切れて通水阻害が起こること．空洞化ともいう）が生じて，水分通道が行われない部分が斑状に発生している[9]（図4.7）．キャビテーションの原因としては，放射柔細胞からの揮発性物質の放出，樹液の表面張力の低下，仮道管の壁孔膜の変性などが推測されている．

その後，通水阻害は全身で一様に進展するとは限らず，樹冠部の枝で先行する場合もあれば，幹の下部や根系で先行する場合もある．いずれの場合でも，マツ樹体内の特に形成層付近では，線虫の移動や増殖を不活発にする抵抗反応が働いているらしく，形成層に接する木部最外層の仮道管では通水が維持され，葉の水ポテンシャ

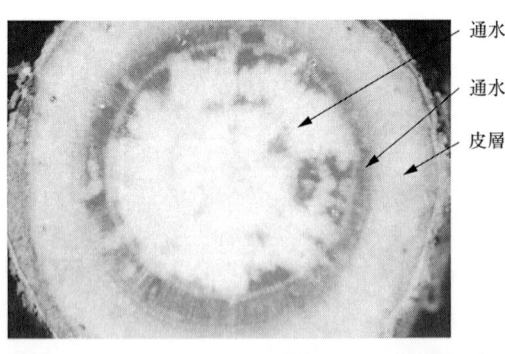

図4.7 マツノザイセンチュウに感染したマツの木部に発生した通水阻害[9]
染色された色の濃い部分は通水機能のある仮道管，白い斑状の部分は阻害部位．

ルにはあまり変化がない．この期間を材線虫病の病徴における前期とみなすことができる．

温暖な地域では，梅雨明け後の7〜8月に高温で少雨の時期が継続し，マツの蒸散や光合成が低下する時期があり，それ以降，病徴は進展期に移行する．光合成低下によってマツ樹体内では線虫の活動に対する抵抗反応が失われ，線虫の大増殖が起こる．増殖して放射樹脂道から形成層に達した線虫は，形成層帯の未分化な細胞を摂食して縦長の空隙（cavity）を形成し，そこでも増殖する（図4.6）．この時期に傷害エチレンの発生に伴う2，3年生葉の黄化という材線虫病の特徴的な病徴が現れ，さらに形成層に接する部分を含む木部全体で通水阻害が連鎖的に拡大して，葉の水ポテンシャルの急激な低下が起こる．そのため，気孔閉鎖によって光合成・蒸散が停止する．この一連の病徴進展はきわめて急激で，エチレン発生から1週間程度で全身的な萎凋・枯死に至る．

マツの急激な病徴進展，枯死と前後して，樹体内にはマツノマダラカミキリや他の穿孔虫類が持ち込んだ青変菌などの糸状菌類が増殖し，線虫はマツの柔細胞に代わってこれらの菌糸を摂食するようになる．

多雨の年や冷涼湿潤な地域では，気象的な水ストレスが生じないので，病徴進展は緩慢で，線虫による通水阻害が徐々に蓄積してある閾値を越えると進展期へと移行する．このため，病徴進展の個体ごと，部位ごとの差が大きくなり，線虫の分布が幹の上部や枝に偏ると，一部の枝だけで進展期への移行が生じて枝枯れや半枯れとなったり，線虫の増殖がみられないまま気温が低下して翌春以降に年越し枯れとなったりする．また，冷涼な地域では，マツの病徴発現が緩慢であることの他に，カミキリの産卵時期とマツの衰弱時期が一致しなかったり，カミキリの羽化に2年を要する場合などがあるため，林分レベルでの被害の拡大は温暖な地域よりも抑制される．

d. マツ枯れの防除

松くい虫被害の歴史をみると，被害の激増がみられた時期が過去2回あることがわかる（図4.4）．日本の森林面積のうち，アカマツ，クロマツなどのマツ林は約1割を占めているが，マツ類は極相樹種ではなく，典型的な先駆樹種（陽樹）である．マツ林は，定期的な伐採や，肥料・燃料としての落葉採取によって遷移の進行が妨げられて維持されてきた．また，海岸クロマツ林は，ほとんどが防風，飛砂防止を目的として人工植栽されたものである．これらのマツ林では，建築材，燃料，肥料の他，マツタケ，ハツタケ，アミタケ，ショウロといったマツ

と共生する菌根性の食用きのこなども利用されてきた．こうしたマツ林の利用は，マツ枯れの感染源となる枯死木の除去，土壌の貧栄養化，競合する樹種の排除などの効果も併せもつため，結果的にマツ枯れの蔓延を阻止し，マツ林の健全性を維持してきたと考えられる．

このようなマツ林の利用は第二次世界大戦により中断したため，1940年代にマツ枯れが急増した．しかし，1950年に「松くい虫等その他の森林病害虫の駆除予防に関する法律」（後の「森林病害虫等防除法」）が制定されるとともに，徹底した伐倒駆除と被害材の利用が行われた結果，マツ枯れは鎮静化に向かった．

その後，1960～70年代の高度経済成長のもとで，プロパンガスや化学肥料が普及し，マツ林の利用が再び縮小した結果，被害は急増して西日本から東日本へと拡大した．当時は，SO_2などの大気汚染によるマツの衰弱や道路網の発達に伴う被害材の広域移動などもマツ枯れの拡大に寄与した．また，マツ林の管理放棄とマツ枯れは共生菌類の衰退をもたらし，マツタケの希少化を招いた．

マツ枯れのメカニズム解明をうけて，1977年には松くい虫防除特別措置法が5年間の時限立法として制定され，マツノマダラカミキリの後食前に殺虫剤をヘリコプターから散布して後食時に殺虫する特別防除が開始された．しかし沈静化には至らず，枯死木を薬剤処理する伐倒駆除や枯死木を焼却する特別伐倒駆除，殺線虫剤の樹幹注入などが順次併用されるようになった．現在では，被害が全国に拡大した結果，すべてのマツ林を対象とした徹底防除は不可能であろう．特別措置法は3回の改正延長を行った後，1997年に廃止されて森林病害虫等防除法に統合された．

マツ枯れは強力な侵入病害であるため，わずかな感染源の見落としからも激害になりうるので，すべてのマツ林を対象に広く薄く防除を行っても効果は低い．したがって，地域ごとに保護すべきマツ林を選び，徹底した伐倒駆除を行うとともに，感染源を絶つため周囲にある被害マツ林は皆伐して樹種転換することが推奨されている．実際に，周囲を皆伐した地域や離島のマツ林では，マツ枯れの完全な撲滅に成功した例がある．

また，恒久的な防除の継続のためには，マツ林の手入れが経済的価値を生みだす仕組みづくりも必要である．各地で，被害材の工芸利用，炭焼き，食用きのこ類の生産，木質バイオマス発電など，新たなマツ林利用が模索されている．

（福田健二）

文　献

1)　全国森林病虫獣害防除協会（編）：松くい虫（マツ材線虫病），274p，全国森林病虫獣害防除協会，1997
2)　岸　洋一：マツ材線虫病-松くい虫-精説，292p，トーマスカンパニー，1988
3)　清原友也：マツ材線虫病の病原．遺伝 **41**，47-52，1987
4)　真宮靖治・遠田暢男：マツノザイセンチュウの近似種，ニセマツノザイセンチュウ（仮称）．日林講 **84**，328-330，1973
5)　徳重陽山・清原友也：マツ枯死木中に生息する線虫 Bursaphelenchus sp.．日林誌 **51**，193-195，1969
6)　清原友也・徳重陽山：マツ生立木に対する線虫 Bursaphelenchus sp.．の接種試験．日林誌 **53**，210-218，1971
7)　堂園安生・吉田成章：*Botrytis cynerea* 菌上におけるマツノザイセンチュウの増殖に対するロジスチック曲線の適用．日林誌 **56**，146-148，1974
8)　市原　優：マツノザイセンチュウの樹体内移動と病徴発現機構の解明，東京大学博士論文，96p，2001
9)　福田健二：マツ材線虫病の病徴進展における生理的変化．樹木医学研究 **3**，67-74，1999

4.1.5　ナラ類の萎凋病

　世界の森林で，ブナ科樹木特にナラ・カシ類（コナラ属 *Quercus* spp.を指し，落葉樹をナラ，常緑樹をカシと総称する）に衰退や枯死が発生し，大きな問題となっている．ヨーロッパでは20世紀初頭から気象環境，昆虫，菌類などによる複合病害と考えられるナラ類の衰退（oak decline），米国では1940年以降ナラ・カシ類萎凋病（oak wilt, *Ceratocystis fagacearum*）と1995年以降カシ類突然死（sudden oak death, *Phytophthora ramorum*），日本では1980年以降ナラ・カシ類に萎凋枯死が発生している．

a. ナラ・カシ類萎凋病

　米国では，1900年代初め，ナラ類が萎凋枯死するナラ・カシ類萎凋病（oak wilt, 病原菌 *Chalara quercina*, テレオモルフ *Ceratocystis fagacearum*）が，ミシシッピー川上流域で発生した．被害は，1940年代には，ウィスコンシン，ミネソタ，アイオワ州を中心に発生していたが，現在は米国23州に蔓延している．

　被害は，樹種によって感受性に差異があるものの，約40種類の樹木が感受性であり，オウシュウグリやシナグリなどクリ類，日本のクヌギやカシワのコナラ類にも感染する．しかし，病徴や症状の進展は，地域や樹種によって大きく異なっている．レッドオーク（red oak）と総称されるナラ類は一般に感受性が高く，

そのなかで，北米東部に分布するアカガシワ（*Q. rubra*，落葉性）は，症状の進展が急激で，全身的な萎凋症状を起こして数週間で枯死する．病徴は，5月から9月に現れることが多く，樹冠の上部の葉がかすかに巻き込み退色し，先端や葉縁から青銅色から褐色に変色して落葉する．このような病徴は，樹冠の上部から下部へ，外側の枝から内部へと進展する．晩夏から初秋に感染した場合には葉は翌春まで残り，新葉に前述の病徴が現れて2～3週間で枯死する．また，北米南東部に分布するライブオーク（live oak, *Q. virginiana*，常緑性）は，症状の進行が遅く，中庸の感受性を示す．

一方，ホワイトオーク（white oak，落葉性）では，症状の進展が緩やかであり，枯死に至るまでに数年を要する．一部の枝のみが発病することもあり（図4.8），時には症状が回復することもある．葉の病徴とともに，横断面の年輪最外層に褐色点が円状に，縦断面には筋状の変色（streak）が不連続に形成される．

病原菌の感染経路としては，根の癒合部を経由した地下感染と媒介昆虫による地上感染がある．枯死木を中心に林分内で病気が蔓延する場合には，枯死木の根で越冬していた病原菌が枯死木と健全木の根の癒合部（root graft）を通じて容易に健全木の根に伝播する．伝播速度は，1年間で30 m以上の場合もある．一般に，根の癒合はレッドオークがホワイトオークより容易で，レッドオークとホワイトオークの間では稀である．したがって，防除法として，健全木と枯死木の間に溝を掘ったり，枯死した根を薬剤処理することで，根の癒合部からの感染を防ぐ方法が試みられる．

遠距離に飛び火的に病気が拡大する場合は，病原菌は主にキクイムシ科（Scolytidae, bark beetle）とケシキスイ科（Nitidulidae, sap beetle）の昆虫によって伝播する．枯死木の樹皮の内側に灰色のマット（mat，菌糸層）が

図4.8 ホワイトオークの症状
ホワイトオークでは，一部の枝の枯死にとどまる．

形成され，マットが出す果実臭に昆虫が引き寄せられる．マット上に形成された分生子や子のう胞子は媒介昆虫の体表に付着し，健全木の新しい傷口へと運ばれる．枝打ちなどの傷は新たな感染門戸となるので，感染源の菌糸マットが形成される春季～夏季には剪定を避ける必要がある．最近では，殺菌剤（プロパコナゾール）を樹幹注入する方法が用いられる．

レッドオークでは病原菌の分生子が道管流に乗って移動するため樹体全体を急速に蔓延して全身的な萎凋症状が現れるが，ホワイトオークでは病原菌が変色部に隔離されるために通水機能が保たれて症状が局所的な枝にとどまる，と考えられている．

ナラ・カシ類萎凋病は，現在米国にのみ確認されているが，ナラ類はヨーロッパやアジアなど世界の広い地域に分布していることから，丸太や材による病原菌の移動に対しては充分な警戒が必要である．

b. カシ類突然死

シイ・カシ類（コナラ属レッドオーク類（*Q. agrifolia*（常緑），*Q. kelloggii*・*Q. parvula* var. *shrevei*（落葉），マテバシイ属タンオーク（*Lithocarpus densiflorus*）など）の胴枯れ枯死が，1995年にカリフォルニア州中央部～オレゴン州南部に大量に発生して，カシ類突然死として注目を集めた．病原菌は，ツツジ類に枝枯れを引き起こす *Phytophthora ramorum*（2001年に記載）で，最初にドイツとオランダで発見された（1993年）．

胴枯れ病斑は樹幹下部に多く，濃赤色から黒色の特徴的な血のような滲出液を伴い，病斑は長いものでは2mに及ぶ．胴枯れが樹幹を1周すると葉に症状が現れ始め，樹冠全体が黄変した後褐変し枯死に至る．病徴が発現してから数週間で急激に樹冠が褐変することから「突然死」と名付けられた．

シイ・カシ類以外に，ツツジ科，クスノキ科，バラ科，トチノキ科，クロウメモドキ科，スイカズラ科，さらにマツ科，スギ科など8科12属の樹木に感染し，葉への感染や枝枯れを引き起こす．被害林の下層に生えたこれらの樹木は高率で感染し，湿潤な環境下で葉上に胞子のうを形成し胞子を放出する．病原菌は土壌からも検出される．被害地域が比較的小さいオレゴン州では，感染木および感染木の半径15～30m以内にある宿主樹木すべてを伐採し燃やす撲滅（eradication）が行われている．現在，大きな問題となっており，植物防疫上の規制が罹病葉や土壌の移動について，北米，ヨーロッパ諸国，韓国，オーストラリアなどで設けられている．

病原菌 *P. ramorum* は，ヨーロッパでは圃場に栽培されたツツジ類などから検出されることがほとんどで，野外における大きな被害は報告されていない．しかし，ヨーロッパの菌株も，米国の菌株と同様に高い病原性をもつことから，今後の被害の拡大の可能性について懸念されている．

c. 日本におけるナラ類の萎凋枯死

1980年以降，日本海側のナラ類（主にコナラとミズナラ）が広い地域で集団的に萎凋枯死する被害が発生し，被害は現在も拡大傾向にある．また，宮崎県と鹿児島県ではアカガシ，スダジイ，マテバシイなどの常緑のブナ科樹木に，本州太平洋側の紀伊半島でナラ類（コナラ）とシイ・カシ類（スダジイ，アカガシ，ウバメガシ）に被害が発生している．枯死木には例外なく養菌性キクイムシ（ambrosia beetle）のカシノナガキクイムシ（ナガキクイムシ科，*Platypus quercivorus*，図4.9）の穿入が認められる．

過去の病虫害に関する被害記録のなかに，カシノナガキクイムシによるとされる被害が鹿児島県と宮崎県で残されていた（1934年）．その後，兵庫県，福井県，山形県でも，同様の被害が発生した．当時の被害記録から判断して，現在の被害と同一と考えられる．これまでの被害は，ほぼ同じ地域で繰り返し発生し，一度発生すると5年程度で終息する傾向にあり，拡大することはなかった．しかし，1980年以降の被害は10年以上継続して発生して，特に1995年以降は今まで未発生の地域に拡大する傾向にあり，過去の被害事例とはやや異なった様相を呈している．

6月下旬から7月上旬にかけて，前年度枯死した木からカシノナガキクイムシの成虫が2週間程度の短期間で大量に脱出し，健全木に穿入を始める．特に地上2m以下の樹幹部にカシノナガキクイムシが多数穿孔し，枯死木の地際部にはその坑道から排出された大量のフラス（frass，木屑と昆虫の糞の混合物）が認められる（図4.10）．カシノナガキクイムシが穿入を始めると，坑道に沿って不規則な暗褐色の変色域が辺材部に形成される（図4.11）．カシノナガキクイムシの加害を受

図4.9 カシノナガキクイムシの雌成虫
前胸背中央部にマイカンギアをもつ．

けて枯死した木では，辺材部全面に坑道から広がった変色域がみられ，穿入が始まってから1か月程度でナラ類に萎凋症状が発生し，8月から9月に全葉が褐変して枯死する．

被害木の内樹皮の褐変した部位，辺材部の変色域，カシノナガキクイムシの坑道壁から *Raffaelea quercivora* が優占的に検出される．*R. quercivora* の接種試験の結果，被害地におけるナラ類の萎凋枯死過程と同様に，ミズナラでは接種後10日から2週間で急激に水ポテンシャルが低下し，萎凋症状が発生した後枯死する．野外調査や接種試験の結果から，落葉性ナラ類のミズナラとコナラは感受性が高く，常緑性ブナ科樹木のウバメガシ，スダジイ，アカガシは感受性が低い．

ナラ・カシ類萎凋病では，病原菌

図 4.10 カシノナガキクイムシの穿入と排出されたフラス
樹幹下部にはカシノナガキクイムシの多数の穿入（矢印）があり，そこから排出されたフラスが地際部に堆積する．

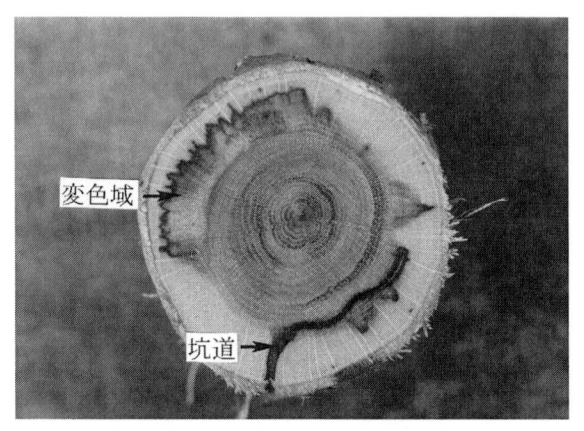

図 4.11 カシノナガキクイムシの坑道と変色域
辺材部には，カシノナガキクイムシの坑道から広がった暗褐色の変色域が形成される．

C. fagacearum は樹体全体に蔓延して全身的な通道阻害を引き起こし,一方,ナラ類の萎凋枯死では,病原菌 R. quercivora は局在して通水阻害域を拡大し,樹幹のある高さで通水が全面停止することで樹木を枯死に至らしめる,と考えられる.このような通水阻害の発生機構の違いは興味深く,今後の課題である.

(伊藤進一郎・大和万里子)

文　献

1) Appel, D. N. : The oak wilt enigma : Perspectives from the Texas epidemic. *Ann. Rev. Phytopathol.* **33**, 103-118, 1995
2) 伊藤進一郎他：ナラ類集団枯損被害に関連する菌類.　日林誌 **80**, 170-175, 1998
3) 伊藤進一郎　：森林生態系を脅かす"微生物－昆虫連合軍",森林微生物生態学(二井一禎・肘井直樹編著), pp.257-269, 朝倉書店, 2000
4) 伊藤進一郎：ナラ枯れ被害に関連する菌類と枯死機構.　森林科学 **35**, 35-40, 2002
5) Kubono, T. and Ito, S. : *Raffaelea quercivora* sp. nov. associated with mass mortality of Japanese oak, and the ambrosia beetle (*Platypus quercivorus*). *Mycoscience* **43**, 255-260, 2002
6) Rizzo, D. M. *et al.* : *Phytophthora ramorum* as the cause of extensive mortality of *Quercus* spp. and *Lithocarpus densiflorus* in California. *Plant Disease* **86**, 205-214, 2002
7) Wilson, A. D. : Oak wilt : A potential threat to southern and western oak forests. *J. Forest.* **99** (5), 4-11, 2001

4.1.6　複合病害

樹木の複合病害(complex diseases)は,さまざまな生物的・非生物的因子が関与して引き起こされる病害を指す[注1](図4.12).樹木は自然環境下で生育期間が長期にわたるので,機能不全の原因が明らかでない場合には立地環境因子による病害として取り扱われることが多い.たとえば,ヒノキとっくり病は地際部から目通り付近が異常に肥大してとっくり状を呈するものであるが,緩やかな斜面の下部,透水性の悪い嫌気的土壌,肥沃な土壌などで発生が多いことから立地環境による生理障害とされ,その原因は明らかでない.また,忌地は,同じ種類あるいは近縁の作物を毎年同じ場所に作付すると生育が悪くなる現象(連作障

注1) 病気の発生には,複数の病原体が関与していたり,病原体の他に病気の発生を促進する要因が関与している場合が多い.このような場合,病気を直接引き起こす要因を主因(contributing factors),発病のしやすさの要因を素因(predisposing factors),病気の進展を促進する要因を誘因(inciting factors)と呼ぶ.

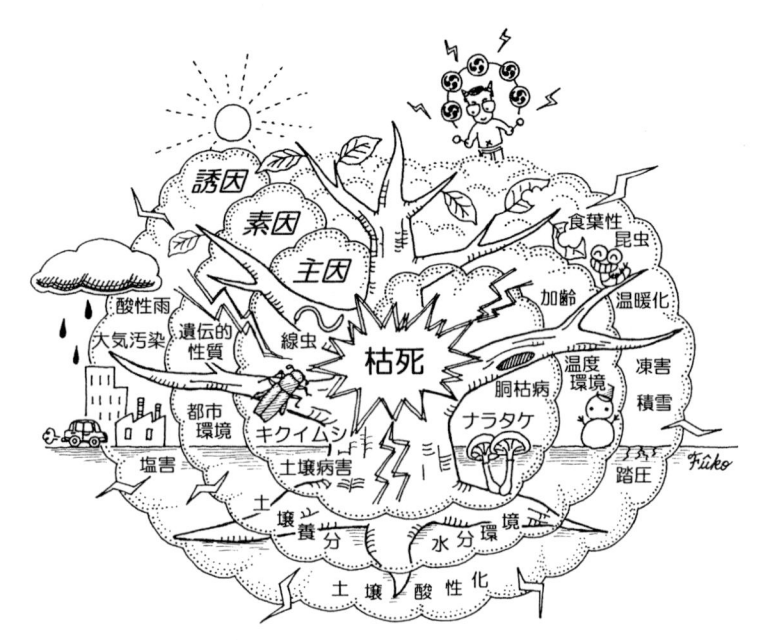

図 4.12 複合病害の樹木枯死へのスパイラル
樹木が枯死に至る過程は，樹木の衰退現象にみられるように disease spiral ともいわれて，素因，誘因，主因が密接に関与している．

害)[注2)] を指すが，広義にはサクラなどの植栽樹木の生育不良や衰退に対して用いられ，その原因は多様である．このようななかで，ヒノキ漏脂(ろうし)病は樹幹から樹脂を異常に流下するもので，気象環境に起因すると考えられて被害地ではヒノキの造林が見合わされてきた．しかし，松くい虫被害跡地の造林樹種としてヒノキが最も適していることから再び造林されて，1980年代には被害が顕在化して大きな問題となった．一方，近年の樹木の衰退現象にはさまざまな要因が関与している．そこで，これらを複合病害の典型例として論じる．

ヒノキ漏脂病

ヒノキ漏脂病は，大正時代初期に問題にされ始め，「東北地方のヒノキの造林地に，しかも広大なる面積にわたって漏脂病と称せられる病害が発生して居る事は，少なくとも東北地方のヒノキ造林地を視察した人は，何人も気の付く事である」と記載された（1927年）．一方，青森のヒバや能登のアテ（ヒノキアスナ

注2) 忌地の原因として，他感作用，微量元素欠乏，有害物質の蓄積，有害微生物の蓄積などが考えられる．

ロ）にも漏脂病が発生し，その被害が問題とされた．

　わが国でヒノキが積極的に造林されるようになったのは18世紀中頃である．東北地方のヒノキ林は主として明治末年から昭和初期に力を入れて植栽されたが，本病によって造林不成績となり，第二次世界大戦後はヒノキの造林が中止された．一方，北陸地方では明治末年以降土壌条件などからスギの適地の少ない地方においてヒノキの造林が行われてきたが，戦後本病が多数発生したことから，国有林ではヒノキの造林が禁止された．本来，ヒノキは冬季小雪型の太平洋型気候が生育適地であることから（図4.13），本病はヒノキの生育環境と密接な関係をもつと考えられてきた．ヒノキは，乾燥に対する耐性が強く尾根筋などでも生育するが，各種ストレスに対して敏感な樹種と考えられ，土壌乾燥の著しい環境

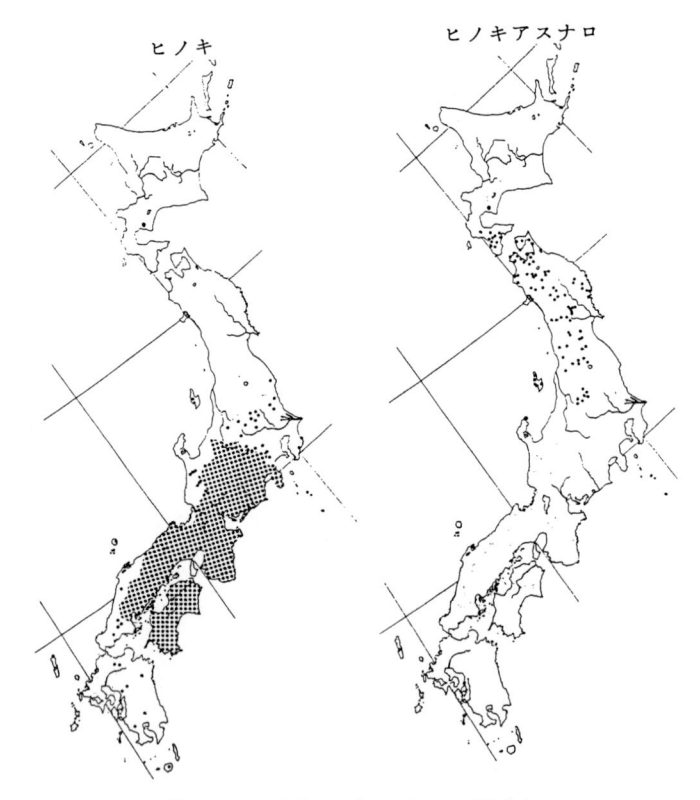

図 4.13　ヒノキとヒノキアスナロの天然分布[3]

ヒノキとヒノキアスナロの天然分布は，北緯37度の線を境に南北に明瞭に分かれる．漏脂病は，ヒノキでは多雪・寒冷の地域に，ヒノキアスナロでは逆に少雪・温暖な地域に発生している．このことから，漏脂病の発生は樹木の耐凍性など生理的特性と関連しているものと考えられる．

下では樹幹より樹脂を滲出させ，また，ナラタケや樹脂胴枯病などの感染によって多量の樹脂を樹幹より流下させる．

漏脂病の病因は，雪圧や凍害などの気象説，スギカミキリなどの穿孔性甲虫類やヒノキカワモグリガなどの害虫説，*Cistella japonica* などの病原菌説が今までに指摘された．1980年以前は雪圧が決定因子となるという気象説が主流で，積雪がほとんどない寒冷地域ではヒノキの耐凍性の欠如，また，天然分布域以外に植栽されたための何らかの生理障害によると説明された．1985年以降は病患部に生息する菌類の接種試験から病原菌に起因するとする説が多い[注3]．一般に，漏脂病といわれている病患部は，外観的にみてさまざまな症候群からなっている．樹幹からの樹脂流出が共通した病徴で，外観上からは形成層壊死などの樹幹の変形は認められないが樹脂が流下しているものを樹脂流出型（枝の基部から樹脂が流下しているものを枝付き型），形成層が壊死して樹幹が扁平になったものを漏脂型，また，凍裂などの凍害に起因すると思われるものを凍害型，縦長の病患部で溝腐れ状のものを溝腐型，と類型化することができる．このように，漏脂病の病患部は，樹幹から樹脂を流出させることで病徴が一致しているものの，多様な症候群からなっていて，これらの原因については総合的な考察が必要である．

漏脂病は，ヒノキには樹脂を生産する正常樹脂道が存在しないので，何らかの刺激によって新たに傷害樹脂道が接線方向に長く連なってつくられ，エピセリウム細胞によって樹脂生産が始まる現象である（図4.14）．このような解剖学的知見から，この刺激はある時期の環境ストレス（非生物的刺激）によって生ずるものと考えられる．そして，非生物学的刺激として，雪と寒さによるストレスが挙げられる．

雪による影響は，枝付き部など樹幹上部では積雪圧，地際部など樹幹下部では匍行圧として現れ，その影響は雪の量のみならず雪の質によっても大きく異なる．

寒さによる影響は，日中の温度較差によるストレスと凍裂などの凍害とがある．漏脂病の病患部は樹幹の広い範囲に及んでいるものの，多発部位は樹高に関

注3) ヒノキ漏脂病の病原菌としては，当初 *Sarea resinae* と *Pezicula livida* (*Cryptosporiopsis abietina*) が記載された (1985年) が，その後『日本植物病名目録』(日本植物病理学会, 2000) では *Cistella japonica* と *Pezicula livida* が，『日本植物病害大事典』(全国農村教育協会,1998) では *C. japonica* が記載されている．

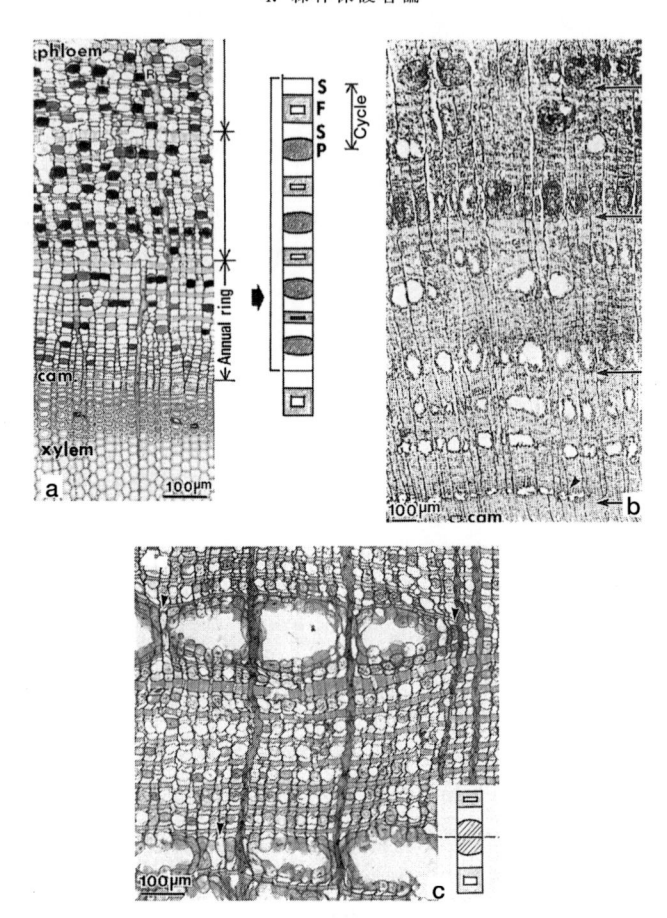

図 4.14 ヒノキの正常な二次師部と漏脂病罹病部
(a) ヒノキの内樹皮は，師細胞（S），じん皮繊維（F），師部柔細胞（P）からなっていて，正常樹脂道は存在しない．phloem：師部，cam：形成層，xylem：木部，R：放射柔細胞．
(b) 接線方向列状に形成された傷害樹脂道．矢印は師部の年輪境．
(c) 師部柔細胞の分裂（矢印）によってエピセリウム細胞がつくられ，エピセリウム細胞が樹脂を分泌する．

係なくほぼ1～2mの樹幹部位であるという共通した特徴がある．この部位は，雪中と外気の日中の温度較差が最も大きい積雪面付近で，凍害や霜害などが多発する部位でもある．樹幹が日中最も膨潤膨縮し，ストレスを受ける部位と考えられる．このような部位では，この刺激によって傷害エチレンが生成し，エチレン生成が傷害樹脂道形成を促すと考えられる．実験的には，エチレンが傷害樹脂道形成を誘導し，生成するエチレン量の違いによって樹脂生産量が調節されること

が明らかにされている．このようにして，樹脂流出型病徴が生じる．

多数の樹脂流出型病斑が癒合したり，傷害樹脂道で樹脂生産が過剰になると，樹脂圧が高まり，樹脂道を中心として裂け目ができて大きな樹脂のうが形成される（図4.15）．その後，樹脂道で生産された樹脂は，本来ならば二次師部外側に漏出すべきところ，内側の形成層側に漏出して形成層を壊死させて，漏脂型病徴へと進展する．樹脂は抗菌的性質をもつので，このような漏脂型病斑部では菌類が検出されないことが多い．さらに，時間が経過すると病患部に菌類が関与して溝腐型病徴へと進展する．

漏脂病病患部にみられるこのような病徴の経時的推移は，図4.16のように模式的に表すことができる．すでに述べたように樹幹からの樹脂の異常滲出にはさまざまな生物的，非生物的原因が考えられるが，このような病徴の進展過程から樹脂流出型，漏脂型，溝腐型の3型を典型的な本態性漏脂病の病徴とみなすことができる（図4.17）．

今までの漏脂病の病因諸説についてみると，害虫説や病原菌説は，病原体の侵入によって傷害エチレンが産生され樹脂が滲出するものの，この刺激は一過性というわけではない．また，このような病原体が漏脂病罹病部に常に存在するわけ

(a) (b)

図4.15 ヒノキの樹幹から溢れ出る樹脂
a：漏脂病罹病木の樹幹を切断すると，数分後に内樹皮の樹脂のうから樹脂が溢れ出る．左上は木口面から，左下は樹皮から溢れ出る樹脂の様子．
b：漏脂型病徴を示す樹幹の内樹皮は，鉈で削ると樹脂で満ちていてべたべたである．

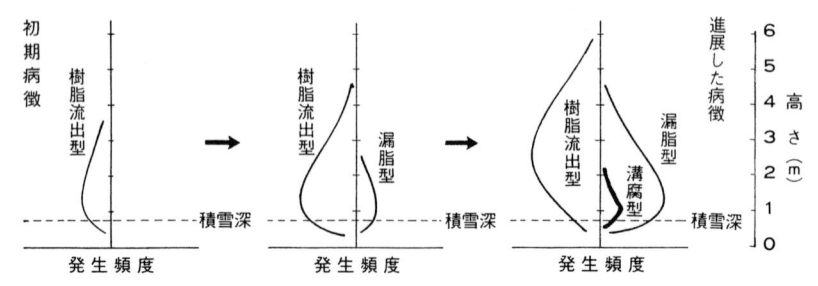

図 4.16 漏脂病病徴の経時的推移

漏脂病患部の発生部位と積雪深の関係についてみると，積雪深は 0.5～1.0 m 程度の場合が最も多く，病患部の位置は 1～2 m に最も多い．このことは，雪中と外気の温度較差が最も大きな積雪面付近で病患部が最も多く発生し，積雪深以下の地際部では積雪下の保護作用により発生が少なくなっていることを示唆している．

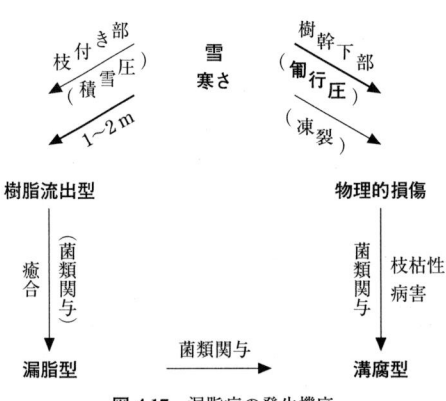

図 4.17 漏脂病の発生機序

一般に，雪と寒さを原因として引き起こされる初期病徴の樹脂流出型（太字はより被害が大であることを表す）は，内樹皮内で壊死部からさらに癒合・拡大すると漏脂型病徴に進展する．この病徴の進展・拡大過程では菌類が関与する場合もありえよう．漏脂型病徴に菌類が関与すると，溝腐型病徴に移行する．溝腐型病徴候には，雪や寒さによって生じた物理的損傷部に種々の菌類が関与して被害が拡大して溝腐症状を呈するものも含まれる．

ではない．このような説明では，大量に病原菌などの病原体を投与して病徴が出たからといって実際の因果関係を裏付けるものではない，ということに気を付けなければならない．複合病害では自然条件に即して多様な要因を総合的に捉えることが肝要で，漏脂病の場合には雪や寒さなどの環境ストレスが傷害樹脂道形成を促し，その後に生物的病原が関与すると考えるのが妥当であろう．

（鈴木和夫）

文　献

1) 伊藤一雄：樹病学体系 I，279p，農林出版，1971
2) 岸　国平（編）：日本植物病害大事典，1276p，全国農村教育協会，1998
3) 倉田　悟・濱谷稔夫：日本産樹木分布図集 I，314p，地球出版，1971
4) 楠本　大・鈴木和夫：エスレル処理によるヒノキ科樹木の傷害樹脂道形成の誘導．木材学会誌 **47**，1-6，2001
5) 日本植物病理学会（編）：日本植物病名目録，857p，日本植物防疫協会，2000

6) 鈴木和夫：樹木・森林の病害，森林保護学，pp.5-56，文永堂，1992
7) 鈴木和夫他：ヒノキ・ヒノキアスナロ漏脂病の発生機序．東大演報 **80**，1-23，1988
8) 全国森林病虫獣害防除協会（編）：森林をまもる―森林防疫研究50年の成果と今後の展望―，493p，全国森林病虫獣害防除協会，2002

4.1.7 腐　朽　害
a. 樹木の腐朽害
　樹木が生きているうちに木部が腐る現象を腐朽害，あるいは生立木腐朽と呼ぶ．腐朽害は樹木の死んだ組織が腐朽・分解するので，倒木，用材，木造建造物などの腐朽と基本的に同じ現象である．腐朽害は木材腐朽菌が木部に侵入することにより起こるが，多くの場合は腐朽が進行しても樹勢の変化はみられない．特に針葉樹においては一般に外見から被害木を判別することが困難で，伐採して初めて被害が明らかになることが多い．

　一方，腐朽害を起こす木材腐朽菌のなかには寄生性の種が存在する（条件的寄生菌）．これらの菌が感染すると木部だけではなく形成層などの生きた組織も侵すので，樹勢を衰退させてついには枯死させることがある．寄生性の木材腐朽菌としては，欧米でマツなど針葉樹の枯損を起こし大きな問題となっている *Heterobasidion annosum*[1)注1)]（図4.18），さまざまな樹木を侵すナラタケ類[2)]，熱帯・亜熱帯で樹木の枯損を起こすシマサルノコシカケ[3)]，緑化樹に発生するベッコウタケ[4)]などが知られている．しかし，木材腐朽菌のなかでこのように樹木に対して寄生性を示す菌はごく一部であり，大多数は樹木の活力や生死に

図 4.18　枯死したヨーロッパアカマツの地際部に形成された *Heterobasidion annosum* の子実体

注1) *Heterobasidion annosum* は，わが国のマツノネクチタケと同一とされてきたが，北半球では主に spruce（トウヒ属），pine（マツ属）など，fir（モミ属）を宿主とするそれぞれ S，P，F グループの三つの不和合性種が知られていて，わが国のマツノネクチタケがどの種であるのかは明らかでない．

は直接影響を及ぼさない．

b. 木材の腐朽現象

樹木の木部は，針葉樹では仮道管や柔細胞，広葉樹では道管，繊維細胞，柔細胞などから構成されている．樹木の木部細胞はほとんどが死滅しており，細胞壁だけが残った状態となっている．細胞壁の主要な構成要素はセルロース，ヘミセルロース，リグニンで，その含有率は樹種によって多少異なるが，針葉樹ではそれぞれ 40～50％，25～30％，25～35％，広葉樹ではそれぞれ 40～50％，25～40％，20～25％ である．

木材の腐朽は細胞壁中のセルロース，ヘミセルロース，リグニンが微生物により分解されることにより起こる．木材の腐朽には原生動物，細菌，菌類などがかかわるが，ほとんどは木材腐朽菌と呼ばれる一群の菌類によって起こされるといってよい．木材腐朽菌の大部分は担子菌類に所属するが，子のう菌類の一部にも木材腐朽力を有する種が存在する．これらの菌類は，比較的大型の子実体（きのこ）を形成する種が多く，腐朽が進むと患部の近くにしばしば子実体が発生する．

木材の腐朽はその腐朽型により白色腐朽（white rot），褐色腐朽（brown rot）に分けられ，それぞれの腐朽を起こす菌類は異なっている．白色腐朽は木材中のセルロース，ヘミセルロース，リグニンの分解が同時に進む現象で，腐朽材が白くなるのが特徴である．褐色腐朽は木材中のセルロースとヘミセルロースが選択的に分解され，リグニンはほとんど分解されない．腐朽材は褐色を呈する．白色腐朽は針葉樹，広葉樹の両方に多くみられるが，褐色腐朽は針葉樹に多く広葉樹には少ない．白色腐朽菌と褐色腐朽菌は分類学的にも異なったグループに属しており，少なくとも同じ属に両者が所属することはない．また，寄生性を有する木材腐朽菌はすべてが白色腐朽菌であり，褐色腐朽菌には腐生性の種のみが含まれる．

c. 被害部位

腐朽被害はさまざまな樹木に発生するが，被害部の違いにより大きく幹腐朽（trunk rot）と根株腐朽（butt rot）の二つのタイプに分けられる．このうち幹腐朽は幹の比較的上の部分が腐朽する現象で，腐朽は枯れ枝や幹の傷などから始まり，主に上下方向に進展する．根株腐朽は樹木の根や幹の地際部が腐朽する現象であるが，年月が経過すると被害は地際部にとどまらず幹の上方まで拡大する．

幹や根株の腐朽はそれぞれ，心材部が主に腐朽する心材腐朽（heart rot）と，

辺材部が腐朽する辺材腐朽（sap rot）に分けられる．樹木のどの部位に腐朽を起こすかは木材腐朽菌の種それぞれの性質によるところが大きく，根株腐朽と幹腐朽を起こす種，辺材腐朽と心材腐朽を起こす種は一般に異なっている．辺材腐朽を起こす木材腐朽菌には寄生性をもつものが多く，被害木は形成層が侵されるために部分的に肥大成長ができず，溝腐症状が起きることがある．

腐朽被害の感染経路は腐朽菌の種，樹種，立地環境などによって異なるが，樹木の地上部への感染と地下部への感染の大きく二つのタイプに分けられる．また，伝播の方法により，胞子（繁殖体）による伝播と菌糸（栄養体）による伝播に分けられる．地上部への感染はほとんどが胞子によるもので，風などによって運ばれた胞子が新しい宿主上に到達し，発芽して材内に侵入する．幹腐朽の多くはこの方法により感染する．また，昆虫などの動物が媒介者となることもある．これに対して，樹木の地下部への感染は主に菌糸の成長によって起こり，根株腐朽ではこの感染方法が多くみられる．

一般に木材腐朽菌が無傷の樹木に侵入することは難しく，幹や枝に外傷や枯れ枝があると，その部分から材内に侵入できる確率が高くなる．木材腐朽菌の胞子は通常，宿主に付着すると速やかに発芽する．胞子の発芽には水分が不可欠であり，枯れ枝や外傷部に胞子が付着しても水分が供給されなければ発芽して樹体内に侵入することはできない．また，胞子の発芽に栄養分は必須ではないが，腐朽菌の胞子は樹皮や木材に含まれる水溶性の物質により発芽が促進されることが多い．

d. 幹腐朽と感染経路

針葉樹のなかで腐朽被害の発生が多い樹種は冷温帯における主要な造林木のカラマツであり，幹腐朽，根株腐朽とも多くの被害が報告されている．カラマツの幹腐朽を起こす主な腐朽菌にはカラマツカタワタケ，ミヤマシロアミタケ，チウロコタケモドキなどがあり，これらの菌は枯れ枝や気象害によってできた幹の損傷部などから侵入する[5,6]．幹腐朽被害の感染には空中湿度が影響し，霧が恒常的に発生するカラマツ林には被害が多く発生することが報告されている[5]．ヒバやトドマツには幹辺材腐朽がしばしば発生するが，これはモミサルノコシカケによるもので，症状が進むと被害木は溝腐症状を呈する（図 4.19）．

スギの非赤枯性溝腐病は，もっぱらサンブスギに対して幹辺材腐朽を起こし，地域的に大きな被害を与えている．その病原菌チャアナタケモドキは枯れ枝から侵入するため[7]，防除策として早めに枝打ちを行うことが推奨されている[8]．適

図 4.19　モミサルノコシカケによるトドマツ溝腐病

図 4.20　カラマツ生立木の傷害部に発生したチウロコタケモドキ

切な枝打ちは幹腐朽被害の予防に効果があるが，施業には注意が必要である．たとえば多くの腐朽菌が胞子を放出する夏～秋季に枝打ちを行うと，逆に腐朽菌に対して侵入門戸を提供することになる．

　また，間伐，択伐などの林木の伐採搬出作業の過程では残存木の幹や根に傷を付けることが多いが，腐朽菌はそのような傷害部から容易に侵入する．欧米では択伐を行う際にトラクターなどで付けた傷からチウロコタケモドキなどの腐朽菌が侵入することが知られており[9]，同じ被害はわが国のカラマツ林などでも多く認められる（図4.20）．伐採・搬出を行う際には残存木を保護するために十分な対策をとる必要がある．

e. 根株腐朽と感染経路

　カラマツの根株腐朽はカイメンタケ，レンゲタケ，ハナビラタケなどにより起こされ，中部，東北，北海道地域で大きな問題となっている．根株腐朽被害の感染経路に関しては未解明の点が多いが，カラマツの根株腐朽では枯死した根や幹・根の傷から腐朽菌が侵入すると考えられている[10]．特にカイメンタケの菌糸や胞子は土壌中に生存し，感染に関与することが実際に確認されている[11,12]．根株腐朽の発生には地形や土壌条件が大きな要因となる．カラマツの根は酸素要求性が高いので透水性が悪く停滞水が発生する土壌では根が枯死しやすく，枯死し

た根から腐朽菌が侵入すると考えられている[13, 14]．さらに地形が比較的平坦で冬季に土壌凍結が起こる地域では，土壌凍結により傷ついた根から腐朽菌が侵入することが示唆されている[15, 16]．また，土壌の含水率が高い林分ではカラマツの根株腐朽の被害率が高いことが報告されている[17]（図4.21）．

図4.21 カラマツ腐朽伐根に発生したカイメンタケ

近年，キゾメタケ，キンイロアナタケなどによるヒノキの根株腐朽被害が各地から報告されている．きぞめたけ病などのヒノキの根株腐朽被害に関しては，斜面下部や凹地形で被害率が高いこと[18]，土壌の種類により被害率が異なっていること，透水性の低い土壌で根株腐朽の発生頻度が高いことが報告されている[19]．

欧米における *Heterobasidion annosum* やエゾノサビイロアナタケ，沖縄で防風林などに被害を与えているシマサルノコシカケ（南根腐病(みなみねぐされびょう)）などでは，伐根，枯死木，生立木の傷害部などから侵入した菌が，根系の接触部を通して周囲の健全な樹木に感染することが知られている[1, 20, 21]．カラマツの根株心材腐朽を起こす未同定の腐朽菌は，同一のクローンが林内に比較的広く分布していることが確認されているが，これは同菌が菌糸束を形成して土壌中を伸張するためと推測されている[22]．一方でカイメンタケに関しては，隣接した腐朽伐根から分離された菌株がすべて異なるクローンであったことから，それぞれの樹木に別々に侵入したものと考えられている[23, 24]．ヒノキの根株心材腐朽を起こすコガネコウヤクタケでは，5m以内に位置した被害木から同一のクローンと考えられる菌株が分離されたことが報告されている[25]．このような例は，根株腐朽菌には根系の接触を介して菌糸により感染する種とそうでない種があることを示している．

f．腐朽被害の対策

根株腐朽の場合，被害木は伐採されても林地に残された伐根中で腐朽菌は長期間生存し続ける．北米では伐採されたダグラスモミの伐根にエゾノサビイロアナタケが50年間生存していたことが報告されている[26]．腐朽伐根からは根系を介した感染が起こる場合があり，また腐朽伐根にはしばしば腐朽菌の子実体が形成

されるので，周囲の健全木や次世代の造林木へ感染源となる．そこで北米やオーストラリアでは腐朽伐根からの新たな感染を防止するため，林地の腐朽伐根を除去する処理や，薬剤や菌寄生菌を腐朽伐根に処理して腐朽菌をコントロールする試みが行われている[20,27]．ブルドーザーなどによる腐朽伐根の除去は造林木の腐朽被害率の低下に効果があると考えられているが[20]，薬剤処理に関しては効果のある薬剤が少ないことやコストの問題から林地での使用は難しい．また，生物的防除法に関しては，トリコデルマ属菌などの菌寄生菌を腐朽伐根に処理すると木材腐朽菌の定着をある程度阻害することが報告されているが[27]，いまだ実用化の域には達していない．

腐朽被害は樹齢が高くなると一般に被害が増加する．林木の材積は年々蓄積されて増加するが，樹齢がある程度以上になると材が成長して生ずる価値よりも腐朽による損失の方が大きくなる．このため，欧米では腐朽により損失が生じないように伐期が設定されており，これを病理学的伐期 (pathological rotation) と呼んでいる．病理学的伐期は樹種，腐朽被害の発生程度，立地環境などによって異なる．欧米では一般に 100 ～ 150 年程度の伐期が多く，時には 200 年以上の長伐期となることも珍しくないが，腐朽被害が激しい地域では 40 ～ 50 年という短伐期になることもある[28]．わが国ではこれまで病理学的伐期に関してほとんど検討されてこなかったが，今後は腐朽被害の発生状況や立地環境などを考慮して伐期を設定する必要があろう． (阿部恭久)

文　　献

1) Woodward, S. *et al.* : *Heterobasidion annosum*, Biology, Ecology, Impact and Control, 589p, CAB International, 1998
2) Shaw III, C. G. and Kile, G. A. : *Armillaria* root disease, USDA Forest Service Agriculture Handbook 691, 233p, 1991
3) Nandris, D. *et al.* : Root rot disease of rubber trees. *Plant Dis.* **71**, 298-306, 1987
4) 伊藤一雄：樹病学大系 III, pp.143-145, 農林出版, 1974
5) 今関六也：野辺山国有林カラマツ造林不成績地についての随想的リポート．長野林友 **34** (2), 28-35, 1959
6) 青島清雄他：雨氷害にともなうカラマツの幹腐れ病．日林誌 **45**, 125-126, 1963
7) 青島清雄他：サンブスギの非赤枯性溝腐病．日林講 **75**, 394-397, 1964
8) 今関六也：山武杉の新しい病気，非赤枯性の溝腐れ病とその生態的防除論．森林防疫ニュース **9**, 230-235, 1960
9) Butin, H. : Tree Diseases and Disorders, 252p, Oxford University Press, 1995
10) 北島君三：からまつ腐心病ノ病原菌ニ就テ．林試報 **28**, 75-94, 1928

11) Dewey, F. M. *et al.* : Immunofluorescence microscopy of the detection and identification of propagules of *Phaeolus schweinitzii* in infested soil. *Phytopathol.* **74**, 291-296, 1984
12) Barrett, D. K. and Greig, B. J. W. : The occurrence of *Phaeolus schweinitzii* in the soils of Sitka spruce plantations with broadleaved on non-woodland histories. *Eur. J. For. Path.* **15**, 412-417, 1985
13) 加藤善忠・松井光瑶：カラマツ造林地の実態調査からみたカラマツ造林の要点，わかりやすい林業研究解説シリーズ 14, 54p, 林業科学技術振興所, 1966
14) 黒鳥 忠：カラマツ腐心病の発生要因の解明，長野県立科町および望月町のカラマツ腐心病発生地の土壌環境について, 13p, 林業試験場木曽分場, 1987
15) 川崎圭造・菅 誠：長野県におけるカラマツ腐心病発生に関する検討. 日林論 **94**, 449-450, 1983
16) 川崎圭造・図子光太郎：カラマツ心腐れ病多発生地. 日林中支講 **38**, 127-129, 1990
17) 黒田吉雄・勝屋敬三：カラマツ根株心腐れ病菌の林床での分布. 日林誌 **77**, 39-46, 1995
18) 勝 善鋼：ヒノキの根株心腐病について. 森林防疫 **231**, 141-146, 1971
19) 久林高市：雲仙岳山麓におけるヒノキ根株心腐れの樹幹内での進展. 樹木医学研究 **4**, 9-18, 2000
20) Thies, W. G. : Laminated root rot : the quest for control. *J. For.* **82**, 345-356, 1984
21) Hattori, T. *et al.* : Distribution of clones of *Phellinus noxius* in a windbreak on Ishigaki Island. *Eur. J. For. Path.* **26**, 69-80, 1996
22) 黒田吉雄他：カラマツ根株心腐病の菌系におけるアロザイム変異と遺伝子型の平面分布. 日林誌 **77**, 480-485, 1995
23) Barrett, D. K. and Uscuplic, M.: The field distribution of interacting strains of *Polyporus schweinitzii* and their origin. *New Phytol.* **70**, 581-598, 1971
24) 阿部恭久他：カラマツ間伐林における根株腐朽被害事例—林内における腐朽菌の種とジェネットの分布—. 日林学術講 **111**, 94, 2000
25) 久林高市：根株心腐れを起こすコガネコウヤクタケのクローン分布. 日林学術講 **111**, 301, 2001
26) Hansen, E. M. : Survival of *Phellinus weirii* in Douglas-fir stumps after logging. *Can. J. For. Res.* **9**, 484-488, 1979
27) Nelson, E. E. *et al.* : Effects of *Trichoderma* spp. and ammonium sulphamate on establishment of *Armillaria luteobubalina* on stumps of *Eucalyptus diversicolor. Mycol. Res.* **99**, 957-962, 1995
28) Baxter, D. V. : Pathology in Forest Practice, 601p, John Wiley & Sons, 1952

g. 幹・根の外科手術

1) 外科手術の意義　幹の樹皮を削る，材を樹皮で覆わせる，空洞にものを充填するなどの措置を人間や動物の手術に模して樹木の外科手術と呼ぶが，典型的な外科手術だけでなく，剪定，小さな傷口の処理，支柱などによる強度補強

も外科の対象とする見方もある．そうしたものまで含めると「個体維持の目的で，樹体の一部に切除，切削を伴う処理，力学的な補助ならびに外傷に対する保護措置を施すこと」と定義づけることができる．

常に競争状態である森林においては各個体の健全さに重みはなく，森林全体としての健全さが重要である．したがって，特定個体の維持を目指す外科手術は森林の樹木を対象とすることは本来ありえない．経済効果を考えるまでもなく，原則は人里の樹木が対象である．また，森林では空洞，腐朽，変色のある木は木材生産の立場からはほとんど無価値に等しいが，森林の多様性を守るには野生動物や菌類の生息場所として重要である．

しかし，生産だけでなく，森林はさまざまな目的で活用され，シンボルとなる木や特定の樹木に対し見学者が集中することがある．たとえば，屋久島の縄文杉や伊豆修善寺の太郎杉（図 4.22）が該当する．こうした樹木は過剰な利用に対し，単なる林木とは異なる集約的な管理を必要とする．その一つとして広義の外科的な対策が必要になることもある．図の太郎杉のケースでは，林地ではまれな自縛根（girdling root）が発生している．踏圧がかかれば土壌が流亡しやすい急傾斜地にあり，根系が見学者に傷つけられているので，階段，木道などの整備や樹皮の保護対策などが必要である．

2）狭義の外科 樹木の治療は 18 世紀頃から実用レベルでのさまざまな試みがなされ，1910 年代にコンクリートを空洞に充填するスタイルが確立された．外科手術することが資産家の流行になった米国を中心に 1960 年頃まで欧米では華々しく行われた．1960 年代初頭には発泡硬質ウレタンを充填する方法が開発され，コンクリート充填は少数となる．

腐朽した部位を健全な材が露出するまで切除して，殺菌剤や防水材を塗布し，その後の腐朽を防ぐ．また，空洞部には木材の代替物を詰めて，強度を補強し，

図 4.22 伊豆修善寺の国有林内にある太郎杉突然の見学者誘致による被害で広義の外科処理を要する状態になった．

開口部の閉塞を速めるというのが骨子である．明快でわかりやすい考え方であるが，1930年代でも，腐朽部の切除が完全に行われるケースは稀であり，材料の接着や柔軟性から強度補強も困難であると指摘されている．腐朽部は複雑で健全材を露出させようと空洞内部から削ると樹皮に届いて，被害を与えることすらあり，理論通り進むような患部は現実には少ない．

過去の手術が理想通りに進まないことが認識され始めた米国では充填の材料や方法以外の点も見直された．1970年後半には外科手術木や実験的な腐朽木の縦割り解剖から，塗布剤，保護材が腐朽阻止にも巻き込みの促進にも有効でないことが報告され始め，その原因は樹木の防御機構を破壊する影響が大きいからであるとされた．

殺菌，防菌に関しては，丸太や製材品ではさまざまな方法で可能であるが，生立木に被害を与えずに腐朽を防ぐ薬剤，材料は発見されていない．よい薬剤や材料が見つかったという報告が出て，10年もすると否定されて，新たなものが報告されるという繰り返しの歴史があり，現在，科学的に効果が認められた物質はない．

狭義の外科の否定に決定的な役割を果たしたのが，シャイゴ（shigo）[1]が提案したCODITモデル（compartmentalization of decay in trees）である．シャイゴは樹木の防御機構に関しての既知の知見と自らの木材解剖の報告から新たな概念をまとめた．新たな細胞で入れ替わる動物の傷の治癒と異なり，患部を封じ込める（compartmentalize）ことで周囲の組織を守るという自己防御機構を樹木はもつというものである．傷を受けた時点ですでに存在していた立体的な木材細胞の軸，放射，接線の各方向を壁1，壁2，壁3という細胞層が守るというモデル（図4.23）で，傷ができるとその周囲の既存細胞では樹脂や特定のミネラルの集積が起き，これらが菌の侵入を防ぐ．さらに外側に新たに形成される細胞層の壁4は最も強いとした．

従来の患部の切除方法ではこの防御層を破壊してしまい，腐朽がさらに進むため，手術は逆効果であるとされた．幹内部の腐朽は進行しても，壁4以降に形成される傷口の材によって傷口の閉塞が起こり，見かけ上の治癒はありえる．しかし，外科の根幹である腐朽の進展阻止は期待できない．針葉樹と広葉樹での違いの指摘や菌の種類によっては壁が突破されるなどの報告もあり，防御機構のモデルとしては議論が残っているものの，防御の現象に対するわかりやすいモデルとして欧米の産業界に受け入れられた．その結果，1980年代中盤には生物学的な

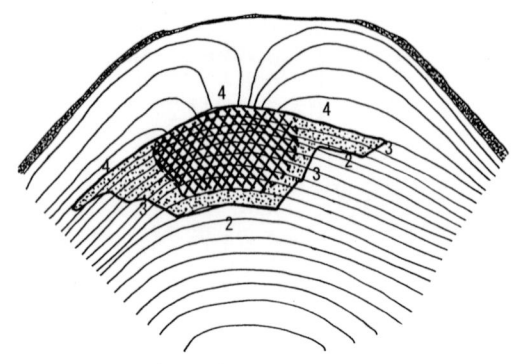

図 4.23 腐朽部断面における CODIT モデル

傷ついた時点の組織（年輪）は壁 4 を前面にした新生組織が包み，既存木部の腐朽の内側への進展は放射方向を壁 2 が，接線方向を壁 3 が封じ込め，変色部と健全部の境界数細胞を壁と考える．図中にはないが，壁 1 は軸方向で上下から封じ込める．

意味での治療を目的にした樹木の外科手術は英米では標準的な技術として扱われなくなった．

　米国の教科書中の記述や民間会社の社名からは 1990 年頃には樹木の外科手術という語（tree surgery）はほぼ消えた．英国では現在も残っているが，枝の剪定や伐採などを指すように意味を変えてきた．日本では初期の外科手術の技術を独英米から導入し，大正時代以降，多数実施された．古い外科の内容は 1990 年頃までの国内の教科書類に採用され続けたため，一部の外科関係者や文化財関係者に新たな知見が浸透していないのが現状である．

　結局，大きな患部では防御層を破壊しないように内部の末期腐朽材を除去して，空洞内部を乾燥させ，その内壁面には何も塗布せず，充填もしないというのが，現在の標準的な管理となった．この延長にはまったく手を触れないという考えも成立するが，過剰に加わる人為の排除が必要である．土壌化した腐朽材には腐朽力はないものの近くに生息する菌の環境を維持するので除去が望ましい．また，大木では幹に触れたり，空洞をのぞき込むなどの行為で樹皮が傷つけられるので，社会的な要因への対策として修景が目的の外科的な処理を含めたさまざまな対策が必要になることもある．

　3）広義の外科　　外科的な要素がある樹木への人為的な傷付けとしては，新しい傷の処理，ブレーシング，剪定，樹皮の切削，不定根の誘導などがある．見かけ上の効果と長期的な意義を比較し，その作業が起こす傷害などについて検討する必要がある．薬剤注入や診断のための穿孔は目的が異なるので，外科には

含めないが，孔を開けることによって起きる傷害に注意する．

　浅い傷の処理：　浅い傷に関しては，周囲の浮いた樹皮を切除して最小の形で整形する．紡錘形にする必要はない．長期にわたって侵入する材質腐朽への殺菌剤塗布などは無効なので，原則無塗布とし，使用する場合は極力薄く塗る．このタイプの傷は早く処理するほど虫害などの二次的被害を避けられるので早期発見，早期治療が重要で1930年以前と基本技術は変わらない．なお，初期の傷から侵入する胴枯病や腐らん病には殺菌剤などが有効である．

　ブレーシング：　主に，広葉樹の枝幹が裂けることを防ぐためにワイヤーや鋼鉄製の棒で固定することをいい，欧米ではよく行われる．枝幹をボルトで貫通させ，ナットとワッシャーで固定するが，健全な部位に施工し，腐朽を含む部位では防御層を破壊し，患部が拡大するため行わない．分岐から梢までの間では先端から1/3が正しい固定位置だが，腐朽を避けるため変更することもある．

　剪定・切断：　傷ついた枝，不要に競合する枝を切除したり，樹冠全体の減量などの目的で枝を切断することがある．この場合，従来は枝の付け根の位置を残さず，幹の繊維方向に平行に切り落とすとされていたが，最近は幹と枝の結合部には重要な防御組織があるので，これを破壊しないように切断する方法（natural target pruning）が標準的な技術となっている．林業の枝打ちで枝の付け根を残さないのは若い枝では分岐部が発達していないからである．本来の枝打ち時期を逃した太い枝では枝上側の幹との境界組織（branch bark ridge）や枝下側の枝瘤（branch collor）を最小限に残した位置で切断する．

　不定根の誘導：　受傷部の境界面ではどんな細胞になるか方向性の定まっていないカルス（callus）という細胞が生産される．二次組織を形成し，傷口材という巻き込み組織（wound wood, cicatrix）になることが多いが，光が少なく，湿度が高い条件では幹の高い位置や枝では発根することがある．この不定根を地面まで誘導したり，根系の木化を幹の代用や擬似的な樹皮と扱うことを目的にした方法であるが，後述するように後生の組織という問題点などもある．

4）　その他の関連する施工

　支柱・踏圧防止・木道・柵：　移植した木では活着が確認できたら数年以内に支柱を除去する．樹木は揺れ動かされることで成長を制御されて，それなりの樹形をつくる．支柱などで強固に支えると，揺れがないため支柱の先で可能なかぎり伸びてしまうので継続的な剪定が必須となる．老齢木では成長が期待できず，倒壊の恐れがあるときは支柱も有効であるが，この原則は同じなので注意が必要

である．大木の倒壊阻止などでは支柱よりワイヤロープ固定が効果が高い．対象の木の重量分布や内部欠陥に応じて複数箇所で支え，平常時には緊張させないよう点検する必要がある．

踏圧防止策は通行量が少ないときはマルチング資材や土壌改良材の投与で済むが，土壌表面を柔らかくした後に踏圧を受けると根が切れ，病害虫の侵入路になりやすいので注意する．大量の歩行者や自動車の通行があるときは，コンクリート製などの構造物下に根を成長させる工事や，木道や橋を設けるなどの措置がある．幹や露出した根の樹皮の傷害を避ける柵の設置は根本から4～5mのことが多いが，そうすると逆に吸収根が多い場所に見学者を呼び込むため，踏圧対策では樹冠の1.5倍くらいの面積を確保する必要がある．

5） 樹木の成長と外科処理の評価　　傷口材の成長は木全体の他の組織に比べ旺盛である．直接的な成長の促進は植物成長制御物質によるもので，最近はジャスモン酸の役割が重要視されてきた．この成長は応力の均一化の原理にもとづくといわれている．枝の分岐や人間の骨格に至るまで，すべての生体の力学的なデザインは全体に同じ応力がかかるよう最適な構造をつくりあげてきた．欠陥が生じたとき樹木は速やかに，そこに生じる応力を低減するように成長するのである．このような樹木力学的な見方についてはマテック（Mattheck）らの最近の著作[2]に詳しい．

幹の樹皮では患部の閉塞後に十分な厚みとなれば，力学的にも機能するが，枝や根を幹などの途中から出させる場合はその履歴は消せず，既存組織との健全材の結合が弱く，樹皮を挟んで成長して分離しやすいなど，長期の骨格としては役立たない．不定根誘導の工法でも支持力低下の恐れが高い．本来の樹形が残っているのに，こうした不定芽，後生芽，不定根などを人工的に助長する方法では，その部位でのめざましい成長があったとしても，光合成産物の分配も含め，その方法が樹木全体に寄与するか冷静な評価をすべきである．

山王神社のクスノキは1945年長崎原爆の被爆で丸裸になったが，2年後に幹から胴吹きと呼ばれる後生芽が出て生き残った．図4.24で地面に横たわっているのはその芽が成長し1996年に落下した枝で，枝元直径は30cmを超えていた．しかし，後生芽由来の枝は1945年時に存在していた幹側の樹皮を圧しながら成長し，結合が弱く，アンカー機能がないため，50年の成長の重みに折れるべくして折れた．この枝は樹木全体の復活に十分な役割を果たしたが，枝自身が長寿な個体の主要部になるという意味での貢献はしなかった．　　　　（渡辺直明）

4.1 生物被害

図 4.24 長崎原爆の被爆クスノキから発生した後生枝が成長し，50 年後に落下した枝
横たわっているのが 1996 年に落下した枝で，右側の枝元直径は 30 cm を超えていたが，幹との結合部の大半は樹皮を挟んでいた．

文　　献

1) Shigo, A. L. : Modern Arboriculture, 424p, Shigo and Trees, Associates, 1991
2) Mattheck, C. and Breloer, H. : The Body Language of Trees, 240p, HMSO, 1994

4.1.8 虫　　害
a. 森林害虫の分類

　森林に生息する昆虫は種数も多く，生活のしかたも多様である．このような昆虫を見分けるには分類学が役立つことはいうまでもない．しかしながら，実際に昆虫を防除するような場合，こうした分類学による分け方よりも，昆虫が摂食している部位や摂食のしかたによって，さらには寄生力によって加害している昆虫の名前を明らかにする方が防除に役立つことが多い．

1) 摂食様式による分類

　食葉性昆虫： 樹木の葉を食べる昆虫で，チョウ目（鱗翅類）のガやチョウの幼虫が挙げられる．マツカレハ（松毛虫），マイマイガ，アメリカシロヒトリなどの幼虫が代表的なものである．コウチュウ目（甲虫類）のコガネムシやハムシの成虫，ハチ目（膜翅類）のハバチの幼虫も葉を摂食する．

　球果・種子昆虫： 樹木の球果や種子を食べる昆虫で，チョウ目のハマキガ科，メイガ科，シャクガ科などの昆虫が挙げられる．ハチ目のオナガコバチ科や

ハエ目のハナバエ科の昆虫も種子を食害する．カメムシ類は種子内容物を外部から吸収して被害を与える．

吸汁(収)性昆虫：　葉，枝，幹に寄生し，樹液を吸収する昆虫で，カメムシ目（半翅類）のカメムシ類，アブラムシ類，カイガラムシ類が代表的である．これらの昆虫は病気を媒介したり，昆虫の排泄物に菌が寄生したりすることがある．昆虫ではなくクモに近いダニ目に属するハダニ類も，樹液を吸収するといった生態から，便宜的に吸汁(収)性昆虫として扱われる場合が多い．

虫えい昆虫：　樹木の葉や芽などに寄生し，虫こぶ（ゴール）をつくる昆虫のことで，アブラムシ類，ハチ類，ハエ類，またハバチ類が虫こぶをつくる．

穿孔性昆虫：　主にコウチュウ目のキクイムシ類やカミキリムシ類などが知られている．前者は樹皮下の形成層部分を主として摂食し，後者は材部も摂食する．また，チョウ目のヒノキカワモグリガも穿孔性昆虫の一種である．

食根性昆虫：　根部あるいは地際部を摂食する昆虫のことで，コガネムシ類の幼虫であるネキリムシやコウモリガの幼虫が知られている．

2) **寄生力による分類**　昆虫の加害している樹木の生理状態から昆虫を分類することも可能である．この寄生力による分類は，樹木を衰弱・枯死させる加害者を正確に判別する場合に重要である．健全な樹木から栄養を摂取し，正常に生育する昆虫を一次性昆虫，衰弱したあるいは枯死した樹木に寄生して栄養摂取する昆虫を二次性昆虫という．二次性昆虫は健全な樹木を加害することはできない．食葉性昆虫や吸汁性昆虫は一次性昆虫に属し，穿孔性昆虫は二次性昆虫に属する場合が多い．

b. 森林害虫の被害

1) **枯　死**　森林害虫がもたらす被害の代表的なものは枯死である．食葉性昆虫であるスギドクガが大発生したスギ林では1年後に7～28%のスギが，またヒノキ林では13～58%のヒノキが枯死した．食根性昆虫の一種であるコウモリガの幼虫は若齢造林木の地際を環状に剥皮し枯死させる．

2) **成長の遅れ**　食葉性昆虫が大発生した場合，昆虫の摂食による失葉が肥大成長に影響を及ぼす．マツカレハやスギドクガの大発生の場合，枯死を免れたマツやスギでは肥大成長が小さくなる．

3) **材質の低下**　材質劣化害虫といわれているスギカミキリ，スギノアカネトラカミキリ，ヒノキカワモグリガなどの穿孔性昆虫は，加害した樹木を直接枯死させることは少なく，樹幹内部を変色させたり腐朽させたりする被害を与え

4) **種子の発芽率低下** 球果・種子昆虫は種子生産にも影響を与える．カメムシ類が外部から口吻を差し込み中の種子の内容物を吸い取り，発芽率に影響を及ぼす．

5) **景観への影響** マツノマダラカミキリとマツノザイセンチュウの共生関係によって発生するマツ材線虫病（松くい虫被害）は，マツが枯れることによって公園や社寺の景観に影響を及ぼす．

c. 森林害虫の防除法

1) **防除の考え方** 森林生態系には恒常性（homeostasis）があり，自己制御の機構を備えている．密度が上昇すると，これを抑えるように昆虫病原性微生物などの天敵が作用し，通常の密度に戻そうとする働きである．森林昆虫の密度が増加したとしても，自然に通常の密度に下がる場合が多い．森林は農耕地と異なり大面積であるので，殺虫剤などの化学物質の施用は，環境汚染上極力避けるべきである．たとえ使用するとしても，量，時期などを考慮しなければならない．

どの森林でも多少とも昆虫に摂食される．通常の昆虫生息密度であれば，その被食量は林木の生存や成長量に与える影響は小さい．しかしながら，大発生するとしばしば枯死や成長の遅れといった被害をもたらす．食葉性昆虫の食害を模した人工摘葉実験から，食害量（失葉量）が林木に及ぼす影響が明らかにされている[1]．食害量が全葉量の30％以下ならほとんど影響はみられず，50％を超えると成長が減ずる．さらに70〜80％も食害されると成長が遅れ，その影響が長期間にわたる．100％食害されると，落葉樹は枯死しない場合が多いが，針葉樹では枯死する．ただし，こうした傾向は食害時期，食害位置，樹種，樹齢，立地条件などによって変化する．食葉性昆虫の場合，上に示した食害量の目安が被害許容水準であり，このときの食害を引き起こす昆虫密度以上になれば防除が必要になる．さらに防除に要する経費などを加味して，防除せずに許せる密度である経済的被害許容水準（economic injury level）が決定される．この被害許容水準は対象とする昆虫あるいは樹種によって異なる．たとえば穿孔性昆虫の場合，たとえ少数の昆虫が加害しても材質劣化などの被害が大きい．

2) **森林害虫の被害防除**

林業的防除： 森林の育成にあたって，害虫が発生しにくい森林に導くという方法で，基本的には，適正な樹種や抵抗性品種の造林とその方法，除間伐時の虫

害木や衰弱木の除去，伐採法や伐採時期の検討などを通じて害虫の発生を防ぐというものである．したがって予防的意味合いが強い．トドマツオオアブラムシ被害が発生している若齢造林地からの侵入を防ぐために，新しい造林地はそこから離して造成するなどの林業的防除法が行われている．また，近年マツ材線虫病に抵抗性のあるマツの育成が行われ，造林されようとしている．さらに，健全な森林生態系は食物連鎖を通して，生息する昆虫密度を低く抑え安定化させている．こうした観点から，できるだけ単一樹種の大面積造林を避けてより複雑な森林生態系をつくり，天敵などの作用によって害虫密度を低く安定的に保つことが重要である．

化学的防除： 殺虫剤や殺ダニ剤などの農薬を使って防除する方法である．森林での施用は広範囲にわたることが多く，森林生態系の攪乱や環境汚染の観点から極力その使用を抑えるべきである．近年は，性フェロモンや集合フェロモンを用いて誘殺する方法が開発され，前者はマイマイガに，後者はキクイムシに対して用いられる．

物理的防除： 機械や器具を使用して害虫を防除する方法で，マツカレハ幼虫の防除のためにマツの樹幹に藁を巻き，冬季に藁を外して藁で越冬中の幼虫を藁と一緒に焼却するという方法が古くから行われている．スギカミキリ成虫の防除に，スギ樹幹に粘着紙や殺虫剤を染み込ませた布を巻き，入り込んだ成虫を殺すというバンド法も開発されている．

生物的防除： 捕食性天敵や昆虫寄生性昆虫を使って害虫を防除する方法である．天敵を放飼して成功した例は世界でわずかしかない．ほとんどの場合，外国から侵入した害虫に対して輸入した天敵を放した場合に限られる．これは土着の害虫の場合，もとからいた天敵と輸入した天敵の間で種間競争が作用し，後者の定着が妨げられることが原因の一つであると考えられている．

微生物防除： 糸状菌，ウイルス，線虫などの天敵微生物を利用して防除する方法である．マツ材線虫病の媒介昆虫であるマツノマダラカミキリの材内幼虫に対してボーベリア菌の施用が検討され，苗畑の重要害虫であるネキリムシの防除に線虫の一種が用いられている．

d. 森林昆虫の大発生

森林昆虫は通常林の中で探すのが困難なほどの低い密度で生息している．しかしながら森林昆虫の密度は一定ではなく，時として大発生し森林に被害をもたらす．ドイツで長期間調べられた食葉性昆虫マツカレハの近似種では，最低密度か

ら最高密度の差は約1万倍であった．このような大発生の経過をみると，ある世代に突然密度が高くなるというような大発生をせずに，密度増加の開始から数世代を要してピークに達し，さらに減少して終了するまでに数世代経過する場合が多い．このような大発生経過を漸進的（gradation）大発生といい，密度増加期と密度減少期に分けられる．大発生と大発生の間には低密度の期間が続くが，この期間を潜伏期（latent period）という．

食葉性昆虫の大発生をみた場合，大発生は二つのタイプ，拡大型（spread-out type）と同時型（scattered type）に分類される．前者はある地域に大発生中心地域（epicenter）ができ，そこから周辺へ大発生地域が拡大していくものであり，後者は多数の地域で同時に大発生が起こるものである．しかしながら実際の大発生をみた場合，大発生中心地域が同時に数地域で発生し，そこから地域が拡大していく場合が多い．食葉性昆虫の場合，このような大発生をもたらす要因には気象が関与している場合が多い．終息する要因については昆虫病原性微生物の作用が大きい．

食葉性昆虫の一種であるブナアオシャチホコ（*Syntypistis punctatella*）は東北地方を中心としたブナ林でしばしば大発生する[2]．この昆虫は8～11年の周期をもって大発生を繰り返し（図4.25），周期的な密度変動を引き起こす要因として，昆虫糸状菌の一種であるサナギタケ（*Cordyceps militaris* (L. : Fr.) Fr.）と宿主であるブナの葉の誘導防御反応が明らかにされている[3]．

穿孔性昆虫の一種であるスギカミキリ（*Semanotus japonicus*）もスギ林で大発生する．この昆虫は若齢のスギ林で大発生し，一部のスギを枯死させるだけでなく，生き残ったスギにも材質劣化という被害をもたらす．若齢スギ林で調査された例によると（図4.26），植栽後5年目から本種成虫の脱出が始まり，さらにその6年後に脱出成虫数のピークがみられる[4]．その後，脱出成虫数は減少傾向を

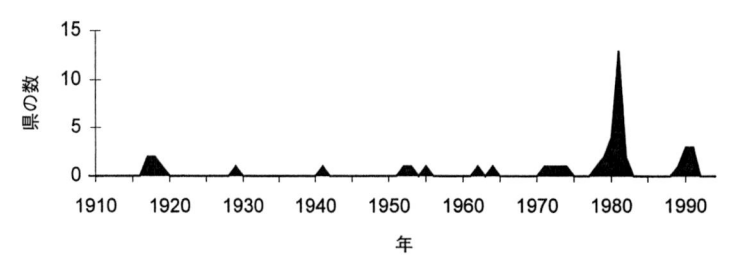

図 4.25 ブナアオシャチホコの大発生が記録された県の数の年変動[2]

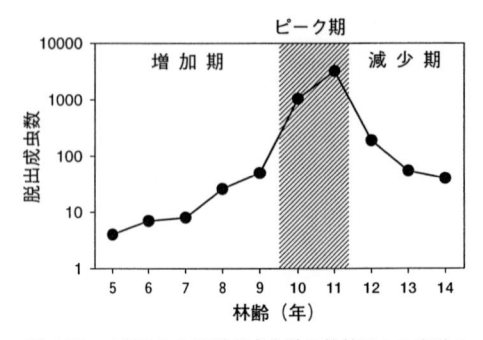

図 4.26 スギカミキリ脱出成虫数の林齢による変動[4]

たどった．本種の樹体内生存に最も影響を及ぼしているのは，幼虫が内樹皮を穿孔したときの樹脂による死亡である[5]．スギにはマツと違って樹脂道は常在しないが，幼虫の摂食に反応して傷害樹脂道が形成され，ここから分泌される樹脂によって幼虫が死亡する[6]．この反応は，過度の枝打ちや気象条件などによる樹勢の変化によって影響を受けると推測され，スギカミキリのスギ林への定着とその後の個体群動態に大きく関与している[7]．また，スギ個体ごとに傷害樹脂道についての反応は異なっており，抵抗性個体の存在にもこのことが関与している[6]．

e. 主な森林害虫の生態と防除
1) 食葉性昆虫

マツカレハ（*Dendrolimus spectabilis*，チョウ目カレハガ科）： マツ林でしばしば大発生する．大発生するとマツの成長は衰える．庭園木や街路樹でも発生することがある．成虫は雄で開張約 50 mm，雌で開張約 80 mm．個体により色彩の変異が大きく，翅は黄褐色，黒褐色，灰褐色である．老熟幼虫は約 70 mm にもなり，頭部は暗褐色，胴部は銀色から黄褐色である．体全体に黒い長毛がある．年1回の発生のものが普通であるが，暖地では2回発生する場合もある．3, 4齢幼虫で，食樹であるマツの樹皮の割れ目や地際の落ち葉の下で越冬する．暖かい日が続く3月から4月にかけて，越冬場所から出て摂食を始める．6月まで摂食を続け，老熟幼虫は枝の先や葉間で淡褐色の薄い繭をつくり，その中で蛹になる．成虫は7月から8月にかけて出現し，マツの針葉などに300粒前後の卵塊を産みつける．約1週間でふ化した幼虫は集団で新しく伸びた針葉の片側だけを摂食する．2齢幼虫になると分散し，樹体全体を食べて成長し，3, 4齢になると木から降りて越冬する．1年2回発生の場合は，夏に1世代経過し，2世代目の幼虫が1回発生の幼虫と同じように越冬する．アカマツ，クロマツなどのマツ属と，カラマツ，ヒマラヤスギなどを食害する．ディプテレックス，DDVP，スミチオンの乳剤や水和剤，粉剤を散布する．天敵微生物の散布も有効である．

マイマイガ（*Lymantria dispar*，チョウ目ドクガ科）： 森林や果樹の世界的害

虫として知られており，しばしば大発生して大被害をもたらす．成虫は雌で開張約 65 mm，雄で開張 45〜53 mm で，雌がはるかに大きい．雌の体と翅は灰白色で，前翅の前縁に屈曲した 4 個の斑紋がある．雄の体と翅は灰褐色で，前翅に濃褐色の斑紋がある．卵は灰白色で約 1.5 mm と小さい．若齢幼虫は黒色であるが，老熟すると体長約 60 mm くらいになり，胴は灰黒色で背面と側面に縦の黄色帯がある．胴部各節の背面に 2 個ずつのこぶがあり，前は青色，後ろは橙色で，ここから長毛がはえる．年 1 回の発生で，卵で越冬する．数百粒以上の卵塊で産みつけられ，その表面は成虫腹部の鱗毛で覆われる．ふ化幼虫は 4 月頃から現れ，最初卵塊付近に集合しているが，やがて幹を登り，糸を吐いて分散する．このため，ブランコケムシと呼ばれる．分散後定着した食樹で葉を摂食して成長する．6 月頃には老熟幼虫となり，食樹の枝や葉間で尾端部を垂下して蛹になる．7 月から 8 月にかけて成虫が出現する．羽化した雌成虫は強力な性フェロモンを放出して雄成虫を呼びよせ交尾する．雌成虫は樹幹などに卵塊を産みつける．加害樹種はきわめて多く，コナラ，クヌギ，カエデ，サクラ，カラマツなどを食害する．冬季に卵塊を見つけて除去するのが効果的である．庭園木であれば老熟幼虫はよく目立つので，捕殺するのも有効である．若齢幼虫発生期にディプテレックス，DDVP，スミチオンの乳剤や水和剤を散布する．

　アメリカシロヒトリ（*Hyphantria cunea*，チョウ目ヒトリガ科）：　本種は北アメリカ原産で，第二次世界大戦後の 1947 年に東京に侵入したものと推測されている．侵入後急速に分布を拡大し，各地の街路樹を加害している．天敵の作用によって森林へは侵入しない．成虫は雄で開張 28〜30 mm，雌で開張 32 mm ほどの蛾で，翅も体も無紋の白色であるが，前翅に灰黒色の斑紋が出る個体もある．雄の触角は櫛歯状，雌の触角は歯牙状である．卵はうぐいす色．若齢幼虫は白色で，体に薄緑から黒色の斑点があるが，老熟すると背中全体が灰黒色となる．老熟幼虫の体長は約 30 mm．体全体に長い白毛をもつ．日本では 1 年に 2 世代が基本であるが，年や地域によって 3 世代を経過することもある．蛹で越冬し，第 1 回成虫は 5 月中旬から 6 月中旬にかけて羽化する．成虫は卵を 200〜800 個の塊で食樹の葉の裏に産みつける．ふ化した幼虫は集団で糸を張ってクモの巣状のアミをつくり，その中で集団で摂食する．若齢期は葉肉のみを食べ葉皮と葉脈を残す．老熟すると幼虫は分散して葉を丸ごと食べる．老熟幼虫は樹から降りて，樹皮の割れ目や落ち葉の隙間などに入って，自分の体毛の混じった白色の薄い繭をつくり，その中で光沢ある赤褐色または黒褐色の蛹になる．第 2 回の

成虫は7月下旬から8月下旬に出現する．同じように発育経過し，蛹で越冬する．加害樹種はきわめて多く，100種以上にもなる．主なものとしては，サクラ，プラタナス，ポプラ，アメリカフウなどが挙げられる．若齢幼虫期のクモの巣状のアミや食害された葉は目立つので，集団でいる幼虫を枝葉ごと除去するのが効果的である．薬剤散布は若齢期ほど効果的で，ディプテレックス，DDVP，スミチオンの乳剤や水和剤を散布する．

スギドクガ（*Calliteara argentata*，チョウ目ドクガ科）： 時としてスギやヒノキ林で大発生し，枯死や成長の遅れなどの被害をもたらす．大発生はウイルス病の流行で終息する．成虫は開張42〜70mmで，雌は雄よりも大きい．雄の前翅は灰褐色または黒褐色，雌は灰白色である．成虫の体は灰白色である．雄の触角は糸状，雌の触角は櫛歯状である．卵は灰白色で直径約1mm．ふ化幼虫は全体に茶褐色．老熟幼虫は体長35〜45mmで，全体に黄緑色か緑色．前胸上に突出する黒色の毛束がある．蛹は楕円形で長さ15〜20mm．寒い地方では年1回の発生であるが，普通は年2回発生する．樹上の葉間で越冬した3，4齢幼虫は3月頃から摂食を開始し，5日頃に針葉の間に薄い繭をつくり蛹化する．蛹期間は約10日．5月から6月にかけて成虫が出現する．雌成虫は200〜300卵を10〜20粒の卵塊として針葉に産卵する．ふ化幼虫は吐糸によって分散し，食樹に定着して摂食する．約40日間の幼虫期間を経て蛹になる．8月から9月にかけて成虫が出現し産卵する．ふ化幼虫は3，4齢幼虫に成長して越冬する．スギ，ヒノキを食害する．ディプテレックス粉剤に効果がある．大発生時の幼虫は音に敏感で，容易に樹上から落下する．この性質を利用して幼虫を樹冠から落下させ地上で殺す方法もある．

2） 吸汁性昆虫

ツノロウムシ（*Ceroplastes ceriferus*，カメムシ目カタカイガラムシ科）： すす病を誘発するので，葉が黒くなることがある．雌成虫は軟らかい白色の粘土状のロウ物質でおおわれている．ロウ物質は三角帽子状に突出している．大きさは7〜10mmになる．つぶすと赤紫色の体液がでる．雄はいなく単為生殖を行う．1年に1回の発生．越冬成虫は5月頃に体の下に産卵する．ふ化幼虫が宿主に定着した後は移動することなく，宿主植物から吸汁する．3齢を経過する．宿主植物の範囲はきわめて広く，各種樹木の幹や枝に寄生する．若齢幼虫期にMEP，ジメトエートなどの乳剤を散布する．また冬季のマシン油乳剤散布も有効である．

カメノコロウムシ（*Ceroplastes japonicus*，カメムシ目カタカイガラムシ科）：

すす病を誘発するので,葉が黒くなることがある.やや固い白色のロウ物質でおおわれている.雄はロウ物質の下で成虫になり脱出する.雌のロウ物質の大きさは4～5mmになり,体の下に産卵する.年1回の発生.成虫で越冬し5月から6月にかけて産卵する.ふ化幼虫は葉面や緑色の小枝に定着し,ほとんど移動することはない.雄成虫は9月に出現して雌成虫と交尾する.常緑広葉樹などに寄生し,寄主植物は多い.若齢幼虫期にMEP,ジメトエートなどの乳剤を散布する.また冬季のマシン油乳剤散布も有効である.

スギノハダニ(*Oligonychus hondoensis*,ダニ目ハダニ科): 昆虫ではないが,その吸汁性被害のために昆虫に準じた扱いをされる場合が多い.スギ幼齢林で大発生することがある.雌成虫は体長約0.4mmで卵形.雄成虫はやや小型で逆三角の卵形.体色は雌雄とも橙色.卵,第1亜成虫,第2亜成虫を経て成虫になる.卵には夏卵と越冬卵があり,前者は橙色で春から夏に出現し,後者は紅色で秋になると出現する.スギの葉に産みつけられた卵で越冬し,4月頃からふ化し,11月頃まで10回以上発生を繰り返す.春と秋に個体数が増加する.風や雨によって個体数が減少する.スギの針葉を吸汁加害する.エチルチオメトン剤などの土壌施用が有効である.

3) 虫えい昆虫

スギタマバエ(*Contarinia inouyei*,ハエ目タマバエ科): 日本にのみ分布し,スギの針葉に虫こぶをつくる.成虫は体長が約1.5～1.8mmで,胸と腹は黄橙色である.西日本で調査された例によると,成虫は4月中旬から5月上旬にかけて羽化し,展開し始めたスギの芽の新針葉の間に産卵する.ふ化幼虫は移動して針葉の基部に定着する.針葉の成長に伴って幼虫はスギ針葉の中に取り込まれ,虫こぶとなり徐々に大きくなる.成熟幼虫は10月頃に虫こぶから落下する.幼虫は地中に潜って繭をつくり,蛹で越冬する.東日本では,秋に幼虫が落下せず,虫こぶ内で越冬する個体がいることが知られている.成虫の羽化時期に地上に粉剤を散布する方法がある.加害はスギ品種で異なっており,抵抗性品種の植栽も有効である.

マツバノタマバエ(*Thecodiplosis japonensis*,ハエ目タマバエ科): 幼虫の寄生によってアカマツやクロマツ針葉の伸長が阻害され,落葉が早くなる.日本と韓国で局所的に大発生がみられる.成虫は体長1.5～2.6mmで,翅は暗褐色の半透明である.ふ化幼虫は白色または淡黄白色であるが,老熟幼虫は黄白色または橙黄色になる.成虫は年1回,5月から7月にかけて発生する.成虫の寿命は

ほぼ1日であり，雌は針葉の2葉の間に卵塊で産卵する．ふ化した幼虫は針葉の基部に移動して虫こぶをつくって摂食する．寄生を受けた針葉は基部が膨らみ成長が衰える．秋から幼虫が地上に落下し，地中に潜入して越冬する．寄生バチを放すなどの生物的防除が試みられている．MPP・MEP・ダイアジノンなどの散布が有効とされている．

4) 穿孔性昆虫

スギカミキリ（*Semanotus japonicus*，コウチュウ目カミキリムシ科）： 本種幼虫の食害痕に腐朽菌が侵入してスギの樹幹に腐朽部分が生じ，「ハチカミ」の原因となる．成虫は体長10〜25 mmで，暗褐色であり，上翅には横卵形の黄褐色紋を二つ備えている．雌の触角が短いことで雌雄を区別できる．卵は白色の長円型．幼虫は乳白色のいわゆる鉄砲虫で，最長30 mmに達する．成虫は3月中旬から4月中旬にかけて樹幹から脱出する．成虫は脱出後後食することなしに樹幹上で交尾し，雌成虫は樹皮の隙間に産卵管を差し込んで産卵する．1か所に産みつけられる卵は1〜3個である．1頭の雌の産卵数は90〜100卵である．ふ化した幼虫は外樹皮を食べ始め，その後内樹皮と形成層を食べて成長する．幼虫は辺材部を食べ進み，7月，8月になると老熟して材内に侵入し，そこで蛹室をつくって蛹になり，約25日間の蛹期間を経て成虫になる．そのまま成虫で越冬し，翌春樹幹から脱出する．このように一般には1年で1世代を経過するが，寒冷地では2年で1世代を経過する個体もある．加害樹種としてスギ，ヒノキ，アスナロなどが知られている．成虫の脱出前に被害木の樹幹に殺虫剤を散布し，脱出してくる成虫を殺す方法（被害木駆除）や粘着剤のついた紙を，粘着面を樹幹側にして樹幹に巻きつけ，潜入してきた成虫を付着させて捕殺する方法（バンド・トラップ法）がある．薬剤を浸透させたバンドを巻きつける方法もある．雌成虫は樹幹の樹皮の隙間に産卵するので，粗皮をナタなどで剥いで産卵場所をなくすことも行われている．

スギノアカネトラカミキリ（*Anaglyptus subfasciatus*，コウチュウ目カミキリムシ科）： 本種幼虫の樹幹の食害痕の周りに腐朽部分が生じ，「トビクサレ」の原因となる．成虫は体長6〜14 mmで，体色は黒色で上翅基半部は赤褐色を呈し，上翅中央に白い2斜条を有する．雄の触角は体長より長く，雌は短い．卵は白色．幼虫は乳白色の鉄砲虫で，老熟すると体長20〜25 mmに達する．成虫は春になるとスギやヒノキの枯れ枝の基部から脱出し，枯れ枝の付け根に産卵する．成虫は4月から8月頃までみられる．ふ化幼虫は枯れ枝の中を食べ，幹材部に穿

入し，上下方向に摂食する．老熟すると再び枯れ枝に戻り，夏から秋にかけて蛹化して成虫になり越冬する．2年で1世代を経過するが，寒い地方ではそれ以上の年数を経過する．加害樹種はスギ，ヒノキ，サワラなどである．枯れ枝に産卵するので，枝打ちするのが効果的である．誘引トラップの利用もある．

マツノマダラカミキリ（*Monochamus alternatus*，コウチュウ目カミキリムシ科）： 成虫はマツ材線虫病（松くい虫被害）の病原体であるマツノザイセンチュウを媒介する．成虫は体長18～30mmで，赤褐色ないし黒褐色であり，上翅に白色のダンダラ模様を備えている．雄の触角は体長の2～2.5倍，雌では1.5倍で，雌の触角は第三節より先の各節の基部は灰白色であることにより雌雄を容易に区別することができる．幼虫はいわゆる鉄砲虫型で，最長45mmに達する．5月上旬から7月上旬に枯れたマツ（アカマツ，クロマツ，リュウキュウマツ）から成虫は脱出する．脱出の早晩は気温に影響され，温暖地域では早く，寒冷地では遅い傾向にある．脱出した成虫は性成熟するために健全なマツの小枝を後食するが，このときに小枝につけられた後食痕からマツノザイセンチュウがマツ仮道管内に侵入する．性成熟するまでに1～2週間後食する必要があり，成熟してからも後食は死亡するまで続けられる．雌成虫は衰弱・枯死したマツの樹皮下に産卵する．1卵ずつ産卵するが，まれには2～3卵を産み込む場合もある．産卵開始後1日当たり1～2卵を産む．卵の期間は1週間前後である．卵からふ化した幼虫は内樹皮を食べ始め，中齢期に達すると辺材部を食べて成長する．夏の終わりから秋にかけて3，4齢になった幼虫は材部へ穿孔する．そして材内で蛹室をつくり，そこで幼虫態で越冬する．翌年の5月頃から蛹になり，約10～19日間の期間を経て材内で成虫になる．材内で成虫は4～8日間とどまって，脱出孔を掘って材から脱出する．このようにマツノマダラカミキリは1年で羽化するのが普通であるが，2年かけて羽化する個体が存在することも知られている．加害樹種はマツ属の他に，トウヒ属，モミ属，スギ，ヒマラヤスギ，ビャクシン属およびカラマツ属が記録されている．

防除方法として以下の方法がある．

①被害木駆除： 枯死したマツの樹幹に幼虫が生息しているので，枯れマツを伐倒し，樹幹を焼却したり薬剤を散布する．幼虫越冬前の10月までの作業が効果的で，薬剤として松くい虫駆除薬剤として登録されている乳剤や油剤を用いる．樹幹を集積してビニール被覆し，くん蒸処理する方法もある．

②予防散布： 健全なマツの枝葉にあらかじめ薬剤を散布しておき，後食に飛

来した成虫を殺虫する．成虫脱出後の後食時期に地上あるいはヘリコプターから空中散布する．

③微生物防除： ボーベリア菌を使う方法が検討されている．

④誘引剤利用： 誘引剤を使って成虫を誘引して個体数を減少させる．

ヤツバキクイムシ（*Ips typographus japonicus*，コウチュウ目キクイムシ科）：主に北海道の森林で大発生する．洞爺丸台風による風倒木発生後の本種の被害が有名である．成虫の体長は4〜5mmで黒色．卵は乳白色で長円形．幼虫は乳白色で脚はなく，老熟すると体長約5mmになる．越冬成虫は5月頃から出現する．雄成虫は樹皮下に侵入し交尾室をつくる．一つの穿入孔に普通は2頭の雌が入り，交尾後母孔を掘り側壁に産卵する．1母孔当たりの産卵数は約50個である．親成虫は母孔完成後穿入孔から出て別の場所に移動して再繁殖を行う．ふ化幼虫は母孔と直角の方向に形成層を食べ（幼虫孔），その端に蛹室をつくって蛹になり，成虫になる．脱出した成虫は新たな木で同様の繁殖を行う．第2世代の成虫は新しい場所に越冬孔をつくり越冬する．夏の気温が低いと年1世代の場合もある．エゾマツ，アカエゾマツを加害する．風倒木発生後に風倒木に寄生し，密度が高くなると衰弱木や健全木に加害するようになる．したがって，風倒木の林外搬出と剥皮処理が有効である．

ハンノキキクイムシ（*Xylosandrus germanus*，コウチュウ目キクイムシ科）：養菌性キクイムシの代表的なものである．雌成虫の体長は約2mmで，体色は光沢ある黒色である．雄成虫は雌よりも体が小さく，後翅が不完全で飛翔できない．日本全土に分布する．成虫で越冬し，春に幹から脱出して新しい木に穿孔する．母孔は樹皮部から材中心に向かう直孔か短い分岐孔である．穿入孔からは線香状の白いフラスが排出される．雌成虫は前胸背と中胸背の節間部にある袋状の胞子貯蔵器官からアンブロシア菌の胞子を壁面に植えつける．卵は孔道の先端部に塊状に産みつけられる．産卵数は20〜50個である．ふ化幼虫は雌成虫が植えつけたアンブロシア菌を食べて成育する．雌成虫の産卵期間が約3週間と長いため，同じ孔道でもいろいろな発育ステージがみられる．1年2世代である．各種の針葉樹，広葉樹の伐採丸太や衰弱木を加害する．成虫の加害時期に伐採しないことが重要である．

ニホンキバチ（*Urocerus japonicus*，ハチ目キバチ科）： 本種の他にオナガキバチ，ニトベキバチ，ヒゲジロキバチ，コルリキバチなどのキバチ類も針葉樹を加害する．アミロステレウム菌によって材内が変色する．雌成虫の体長は15〜

38 mm, 雄成虫の体長は 9 〜 10 mm で雌は雄よりも大きい．雌の産卵管は長い．翅は透明な濃黄褐色で外縁はやや暗い．卵は長楕円形で乳白色．幼虫は乳白色の円筒形で尾端に突起を有する．終齢幼虫の大きさは約 18 mm であるが個体差が大きい．1 年に 1 回の発生．成虫は 6 月から 10 月までの長期にわたって樹幹から脱出する．雌成虫は材内に産卵管を差し込んで産卵する．1 個の産卵孔には通常 2 〜 3 個の卵が産み込まれる．産卵時に共生菌であるアミロステレウム菌を接種する．ふ化幼虫はこの菌が分解した材部を摂食して成長する．通常 10 齢を経過後，蛹を経て脱出する．幼虫の材部の摂食坑道長は約 80 mm である．単為生殖によっても繁殖できる．主にスギ，ヒノキを加害する．除間伐木の林内放置が原因で繁殖するので，これらを林内から搬出することが重要である．

5) 食根性昆虫

ヒメコガネ (*Anomala rufocuprea*, コウチュウ目コガネムシ科)： 古くから苗畑の害虫として知られている．幼虫は苗木などの根を食害する．成虫の体長は 13 〜 17 mm で，体色の変異は大きく銅赤色，銅緑色，緑色，紺色，栗色などがある．卵は乳白色の楕円形．ふ化直後の幼虫の体長は約 4 mm で，老熟幼虫は濃乳黄色で 30 mm 近くになる．1 年 1 世代が普通であるが，寒冷地では 1 世代に 2, 3 年要する．夏に成虫が出現し交尾産卵する．1 回に数十粒の卵を地中約 10 cm の深さに産みつける．ふ化幼虫は主に腐食質を食べて成長し，2 齢になると木本植物の根を食べる．地下 30 cm の深さで越冬し，春になると地表近くで摂食を開始する．5 月頃地中で蛹室をつくり蛹になり，地中で羽化する．成虫は雑食性で広葉樹や果樹の葉を食害する．苗木を植栽する前にダイアジノンや MPP の微粒剤や粒剤を土中に混和する．夏以降の新世代幼虫には MPP 乳剤の土中灌注も有効である．

ドウガネブイブイ (*Anomala cuprea*, コウチュウ目コガネムシ科)： 苗畑の害虫として被害増加の傾向にある．成虫は果樹の葉を食べる害虫である．前述のヒメコガネよりも大型で被害も激しい．成虫の体長は 19 〜 24 mm で，体色は銅緑色である．卵の長径は約 3 mm．ふ化幼虫の体長は約 7 mm，老熟幼虫は 35 〜 50 mm である．関東以南では 1 年 1 世代，寒冷地では 1 世代に 2, 3 年を要する．夏に成虫が出現し，交尾産卵する．土中約 15 cm の深さに 1 回に数十卵を産みつける．主に 3 齢幼虫で土中 30 cm の深さで越冬する．苗木を植栽する前にダイアジノンや MPP の微粒剤や粒剤を土中に混和する．夏以降の新世代幼虫には MPP 乳剤の土中灌注も有効である．

コウモリガ (*Endoclyta excrescens*, チョウ目コウモリガ科): 幼虫が樹幹の地際付近に穿孔し, 針葉樹の場合に枯死することが多い. 成虫は褐色または暗褐色の大型のガで, 個体による変異も大きく, 開張 45 ～ 110 mm にもなる. 前翅は淡褐色から暗褐色のモザイク模様を呈している. 幼虫は乳白色で大型幼虫は体長 80 mm にも達する. 成虫は 8 月中旬から 10 月上旬にかけて羽化し, 雌は飛翔しながら産卵する. 産卵数は約 1 万個にも達する. 卵越冬し, 翌春ふ化する. ふ化幼虫は 3 齢まで地表で生活し, 植物の葉や茎を摂食する. その後幼虫は草本や針葉樹, 広葉樹のさまざまな樹種に登って穿孔する. 4 ～ 5 m の高さまで登る場合がある. 幼虫は成長するにつれて下部に穿孔する. 環状に剥皮して穿孔した場合, 宿主が枯れる場合がある. 幼虫は多量の糞と木屑を排出し, 糞塊として綴るので, 本種の加害が判断できる. 殺虫剤を穿入孔に注入したり, 針金で直接幼虫を殺すという方法がとられる. (柴田叡弌)

文　　献

1) 山口博昭: 森林害虫の総合防除, 総合防除 (深谷昌次・桐谷圭治編), pp.359 - 402, 講談社, 1973
2) Liebhold, A. *et al.* : Cyclicity and synchrony of historical outbreaks of the beech caterpillar, *Quadricalcarifera punctatella* (Motschulsky) in Japan. *Res. Popul. Ecol.* **38**, 87 - 94, 1996
3) Kamata, N. : Population dynamics of the beech caterpillar, *Syntypistis punctatella*, and biotic and abiotic factors. *Res. Popul. Ecol.* **42**, 267 - 278, 2000
4) Ito, K. and Kobayashi, K. : An outbreak of the cryptomeria bark borer, *Semanotus japonicus* Lacordaire (Coleoptera : Cerambycidae) in a young Japanese cedar (*Cryptomeria japonica* D. Don) plantation. I. Annual fluctuations in adult population size and impact on host trees. *Appl. Entomol. Zool.* **26**, 63 - 70, 1991
5) Shibata, E. : Reproductive strategy of the sugi bark borer, *Semanotus japonicus* (Coleoptera: Cerambycidae) on Japanese cedar, *Cryptomeria japonica*. *Res. Popul. Ecol.* **37**, 229 - 237, 1995
6) Ito, K. : Spatial extent of traumatic resin duct induction in Japanese cedar, *Cryptomeria japonica* D. Don, following feeding damage by the cryptomeria bark borer, *Semanotus japonicus* Lacordaire (Coleoptera : Cerambycidae). *Appl. Entomol. Zool.* **33**, 561 - 566, 1998
7) Shibata, E. : Bark borer *Semanotus japonicus* (Col. Cerambycidae) utilization of Japanese cedar *Cryptomeria japonica* : a delicate balance between a primary and secondary insect. *J. Appl. Entomol.* **124**, 279 - 285, 2000

4.1.9 鳥　獣　害
a. 野生動物による林業被害の形態と性格

　わが国には約550種の鳥類と約110種の哺乳類が生息している．その多くは森林生態系の物質循環に依拠して生活する森林性野生動物である[1,2]．種数の多さにもかかわらず，林業に直接的な被害を及ぼす種はわずかで，鳥類では数種，哺乳類では10種程度に限られる．

　林業被害は，加害種の採餌活動や繁殖様式に対応してじつに多様な形態をとる．哺乳類では，造林木（または林業用樹種）の枝葉採食，樹皮剥ぎ，材の傷つけ，踏みつけ，きのこなど林産物の採食，樒木の傷つけなどが，鳥類では，芽花の採食，採食や巣穴のための穴開け，コロニー形成（サギやカワウ）による樹冠枯れなどが知られている[3,4]．被害の規模や期間は，加害種の行動圏面積，採餌量，生息密度，個体群動態などを反映して，単木や局地にとどまるものから林分や地域に及ぶものまで，一過性から長期にわたる慢性的なものまで，さまざまな空間と時間のスケールをもつ．被害の程度もまた加害種の生態的特徴や生息状況のちがいからさまざまなレベルとなる．通常，被害本数や被害面積を基準に「激害」，「中害」，「微害」などと分類されるが，評価法には特定のルールがあるわけではない．厳密には単木ごとに被害程度を観測し，その程度に応じて本数を求める必要があるが，毎木調査は困難なので，適当なサンプリング調査が行われる．被害額の算定は，一般に，若齢造林地では「原価法」（補植にかかる造林費）が，壮齢造林地では「予測収益との差額」などが提案されている．しかし，後者の場合，樹種や林齢によって材価が大幅に異なること，さらには林分によって成長量が異なり，基準成長量や基準収量が求めにくいことなどの問題点が指摘されている．

　野生動物の採餌活動は林業用樹種に止まらない．このため「被害」は樹木一般や副次的な林産物（山菜など）にも及ぶことなる．しかしながら，生物学的な種間関係の結果として生じる植物への負の影響や，自然に依拠した粗放的な採集や収穫に対し，被害概念はいたずらに拡張されるべきではない．最近，特にシカなどの大型哺乳類が自然林を剥皮，枯死させたり，高山植物などの特定群落を消失させている．これらは社会・経済的な枠組みの林業被害とは異質なものであるが，森林生態系や生物多様性の保全・管理，森林の健全性といった視点からは見過ごすことができない．

　従来，森林保護の分野では，「害獣」や「益鳥」などと呼ばれるように，野生

動物は主にその害益性によって評価されてきた．この二分法はあまりにも単純であり，害性は敏感に認知されるのに対し，益性は軽視されがちとの偏りもある．近年，アカゲラやシジュウカラなどの森林性鳥類による昆虫類の捕食量が定量的に評価されるようになってきたが[5,6]，いずれも予想を超えた量である．一方で，リスやアカネズミなどの小哺乳類やカケスなどの鳥類が種子を貯食し，そのなかの少なくない種子が発芽すること，さらには消化管通過によって発芽率が向上することなど，動植物間には緊密な相互作用があり，野生動物が森林の更新や生態系の維持に欠かせない役割を担っていることが明らかになってきた[7]．野生動物は，林業上の利害を越え，森林生態系の構成要素として等しく評価されるべきだろう．

b. 林業被害の発生と森林施業との関係

　林業被害は森林の生育状態と加害種の生息状況とが相互に関連しあって発生する．林業は有用樹種の育成（多くの場合，単一樹種による一斉林）を目的とし，この目標に沿ってさまざまなかたちの森林施業が展開される．それは人為による環境の創出であり，改変である．この結果，各成長段階では独自の環境条件が形成され，野生動物の環境選好性や生息密度，個体群動態に影響を与え，その相互作用のもとで被害が発生する．

　森林施業が野生動物に最も影響を与えるのが伐採である．それは草原環境へのドラスチックな改変であり，森林性動物にとっては生息地の喪失となる．多くの動物は，伐採時の人為的攪乱も加わり，伐採地から近隣の森林へと移動する．移動先では種数や密度が一時的に増加することがある．大規模な伐採地では草原性のハタネズミ類や開けた疎林を好む野ウサギ類などが増加し，植林木への被害を引き起こすことが多い．シカやカモシカなどの大型草食獣にとっても伐採は餌となる草本や低木類を飛躍的に増加させるので，格好の餌場になる．ただし，両種は森林と離れて生活することができないために，大規模な伐採地より小面積のそれがモザイクに配置されるような場所を選好する．餌量の増加は一時的に生息密度を高め，植栽木に深刻な被害をもたらす．

　林齢が進み，林冠が閉鎖すると，相対照度が極端に落ち込むため林床植生は消失する．これに伴い多くの野生動物は別の場所へと移動する．単純一斉林はほとんどすべての森林性動物にとって生息適地ではない．それでも除伐や間伐の行き届いた林分には，林床植生が侵入し，引き続き餌場として機能する．このため，シカなどの食害が発生する．一方，伐採後放棄された林分や攪乱された林はイノ

シシなどの好適生息地となる．林業に直接被害をもたらすことはないが，隣接の農耕地には甚大な被害を発生させる．壮齢造林地にはツキノワグマやシカが入り込むと，局地的に樹皮の剥皮害が発生することがある．

　森林施業と野生動物の林業被害との関係は歴史的にもたどることができる．図4.27は1965年以降の野生哺乳類による被害面積の推移である．1970年代に入るまで，野生鳥獣の林業被害といえば，野ネズミ類と野ウサギ類に代表されていた．それは主に北海道でのエゾヤチネズミによるカラマツ林の被害と，本州でのノウサギによるスギ・ヒノキ林の被害であった．前者は草原や伐採地を，後者は開けた灌木林を選好し，草や若齢木の枝葉，芽，根茎などを採食する．1950年代後半から1970年代前半までの時期は「拡大造林」政策によって各地に大面積の伐採地や若齢造林地が飛躍的に増加した．それは2種にとって好適生息地であったため，造林地面積の上昇と並行して被害は高い水準を推移した．

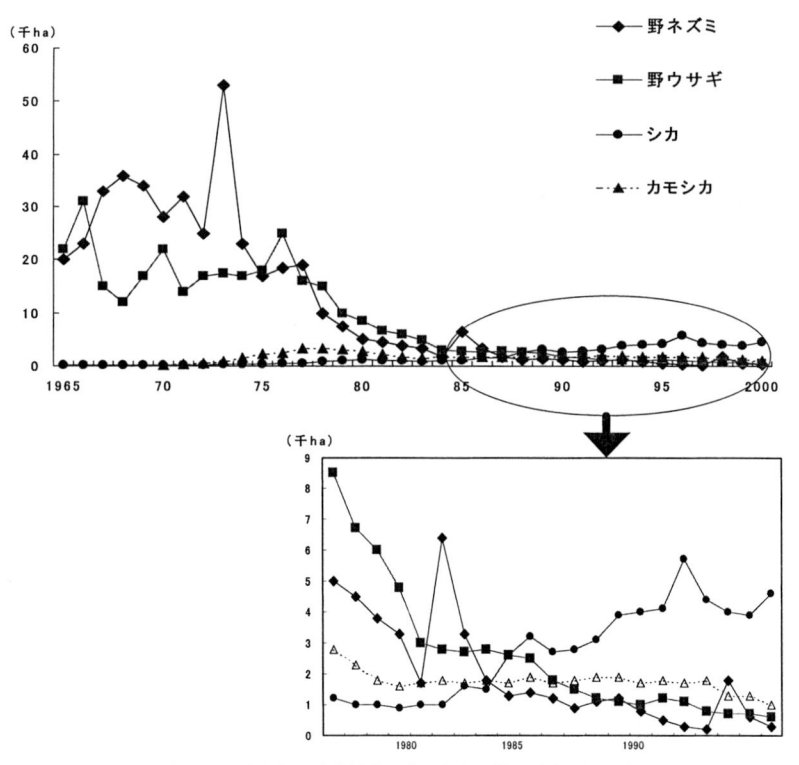

図 4.27　哺乳類の森林被害面積の推移（林野庁統計より）

その後，造林地面積の減少と造林木の成長に伴ってエゾヤチネズミとノウサギによる被害は急速に減少したが，1970年代後半になると，カモシカとシカの被害が徐々に増加した．この背景には，これら2種ともに一定の保護政策が功を奏し（とくにカモシカは特別天然記念物），分布域と個体数が回復したこと，被害を受けやすい分散的な小面積伐採が主流になってきたことなどが指摘できよう．シカはその後第1位の林業加害種であり続けている．林業被害の動向は林業施業や森林の管理形態と密接に結びついている．

　従来，わが国の林業は，伐採，地拵え，植林，保育，間伐を系統的・集約的に進め，木材生産を高度に発揮することに向けられてきた．1 ha当たり数千本の苗木を植栽し，下刈りを行い，そのすべてが成長し，最多密度曲線に従って間伐を行うよう体系化されてきた．それはあまりにも緻密で，動物害に弱い体質をもっている．苗木の完璧な成長を前提とした丹念な除草や下刈りは，動物から餌を取り去り，苗木を無防備にする．徹底した枝打ちや間伐は林内に動物を引き入れやすく，樹皮を露出する効果をもつ．そして，こうした施業の硬直性が，いっさいの被害を許さず，わずかな被害にも過剰に反応する土壌をつくりあげてきた．もちろん地域や自然条件によってはこのような林業のあり方は推し進められるべきだが，野生動物の分布の核となる地域では，長期性を踏まえ，より柔軟で粗放的な森林施業が，単純一斉林の見直しとともに，体系化されてよい．それは生物多様性という森林保護の原則からも望まれる．

c. 主要加害種の生態と被害，およびその対策

1）ニホンジカ　ニホンジカは，北海道，本州，四国，九州の他いくつかの島に生息している．近年，分布域と個体数が全国的に増加している．里山，低山帯から山地帯の明るい開けた森林を生息地とする．アセビなどの特定種を除く，イネ科草本，木本などほとんどすべての植物を食べる．繁殖能力は高く，条件のよい場所では2歳以上の雌は毎年1頭の子供を出産する．群れ生活を営み，高い生息密度となり，採餌活動を繰り返すため，被害は甚大となりやすい[8]．また，雄は繁殖期（秋）になると，盛んにマーキング行動を行い，角を樹木にこすりつけ（樹皮剥ぎ害），植栽木をなぎ倒す（踏み荒らし害）．

　シカの被害は，一過性でなく，若齢植林地から壮齢造林地に至る林業のすべての段階で発生する．また，シカの主要な生息地（低山帯）は林業の場とよく重なることから，林業上最もやっかいな動物といえよう．食害はヒノキ，スギ，マツ，カラマツ，トドマツなどほとんどの造林樹種に及ぶ．被害の発生時期は，地

域や食害部位によって異なる．枝葉の食害は主に冬から春，初夏にかけて，樹皮は春から夏にかけて集中することが多い．

　防除の方法としては物理的に林地を遮断する防護柵が適切である．針金柵，金網柵，合成ネット柵，漁網柵，電気柵などが工夫されている．持続的な高い効果があるが，経費がかかる．この他に，ポリエチレンプロテクター，ツリーシェルター，忌避剤などがある．前2者は樹木を単木的に保護する．忌避剤は草食性哺乳類の発酵消化管内の微生物を殺す殺菌剤を有効成分としている．持続期間が限られるため散布や塗布を繰り返す必要がある．環境ホルモンの可能性のある薬剤や魚毒性を有する薬剤は投与すべきでない．

　個体数や分布域が増加し，集団サイズが大きい個体群に対しては個体数調整や個体群管理が実施されている．現状の個体数を把握し，一定の集団サイズを目標に，計画的に捕獲することがもとめられている．しかし，個体数の推定，捕獲の内容と計画的実施，被害量の推移や個体群の動態に関するモニタリング，目標とする適正な個体数や密度，フィードバックの体制，生息地の管理などには多くの課題が残されている．

　2）ニホンカモシカ　カモシカは日本固有種で特別天然記念物に指定されている．本州，四国，九州に分布するが，本州以外の分布域は狭い．低山帯上部から亜高山帯にかけて生息するが，東北では低地にも分布域を拡大している．木本の葉や草本を主食とする．雄，雌ともに基本的に単独で生活し，同性に対してなわばりをもち，他個体を排除する．このため，生息密度は極端に増加しない．秋に交尾し，春に1頭の子供を出産する．雌は3歳以降，およそ3年に2回の割合で繁殖する．

　ヒノキ，スギ，マツなどの葉を食害する．被害は通年発生するが，特に冬から春先にかけて多い．稀に造林木の角こすり害も発生する．樹皮剥ぎはほとんどない．嗜好性の高いヒノキでは採食が繰り返され，被害は大きいが，代替の主軸形成が速いスギでは被害は一過性にとどまる．

　各種の防護柵が有効である．また，口の届く高さが約1.5 mであるところから，主軸がそれ以上の高さ（II齢級）になるまで保護するポリネットなどが有効である．個体の捕獲も実施されているが，土地への定着性が高いため，特定の加害個体を除去することが大切である．これには，被害が集中的に発生している場所に限定した捕獲地域の設定が望まれる．いずれにしても植林木が一定の高さに達すれば，防除や捕獲は不要となる[9]．

3) **ツキノワグマ** ツキノワグマはわが国最大の哺乳類で，本州の関西以北の低山帯上部から亜高山帯にかけて生息する．四国，中国地方では個体群が分断され，絶滅の危機にある．林業被害はいわゆる「クマ剥ぎ」で，局所的には甚大である．関西から東北地方にかけて発生する．対象となるのは，スギ，ヒノキ，カラマツの人工林，サワラ，ヒバ，モミ，シラベ，トウヒなど天然木で，いずれも胸腔直径は 20 cm を超える大径木である．樹皮が大きく引き剥がされ，全周に達したものは枯死する．マーキング行動，雌の誘引，食物の欠乏による代替餌などの説があるが，剥皮時期が初夏に集中すること，形成層を丹念にかじりとっていることなどから判断すると，通常の採餌行動の一つと考えられる．

有効な防除手段はないが，単木を荒縄やアルミテープなどでまく方法が試されている．狩猟や有害獣捕獲は，加害個体を除去できれば有効であるが，徹底した捕獲は個体群維持の視点からも問題が多い．

4) **野ネズミ類** 林業被害を引き起こすネズミ類は主にハタネズミ類（エゾヤチネズミ，ハタネズミ，スミスネズミ）である．エゾヤチネズミは北海道のカラマツ造林地の主要加害種で，各成長段階のカラマツの樹皮や根を食害し，枯死させる．スギ，トドマツ，ヤチダモなども食害を受ける．積雪の下にトンネルを掘り，採餌活動を行う．3～4年周期で個体群は大発生し，大きな被害をもたらす．

本州以南のハタネズミとスミスネズミは伐採地や若齢造林地に生息し，ヒノキ，スギ，アカマツ，カラマツなどの樹皮や根をかじり取る．モミ，ミズナラ，ブナなども食害を受ける．両種ともにササなどが一斉開花すると，個体数が著しく増加し，被害が甚大になることがある．

ネズミ類被害に対しては各種トラップによる捕獲と，殺そ剤による駆除が有効である．北海道ではパイロットフォレストでの個体群動態のモニタリング（発生予察）にもとづき，殺そ剤のヘリコプター散布が実施されてきた．

5) **野ウサギ類** 本州以南のノウサギと，北海道のユキウサギが林業被害を引き起こす．両種ともに伐採地や草原，灌木林に生息する．若齢のスギ，ヒノキ，アカマツ，クロマツ，カラマツ，トドマツ，エゾマツなどの枝葉，樹皮を食害する．被害は草本類がなくなる冬季（とくに積雪期）に集中し，鋭い切歯で主軸を切断するため，激害となることがある．高い繁殖能力があるにもかかわらず，生息適地の減少で被害地域と被害量は全国的に減少しつつある．防除は捕獲（銃猟とくくりワナ）が一般的である．この他にも忌避剤，ポリネット，わら巻

きなどが有効である．

6) その他の加害種　ニホンザルはアカマツ，カラマツ，スギの樹皮をかじることが知られている．クヌギ，コナラ，ミズナラなどの広葉樹を引き抜いて葉や根を食害することもある．特に問題となるのはシイタケ栽培で，シイタケがぬかれ，榾木(はたぎ)が倒される．榾場(はたば)を電気柵で囲うのが有効である．

　イノシシは造林木を直接食害することはないが，若齢造林地や苗畑では掘り返したり，樹皮に体をこすりつけ，被害を発生させることがある．クリ林では枝を折り，実を食害する．電気柵やトタンなどの頑丈な柵，捕獲などが有効である．

　ムササビはスギ，ヒノキ，カラマツ，アカマツなどの壮齢木に対し，梢の先端部の枝葉と樹皮を食害する．シイタケを食害することもある．タイワンリスはペットとして持ち込まれ，都市の公園などに定着している．林業用樹種に被害はほとんどないが，サクラやツバキの花芽を食害したり，電話線をかじる．ワナによる捕獲が可能だが，餌付けや給餌などの行為も規制される必要がある．

　ハクビシンは果実類を好み，ミカン，ビワなどを食害する．分布域は拡大しつつある．銃猟とワナによる捕獲が有効である．　　　　　　　　　　　（三浦慎悟）

文　献

1) 樋口広芳：鳥類I，日本動物大百科（樋口広芳他編），pp.6-9，平凡社，1996
2) 三浦慎悟：わが国の哺乳類の多様性とその保全．森林科学 **16**，52-56，1996
3) 森林総合研究所鳥獣管理研究室：哺乳類による森林被害ウォッチング，林業科学技術振興所，31p，1992
4) 由井正敏他：獣害とその防除，林業技術ハンドブック，pp.1030-1046，全国林業改良普及協会，1998
5) Seki, S. and Takano, T. : Caterpillar abundance in the territory affects the breeding performance of great tit Parus major minor. *Oecologia* **11**, 514-521, 1998
6) 由井正敏他：キツツキ類によるマツノマダラカミキリの捕食実態と保護対策．森林防疫 **42**，2-6，1998
7) 中西弘樹：種はひろがる―種子散布の生態学―，256p，平凡社，1994
8) 三浦慎悟・堀野眞一：シカの農林業被害と個体群管理．植物防疫特別増刊号 **3**，171-181，1996
9) 三浦慎悟：野生動物の生態と農林業被害―共存の論理を求めて―，全国林業改良普及会，174p，1999

4.2 農　　薬

　農薬は，農林水産大臣の定める「農薬安全使用基準」において，農薬登録における適用病害虫および適用作物以外を対象として，当該農薬を使用してはならないこととされている．しかしながら，「農薬を使用する者が遵守すべき基準」が農林水産省と環境省の共管の省令によって定められており，この基準に違反した場合は罰則が適用される．適用作物が食用作物である農薬は，適用作物以外の食用作物には使用できないことや容器ラベルに記されている使用量などの多くの事項が規定される一方，適用作物が食用作物以外（樹木など）に限られている農薬は，食用作物に使用しないことなどが規定されている．

　毒物学の基本的な概念からすれば「すべての物質は有毒である．毒でないものは何もない．適切な用量が毒と薬を区別する」であるが，農薬は，「毒性のレベル」と「人や環境生物が曝露される濃度」によって安全か危険かが決まる．しかし，農薬を安全に使用するにあたっては世界的な問題となったレーチェル・カーソン（R. L. Carson）著『沈黙の春』[14] で指摘された合成殺虫剤による危険性をめぐっての重大な警告を忘れてはならない．また最近，問題の合成化学物質が性発達障害や行動・生殖異常といかに密接なかかわりをもっているかを裏づけたシーア・コルボーン（T. Colborn）著『奪われし未来』[3] が，いわゆる「環境ホルモン」の問題を21世紀社会に投げかけたことは周知の通りであろう．

　農薬が私たちに与える不安は解消されねばならない問題である．これまでに毒性に関しては，急性毒性の低減化，慢性毒性・発ガン性等試験の充実，残留性に関しては，易分解性農薬の開発，環境生物に関しては，生態系に対する影響評価法，環境ホルモン作用に関する各種毒性試験などが実施されてきた．農薬の安全性は，①人・環境生物に対する毒性の種類・程度を明らかにすることで毒性を確認する，②どの程度の量で，その毒性が現れるかを明らかにする用量反応性を評価する，③生物がどの程度の量を曝露するのかという曝露レベルを解析し予測する，というこれら三つの事項を総合して危険性（リスク）を判定することで，解消されるのだろうか．

　ここでは，現段階で登録されている農薬の定義，命名法，分類について述べるとともに，主として林業用に使用されている薬剤についてその種類と特性などについて概説する．

4.2.1 農　　薬
a. 農薬の定義

　農薬の定義は法律によるものを第一義とすべきであり，その最も重要な法律が農薬取締法（Agricultural Chemicals Regulation Law）である．その第1条に農薬の目的と定義が規定されており，同法第1条の2に農薬の定義を次のように規定している．『この法律において「農薬」とは，農作物（樹木および農林産物を含む．以下「農作物等」という．）を害する菌，線虫，だに，昆虫，ねずみ，その他の動植物又はウイルス（以下「病害虫」と総称する．）の防除に用いられる殺菌剤，殺虫剤，その他の薬剤（その薬剤を原料又は材料として使用した資材で当該防除に用いられるもののうち政令で定めるものを含む．）及び農作物の生理機能の増進又は抑制に用いられる成長促進剤，発芽抑制剤，その他の薬剤をいう．』

　定義の中にある「その他の動植物」には雑草が含まれていて，「その他の薬剤」には除草剤が含まれる．わが国では全農薬の1/3を占め，世界的にも多い除草剤が「その他の薬剤」として表現されているのは，「法律は改正しなくてもそのように解釈ができるときには改正しない」という原則からである．また，「農作物等」の定義にはゴルフ場の樹木や緑地の芝生さらにはきのこ類やたけのこなどが含まれ，これらを害する病害虫の防除に使用される薬剤，そしてフェロモンなどの誘引剤，忌避剤，天敵などの有用微生物などの生物農薬も農薬取締法の範疇に入る．

　「前項の防除のために利用される天敵は，この法律の適用については，これを農薬とみなす」（第1条の2の第2項）と記載されているので害虫を食べる昆虫や有用微生物などが農薬とされる．また，「製造業者または輸入業者は，その製造し若しくは加工し，又は輸入した農薬について，農林水産大臣の登録を受けなければ，これを販売してはならない」（第2条）とあり，生き物を含めた天然物製品，農薬の代替資材としての有機物，天然物，漢方薬，発酵物などは，病害虫防除や生育調節をうたって販売する場合には農薬としての登録が必要である．なお，農薬と同じ有効成分を含むものであっても，ハエ，ダニ，カ，ゴキブリ，シロアリなどの防除として一般家庭や畜舎などで使用される薬剤は農薬とみなされないため，農薬取締法の対象とはならず，薬事法などの対象となる．また，ポストハーベストに農薬が使用される場合には，くん蒸剤以外はこれを農薬とみなさず食品添加物の扱いを受け，食品衛生法の規制の対象となる．

　これらの農薬のなかで，森林・林業，緑化木などの樹木を加害する病害虫や野

生鳥獣類による被害対策および林業の苗畑や林地の除草のために使用する薬剤を，林業用薬剤という．

b. 農薬の命名法

わが国で登録されている農薬は成分だけでも400種類ある．そして一つの農薬に最低5種類の名称，すなわち登録上の種類名・化学名・試験名・一般名・商品名がある．たとえば松くい虫防除剤のMEP乳剤は登録上の種類名で，農林水産省に登録する際に与えられる名称であり，この名前は国内だけしか通用しない．化学名は，その有効成分の化学構造にもとづき o,o-ジメチル-o-（3-メチル-4-ニトロフェニール）チオホスフェートである．試験名は，新規化合物をデザインしこれを化学合成した化学名の簡略化した名前である．その場合，会社名あるいは農薬の種類を組み合わせたローマ字の大文字の後にシリーズ番号がつけられるのが普通で，MEP乳剤では，住友化学の頭文字Sにシリーズ番号5660がついてS-5660となる．MEP乳剤の一般名はフェニトロチオンで主に学術論文などに使用される世界共通の名称である．商品名は商品が売り出されたときの名前であり，農薬の特性，有効成分含有量，剤型，他社製品との区別，さらには企業が商品化するまでにいかに苦労し工夫したかなどをアッピールした表現型で命名される．商品名は外国では別名となることが多い．たとえばフェニトロチオンは国内ではスミチオンであるが，海外ではCyfen, Folithion, Accothion, Cytelなどと呼ばれている．この他に殺虫力と殺菌力を併せもった薬剤や散布労力を節約するために殺虫剤と殺菌剤とを混合したこれらの混合剤については，二つの命名法があり，一つは成分農薬の商品名をそれぞれ継ぎ足す方法ともう一つは新たに新規商品名として命名する方法がある．

c. 農薬の分類

農薬はその使用目的によって，殺虫剤（殺ダニ剤，殺線虫剤を含む），殺菌剤，除草剤，殺虫殺菌剤，殺そ剤，植物成長調整剤，忌避剤，誘引剤，展着剤に分類される（表4.4）．また，用途以外にも粉剤，粒剤，水和剤，乳剤，マイクロカプセル剤（CS剤）などの剤型や，組成によって化学農薬と生物農薬に大別される．また，マウスやラットを用いて急性経口毒性試験を実施し，体重1kg当たりの薬量（LD50値，50％致死量）が300 mg/kgを超えるものを普通物，30～300 mg/kgのものを劇物，30 mg/kg以下のものを毒物というように毒性によっても分類することができる．以下に使用目的によって分類した各剤の概要を述べる．

1) 殺虫剤（insecticide） 殺虫剤には線虫類を防除する殺線虫剤（nemati-

表 4.4 農薬の種類 [21)]

種 類	役 割
殺 虫 剤	農作物の有害昆虫（害虫）の防除
殺 ダ ニ 剤	農作物に寄生して，加害するダニ類の防除
殺 線 虫 剤	農作物の根の表面または組織内に寄生増殖し，加害する線虫類の防除
殺 菌 剤	農作物を植物病原菌（糸状菌および細菌）の有害作用から守る
除 草 剤	農作物や樹木に有害な作用をする雑草類の防除
殺虫殺菌剤	殺虫成分と殺菌成分を混合して，害虫，病菌を同時に防除
殺 そ 剤	農作物を食害するネズミ類の駆除
植物成長調整剤	農作物の品質などを向上させるため，植物の生理機能を増進または抑制
忌 避 剤	動物が特定の臭い，味を忌避する性質を利用し，農作物の鳥獣害を防ぐ
誘 引 剤	動物・昆虫が特定の臭気などの刺激で誘引される性質を利用し，有害動物などを一定の場所に誘い集める
展 着 剤	農薬を水でうすめて散布するときに，薬剤が害虫の体や作物の表面によく付着するように添加

cide）やダニ類を殺す殺ダニ剤（acaricide）を含むが，食毒剤，接触剤，くん蒸剤の大きく三つに分けられる．食毒剤は殺虫剤を散布した農作物などを有害昆虫が食害することで体内に薬剤が入って殺虫する．接触剤は有害昆虫の表皮から薬剤が体内に侵入して殺虫する．くん蒸剤は有害昆虫の気門などの呼吸器官から薬剤が体内に侵入移行して殺虫する．この他に薬剤を農作物などの根や茎葉，枝条や樹幹から吸収させ，農作物などの体内に浸透移行した薬剤を摂食したことで食毒によって殺虫する浸透性殺虫剤がある．一方，殺虫剤のなかには害虫を殺さずに，活動を抑制することで農作物などへの食害を減らす薬剤もある．殺虫剤は，劇物や毒物に指定されているものもあるが，大半は神経系統を阻害あるいは異常亢進させて害虫を殺すものであるから，取り扱いには十分注意を必要とする．最近の殺虫剤は，害虫に特異的に効く薬剤が主流になってきているが，人にもある程度作用することを忘れてはならない．

　殺虫剤の主な作用機構は，①神経系の阻害，②脱皮阻害，③呼吸系の阻害である．神経系の阻害による殺虫作用をもつ薬剤には有機リン殺虫剤，カーバメイト

系化合物の他，有機塩素系殺虫剤，ピレスロイド系殺虫剤などがあり，これらの薬剤はシナプスの神経伝達物質であるアセチルコリンを分解するアセチルコリンエステラーゼを強力に阻害することでアセチルコリンの異常蓄積が生じて害虫を死に至らせる．林業用薬剤として使用される殺虫剤の大半は有機リン殺虫剤およびカーバメイト系化合物である．またピレスロイド系殺虫剤のシラフルオフェン剤（商品名：MR, ジョーカー）も神経膜のナトリウムイオンチャンネルに作用して神経系の興奮伝導が抑制され，痙攣・麻痺させて殺虫する．本剤の20%乳剤（商品名：シラフルパインEW）はマツノマダラカミキリ成虫の後食防止剤である．マツ材線虫病病原のマツノザイセンチュウに殺線虫効果をもつ樹幹注入剤のメスルフェンホス剤（商品名：ネマノーン）は強力なアセチルコリンエステラーゼ阻害剤である．

　一部の運動神経伝達物質には，アセチルコリン以外にグルタミン酸やγ-アミノ酪酸（GABA）も知られており，マクロライド系化合物である樹幹注入剤の有効成分ミルベメクチン（本剤の2%乳剤は商品名：マツガード），ネマデクチン（本剤の3.6%液剤は商品名：メガトップ），エマメクチン（本剤の0.4〜4.0%安息香酸塩は商品名：ショットワン）はGABAレセプターの拮抗阻害を起こし，殺虫活性を現す．また，クロロニコチニル系殺虫剤のアセタミプリド剤（商品名：モスピラン）は神経興奮を遮断して麻痺・死亡させるものである．本剤の2%および20%液剤（商品名：マツグリーン）は，前者はマツノマダラカミキリのみならず，ツバキ，ツツジ，イヌマキなどの害虫に対する殺虫剤，後者はマツノマダラカミキリ成虫の後食防止剤として登録されている．同系殺虫剤のチアクリプリド剤の殺虫作用も同様な作用機構をもち，その40%水和剤（商品名：エコワン）は，松枯れ防止の地上散布剤として登録されている．なお，樹幹注入剤の酒石酸モランテル（商品名：グリーンガード）もアセチルコリンレセプターに作用して殺虫作用を現し，マツノザイセンチュウに対して増殖や樹体内移動を抑制する．

　脱皮阻害剤としてはマツケムシの食害防止の目的で使用されているジフルベンズロン水和剤（商品名：デミリン）がある．

　呼吸系の阻害剤には松くい虫伐倒くん蒸剤でナラ・カシ類萎凋病の病原菌 *Raffaelea quercivora* とその媒介昆虫のカシノナガキクイムシの殺虫・殺線虫・殺菌効果をもつメタムアンモニウム塩剤（商品名：NCS）や，松くい虫伐倒くん蒸剤のメタムナトリウム塩剤（商品名：キルパー），スギのネグサレセンチュウ防

除のための土壌くん蒸剤 D-D がある.

また，残効性の向上，人畜への毒性の軽減，魚毒性の低下やドリフトの軽減などを特徴としたマイクロカプセル化農薬が 1950 年代に開発され，現在までに約 40 種上市されているが，林業用として登録されているのはコガネムシ幼虫防除剤のダイアジノン SL ゾルとマツノマダラカミキリ成虫防除剤のスミパイン MC のみである.

2) 殺菌剤（fungicide）　殺菌剤は菌類を対象とするものと，細菌を対象にするものの二つに大別される．農作物などの体内への菌糸の侵入を防ぎ，発病を阻止するものを予防剤という．その施用にあたっては気象条件や該当農作物などの生育状態などから得た発生予察情報を活用することが重要である．また発病後に病気を治療するものを治療剤といい，施用の際には病徴を詳細に観察し，特定の病気（病原菌）に特異的に有効な殺菌剤を使用する．

殺菌力をもつ薬剤の作用機構は，主に重要な生体成分の生合成阻害である．生体成分の生合成阻害は，核酸，タンパク質，メラニン，キチン，脂質，エルゴステロールなどの生体成分の生合成を阻害するものである．

ストレプトマイシンは多くの植物病原細菌に効果を示すタンパク質生合成阻害剤である．また，ベンゾイミダゾール類（ベノミルなど）やチオファネート類（トップジン M など）は細胞分裂阻害剤である．

ジチオカーバメイト類（マンネブ，ダイセンステンレスなど），チウラム（チウラミンなど），クロルピクリン，無機銅および有機銅類（ボルドー液，石灰硫黄合剤など）は，SH 基をもつ酵素と反応してその活性を阻害するため，結果として呼吸基質である NADH や $FADH_2$ の生成阻害を起こす呼吸系阻害剤である．ボルドー液や石灰硫黄合剤は，胞子の発芽も阻害することから，病原菌の感染に関与する機構を特異的に阻害する薬剤である．

近年，病原菌に対する抵抗性を植物に与えて病害の発生を防ぐ薬剤が注目されてきている．これらの薬剤は「植物アクチベーター（plant activator）」と呼ばれるもので現在実用化されているものにイネいもち病菌に有効なプロベナゾールやアシベンゾラル S-メチル（BTH）がある．このような薬剤は他の病害にも有効であり，宿主植物に全身獲得抵抗性（SAR ; systemic acquired resistance）を与え，外界からの病原菌の侵入に対応しうる（このような作用をもつ素材をフライングエフェクターという）ことが大きな特徴である．

3) 除草剤（herbicide）　除草剤はその施用時期によって土壌処理剤と茎葉

処理剤に分けられる．土壌処理剤は出芽しようとする雑草の種子が土壌に吸着した薬剤に接触し，これを吸収して枯死させるものである．また，茎葉処理剤は大きくなった雑草に散布して枯殺するものであるが，なかには土壌に施用すると土壌微生物によって分解されて効かないものもある．除草剤には目的の農作物などに安心して使用できる選択性除草剤と生えてくるすべての雑草を枯殺させる非選択性除草剤とがある．除草剤の作用機構の特徴は，光合成の阻害（光合成の電子伝達系の阻害と光合成に必要な色素の生合成阻害），植物ホルモン作用の攪乱，活性酸素生成（スーパーオキサイド生成など）などである．

4） 殺虫殺菌剤　　普通は殺虫剤と殺菌剤の混合剤でそれぞれの散布の手間を省くために混合された農薬であるが，殺虫，殺菌の両方の作用を有す臭化メチルやクロルピクリンのような化合物もある．本剤は，施用適期が合致するときに有効性を発揮するので，害虫と病原菌を同時に防除するには，散布時期を的確に把握する必要がある．

5） 殺そ剤（rodenticide）　　殺そ剤はネズミが連続摂食すると急性中毒かまたは血液凝固が阻止され，内臓出血によって死に至る．人畜に有害な薬剤（劇物，A類）が多いため使用前後の取り扱いなどに注意を要する．今後は少なくとも人畜に対する危険性がきわめて少なく，ネズミの味覚や嗅覚に察知されない特性をもつ薬剤の開発が望まれる．殺そ剤は，急性中毒殺そ剤と抗凝血性殺そ剤に分かれる．農薬として許可されている殺そ剤以外のもの，たとえば黄リン剤（ねこいらず）などが医薬部外品としても登録されている．

6） 植物成長調整剤（PGR；plant growth regulator）　　植物成長調整剤のなかには化学肥料と異なり微量で特異的な生理作用を発揮する植物ホルモン的またはこれと拮抗する薬剤が多く知られている．たとえば種無し化・開花促進や着果数の制御に関係するジベレリンやオーキシン，発根の促進や接ぎ木にはグリーンエイジやアルムグリーンなど，わい化剤（retardant）ではジベレリンやパクロプトラゾールなどがある．この他にエチレンを発生するエテホン（エスレル）のように開花・熟期・着色促進するものがある．ここでは主として樹木に使用されている植物成長調整剤についてのみ記す．

①インドール酪酸剤：　　商品名オキシベロンは，挿し木や挿し芽の発根促進作用をもち，ツツジ類などの緑化木やスギ，ヒノキの挿し穂では基部を 0.4％ 液剤に浸漬する．

②1-ナフチルアセトアミド剤：　　商品名ルートンなどは，ツツジ，カエデ，

カシワ，マツの植え付け時の根の成長を促進する．

③ジベレリン剤：　商品名ジベレリン（ジベラ）は，採種園のスギやヒノキの花芽分化期の6～8月に葉面散布するか，または7月上中旬に幹または枝基部に粗皮を剥いで塗布する．

④オーキシン硫酸塩剤：　商品名ユゴーザイAなどは，樹木の病患部を切り落とした切り口や枝打ち・剪定後の切り口の癒合促進に用いる．

7）忌避剤（repellent）　昆虫に対する忌避剤にはカ，ノミなどの衛生害虫を対象としたものは多いが，農業害虫や森林害虫を対象としたものはない．したがって，現在農薬と認可されている主な忌避剤は野生生物のカモシカ，ニホンジカ，ノウサギ，ノネズミに対するものであり，ジラム剤（商品名：コニファー），チウラム剤（商品名：キヒゲン，アンレス，レント），石油アスファルト剤（商品名：ブラマック），イミノクタジン酢酸塩剤（商品名：カジラン，ベフラン），イソプロチオラン剤（商品名：フジワン，ツリーセーブ）がある．これら以外にはシイタケなどを食害するナメクジを対象としたビスヒドロキシエチルドデシルアミン剤がある．

8）展着剤（adjuvant）　農薬を水でうすめて散布するときに，薬剤の有効成分が害虫の体や作物の表面によく着くように添加する界面活性剤を主成分とする補助剤を展着剤という．展着剤は，農薬がもつ潜在的な効力をできるだけ引き出すことにより，農薬の効能の向上に寄与する．

9）誘引剤（attractant）　誘引剤には産卵誘引剤，食物誘引剤，性誘引剤などがある．これらの薬剤は目的とする害虫を誘引して殺虫する以外に，害虫発生数の把握のためのモニタリングとして使用する場合もある．産卵誘引剤には，マツノマダラカミキリ成虫の産卵誘引剤（商品名マダラコール：主成分エタノールとα-ピネン，商品名ホドロン：主成分安息香酸23％とメチルオイゲノール9％）がある．前者は，産卵期のマツノマダラカミキリ成虫に対して強力な産卵誘引効果がある．一方，後者は油剤でマツノマダラカミキリやその他のカミキリ類の他，ニホンキバチ成虫に対して誘引効果が認められる．しかし，いずれも被害軽減効果を期待するよりむしろモニタリング手法としての有効性を評価すべきである．

昆虫のフェロモンには性フェロモン，集合フェロモン，警戒フェロモン，道しるベフェロモン，階級分化フェロモンなどがあるが性誘引剤として実用化されているのはほとんど農業用である．林業用として実用化されているのはきわめて少

表 4.5 販売が禁止されている農薬（2003年改正農薬取締法に関する都道府県等担当者会議）

農　薬	用　途	登録年	失効年	備　考
クロルデン	殺虫剤	昭和25年	昭和43年	
TEPP	殺虫剤	昭和25年	昭和44年	急性毒性が強く使用者の事故多発
DDT	殺虫剤	昭和23年	昭和46年	
ガンマBHC	殺虫剤	昭和24年	昭和46年	
メチルパラチオン	殺虫剤	昭和27年	昭和46年	急性毒性が強く使用者の事故多発
パラチオン	殺虫剤	昭和27年	昭和47年	急性毒性が強く使用者の事故多発
水銀剤	殺菌剤	昭和23年	昭和48年	人体への毒性
エンドリン	殺虫剤	昭和29年	昭和50年	
ディルドリン	殺虫剤	昭和29年	昭和50年	
アルドリン	殺虫剤	昭和29年	昭和50年	
ヘプタクロル	殺虫剤	昭和32年	昭和50年	
2,4,5-T	除草剤	昭和39年	昭和50年	催奇形性などの疑い
砒酸鉛	殺虫剤	昭和23年	昭和53年	作物残留性
プリクトラン	殺虫剤	昭和47年	昭和62年	食品規格でADI設定不可 （催奇形性の疑い）
ダイホルタン	殺菌剤	昭和39年	平成元年	食品規格でADI設定不可 （発ガン性の疑い）
PCP	除草剤・殺菌剤	昭和30年	平成2年	ダイオキシン含有
CNP	除草剤	昭和40年	平成8年	ダイオキシン含有
PCNB	殺菌剤	昭和33年	平成12年	ダイオキシン含有

なく，性フェロモンを利用してサクラの害虫コスカシバの交尾阻害を起こさせるチェリトルア剤（商品名：スカシバコン）がある．また，性誘引剤ではないがスギ・ヒノキ材質劣化を引き起こす訪花昆虫スギノアカネトラカミキリ成虫を誘引するメチルフェニルアセテート80％剤（商品名：アカネコール）がある．これら以外には，スギ・ヒノキの材質劣化害虫スギカミキリ成虫が樹皮の隙間に潜む生態的特性を利用した誘引捕殺剤（ポリブテン150 g/m^{2}を塗布した粘着紙，商品名：カミキリホイホイ）がある．

　以上，主として林業用薬剤の種類とその作用特性などについて述べたが，使用にあたっては安全使用基準を遵守することが大切である．参考までに現在，販売・使用が禁止されている農薬およびすでに失効している農薬を表4.5に示した．

（田畑勝洋）

文　献

1) 阿部　豊：ナラ類枯損立木へのNCS注入によるカシノナガキクイムシとナラ菌の防除. 林業と薬剤 **151**, 15-21, 2000
2) 阿部　豊：ニホンジカの食害防止・忌避剤「ツリーセーブ」. 林業と薬剤 **159**, 18-23, 2002
3) シーア・コルボーン他：奪われし未来増補改訂版（長尾　力・堀千恵子訳），466p, 翔泳社, 2002
4) 池田義治：松枯れ防止・樹幹注入剤「メガトップ液剤」. 林業と薬剤 **138**, 13-16, 1996
5) 川畑昭博：伐倒木用くん蒸処理剤「キルパー」. 林業と薬剤 **129**, 17-21, 1994
6) 小池志乃武・勝田純郎：マツノマダラカミキリの新後食予防剤「シラフルパインEW」. 林業と薬剤 **151**, 5-14, 1994
7) 全国森林病虫獣害防除協会（編）：松くい虫（マツ材線虫病）―沿革と最近の研究―, 274p, 全国森林病虫獣害防除協会, 1997
8) 農薬ハンドブック1998年版編集委員会（編）：農薬ハンドブック, 925p, 日本植物防疫協会, 1998
9) 米山伸吾（編）：農薬便覧, 農山漁村文化協会
10) 本山直樹（編）：農薬学事典, 571p, 朝倉書店, 2002
11) 林業薬剤協会：林木・苗畑の病虫獣害―見分け方と防除薬剤―, 118p, 病害虫等防除薬剤調査普及研究会, 2000
12) 林業薬剤協会：緑化木の病害虫―見分け方と防除薬剤―, 119p, 病害虫等防除薬剤調査普及研究会, 1997
13) 松中昭一：新農薬学, 167p, ソフトサイエンス社, 1998
14) レイチェル・カーソン（青樹築一訳）：沈黙の春, 新潮社, 1974
15) 富沢長次郎・上路雅子（編）：最新農薬データブック, 266p, ソフトサイエンス社, 1982
16) 鈴木　進：マイクロカプセル化農薬について. 林業と薬剤 **152**, 18-22, 2000
17) 高井一也：松枯れ防止・樹幹注入剤「ショットワン液剤」. 林業と薬剤 **143**, 17-21, 1998
18) 田中康詞：マツノマダラカミキリ成虫の新後食防止剤「マツグリーン液剤」について. 林業と薬剤 **152**, 12-17, 2002
19) 田中康詞：マツノマダラカミキリの後食防止剤マツグリーン液剤2. 林業と薬剤 **161**, 11-17, 2002
20) 田添春男・鈴木敏夫：松枯れ防止・地上散布剤「エコワンフロアブル」. 林業と薬剤 **159**, 13-17, 2002
21) 梅津憲治：農薬と人の健康―その安全性を考える―, 126p, 日本植物防疫協会, 1999
22) 梅津憲治・大川秀郎：農業と環境から農薬を考える―その視点と選択―, 141p, ソフトサイエンス社, 1994
23) 横井進二：松枯れ防止・樹幹注入剤「マツガード」. 林業と薬剤 **154**, 14-21, 2000

4.2.2 生物農薬
a. 生物農薬とは

日本では農薬取締法により，農作物を加害する生物の防除のための薬剤と成長促進剤等が農薬と呼ばれ，さらに天敵も農薬とみなすことが定められている．そこで，一時的な大量放飼によって有害生物を駆除するための天敵などの資材は，薬品ではないが生物農薬（biological pesticide, biopesticide）と呼ばれ，化学物質と同様に取り締まりの対象とされている．

生物農薬に用いられる天敵生物は，真の天敵，すなわち自然界で致死要因として働いている生物の他，実験室的に標的を殺す能力のある生物，拮抗生物や競争者なども利用される．また，生物工学的手法により作出された微生物も利用が研究されている．

天敵生物の利用法には，このように大量放飼して短期的防除を行い，残存を期待しない農薬的利用法の他に，少量の天敵を放飼して定着させ，長期にわたって防除する永続的利用法または古典的生物的防除法と呼ばれる方法，永続ではないがある程度の期間，天敵が増殖して働くことを期待する接種的導入法という方法がある．また，これらのように天敵を人為的に付け加える方法以外に，土着天敵が有効に働くように環境を改良したり，天敵を保護する方法があり，たとえば森林ではマツノマダラカミキリ防除のために，キツツキ類を誘致するねぐらなども市販されている．

b. 生物農薬の特徴

生物農薬は化学農薬と比べて一般的に，①特異性が高く，他の生物に対する悪影響が少ない，②人畜に対する安全性が高い，③自然物なので環境を汚染しない，④生産のためのエネルギー消費や廃棄物の問題が少ない，などの長所があるので，環境負荷が少ない防除法と考えられている．さらに，生物農薬を使用して生産された作物は高級品扱いされることが多い．他方，①標的生物が限られ，複数病害虫の同時防除がしにくい，②即効性を欠くものが多い，③環境条件の影響を受けやすく，効果の安定性に欠ける，などの短所がある．現状では，多くが化学農薬より高価である．

使用にあたっては，特異性が高いので標的生物に対する効果を事前に確認するとともに，生物を利用しているため，たとえば，保存方法と寿命に注意する，化学農薬と混用したり間隔をあけずに施用することをさける，温湿度などの環境条件に注意する，などの配慮を要する．さらに，不注意に導入した捕食者が増殖し

て標的以外の希少生物を絶滅の危機に追いやっている例もあるので，本来の生息地でない場所で生物農薬を使用する場合には，生態系への影響を十分配慮する必要がある．

c. 生物農薬の種類

生物農薬をその用途により分類すると，標的生物の種類により，殺虫剤，殺菌剤，殺線虫剤，除草剤など化学農薬と同様に分けられる．拮抗微生物を利用して植物の病害防除に用いられるものでも，殺菌作用ではないが便宜的に殺菌剤という呼び方が使われている．かつては野ネズミに対する殺そ剤としての天敵微生物も実験されたことがあったが，現在では哺乳類を殺す病原菌は生物農薬に使われていない．生物農薬として研究され実用化されているものは殺虫剤が最も多い．

病害虫の天敵あるいは拮抗生物そのものの種類は，小はウイルスから大は肉食獣までであるが，生物農薬として市販されている，あるいは農薬的利用が実験されている生物は，微生物，線虫，ダニ，昆虫で，それより大きい生物は農薬としては利用されていない．

微生物を利用した生物農薬を特に微生物農薬（microbial pesticide）と呼び，天敵資材として最も広く研究が行われている[1]．線虫は微生物ではないが，手法的に類似したところがあり，共生細菌をもつ昆虫病原性線虫は微生物農薬のガイドラインによって登録が規制される[2]．一方，ダニや昆虫など，捕食者や寄生者を利用した生物農薬を特に微生物農薬と区別する必要がある場合には，天敵農薬と呼ぶ．

d. 利用される生物群の種類

1）ウイルス　ほとんど殺虫剤である．植物のウイルス病に対しては，弱毒ウイルスを感染させる方法があるが，農薬登録されているものはない．殺虫剤として市販されている昆虫ウイルスは，大部分がバキュロウイルス（Baculovirus）に属する核多角体病ウイルス（NPV；nuclear polyhedrosis virus）と顆粒病ウイルス（GV；granulosis virus）である．かつてマツカレハの細胞質多角体病ウイルス（CPV；cytoplasmic polyhedrosis virus）が日本初の微生物農薬として登録されていたが，現在では生産されていない．これらは，いずれもウイルス粒子がタンパク結晶に包埋されているので環境耐性が強い．普通は経口感染で宿主を殺す．ウイルスはきわめて宿主特異性が高い特徴があるが，人工培地で増殖できないため，通常は宿主を大量飼育して生産しなければならない．

2）細菌　殺虫剤に利用されるのはほとんど芽胞細菌のBacillus属に限

られる. *Bacillus thuringiensis* (Bt), 乳化病菌 (*Bacillus popilliae*) などが代表的である. いずれも経口的に感染する. Bt は, 芽胞と同時に形成するタンパク結晶が殺虫機作の主要因となっている. このため他の昆虫病原微生物に比べ, 殺虫までの時間が非常に早い特徴がある. Bt は特異性の異なるいくつもの亜種があり, 鱗翅目の幼虫に殺虫活性をもつものが多いが, 双翅目やコウチュウ目の幼虫, 線虫に殺虫活性をもつ菌株もある. この細菌を製剤化したものは BT 剤と呼ばれ, 製品の種類も生産量も微生物農薬のなかで最も多い. また, Bt の毒素だけを製剤化したもの, 遺伝子組み換えにより他種の細菌に毒素を生産させた製剤, Bt 毒素遺伝子を組み込んだ抵抗性作物なども実用化されている.

殺菌剤としては *Agrobacter radiobacter*, 枯草菌(こそうきん) (*Bacillus subtilis*), *Erwinia carotovora*, *Pseudomonas* sp. などが製剤化されている. いずれも非病原性の系統で, 拮抗菌として予防的に使用される.

除草剤で実用化されているものは, 今のところスズメノカタビラの病原菌 *Xanthomonas campestris* のみである.

3) 糸状菌 殺虫剤には, 宿主範囲が広く培養が容易な白きょう病菌 (*Beauveria bassiana*), 黒きょう病菌 (*Metarhizium anisopliae*), *Verticillium lecanii* など, 硬化病菌類と呼ばれる不完全菌類のグループの菌が主に利用されている. これらは培養が容易で, 胞子で伝染し, 経皮的に宿主体内に侵入するという特徴がある. このため, 他の昆虫病原微生物と比べ, 非摂食性のステージも標的にでき, 土壌施用もできるという長所がある反面, 温湿度など環境の影響を受けやすい欠点もある.

殺菌剤は, いずれも拮抗性のもので *Fusarium oxysporum*, *Trichoderma lignorum*, *Talaromyces flavus* などが利用されている.

除草剤は, 雑草に特異的な病原菌である炭疽病菌 (*Colletotrichum gloesporioides*), 疫病菌 (*Phytophthora palmivora*), 銀葉病菌 (*Chondrostereum purpureum*) などが登録, 販売されている.

4) 原生動物 原生動物は殺虫剤にだけ利用されている. 昆虫に病気を起こす原生動物は各種あるが, 微生物農薬として現在使われているのは, バッタの病原である微胞子虫類の *Nosema locustae* である. これは, 主に経口感染するが, 経卵伝染もある. 感染ステージによっては, 殺虫に長時間を要したり, 死なずに産卵するものもあるが, 摂食量の減少や産卵数の減少をもたらし, 次世代に伝染する.

5) 線虫 線虫は，昆虫寄生性線虫のうち，Steinernema 属と Heterorhabditis 属のものが殺虫剤として利用される．これらの線虫は細菌と協力的に宿主を殺すので昆虫病原性線虫類と呼ばれる．線虫が宿主の開口部から消化管を通って血体腔内に侵入すると，線虫の腸内に保持されている共生細菌を放出する．宿主は血液中で細菌が増殖するため敗血症で死亡する．人畜に対する安全性が高く比較的即効的であるなどの特徴がある．日本では *S. carpocapsae*, *S. kushidai* などが市販されている．

6) ダニ 殺虫剤に使われており，利用されるダニは大部分がカブリダニ科の捕食者である．地中海から南米原産のチリカブリダニ (*Phytoseiulus persimilis*) はハダニ類対象の殺ダニ剤として，また，ククメリスカブリダニ (*Amblyseius cucumeris*) はアザミウマ類対象の殺虫剤として，いずれもハウスなど施設園芸を対象に登録されている．

7) 昆虫 殺虫剤への利用が最も多い．自然界で昆虫の捕食者や寄生者として働いている昆虫は非常に多くの種類があり，これらを利用した生物的防除の研究例も多いが，生物農薬として利用されている生物群の数はそれほどは多くない．現在日本で登録されているものは，捕食者ではハチ類，ハエ類，ヒメハナカメムシ類，クサカゲロウ類，テントウムシ類，寄生者ではヒメバチ，コバチ，クロバチ，タマバチなどのハチ類であり，いずれも施設栽培作物に限られている．

食葉性昆虫による雑草防除法も研究されているが，生物農薬として市販はされていない． (島津光明)

文　献

1) 梅谷献二・加藤　肇：農業有用微生物，592p，養賢堂，1990
2) 農林水産省農産園芸局植物防疫課：微生物農薬の安全性評価に関する基準，53p，農林水産省，1997

4.3　森林・樹木の保護

わが国は「木の文化の国」と呼ばれ，人々は森からさまざまな恵みを受けて暮らしてきた．森や巨木は，しばしば神の宿る場所とされ，自然への畏れ，敬いの対象でもあった．しかし，人類は文明の発達とともに世界各地で森林の破壊を続

けてきた．文明の発達自体が森林に依存してきたという見方すらできる．豊富な降水量に恵まれているわが国では，現在でも国土の67%が森林に覆われ，世界有数の森林率を誇っているものの，狭い国土に多数の人口を有し，さまざまな形のヒューマン・インパクトが森林に加えられており，森林を良好な状態に保つことは大変重要な課題となっている．

森林にはさまざまな機能がある．近年，地球環境問題の顕在化とともに見直されるようになった温室効果ガスである二酸化炭素吸収機能，「緑のダム」と呼ばれる森林の水源かん養機能や土砂崩壊防止機能など森林のもつ環境保全的機能は大きい．しかし，森林の機能は単に量的に計れるものだけではない．南北に長い日本列島には，多様な森林が発達している．また，里山から奥山まで人為のかかわりの程度によって森林の姿も変化する．多様な森林には多様な生物が生息しており，わが国の生物多様性の保全に果たす森林の役割も大きい．地域ごとに特色をもち，四季折々に美しい姿を見せてくれる森林は，われわれの心に安らぎを与えてくれる存在でもある．われわれがふるさとの情景を思い浮かべるときに，そこにはしばしば森林や樹木が登場することだろう．森林は，また，地域の自然を知る格好の環境教育の場でもある．このように，森林のもつ価値は，量的にも質的にも，そして物質的にみても精神的にみても，大変重要なものである．

わが国では，自然を守るためにさまざまな法律や制度が定められており，その中には森林の保護に関係するものも多い．多様な価値をもつ森林を保護するために，それらはそれぞれ異なった理念や目的をもって制定されている．本節では，森林の保護制度のなかでも長い歴史をもつ保安林や保護林，さらには天然記念物制度を取り上げる．保安林や保護林制度は直接森林の保全・保護を目的としたものであり，天然記念物は文化という観点から自然の価値を取り上げたものである．これらの制度における森林や樹木保護のあり方を通覧することを通して，われわれ人類にとっての森林・樹木の価値を今一度ふり返ってみたい．

(蒔田明史)

4.3.1 保安林と保護林
a. 森林を保全・保護する制度

都市は，たとえそれが古代都市であっても，多くの資源を必要とする．古代都市の資源として森林はきわめて重要であった．したがって，森林の衰退・破壊は古代都市の周辺から始まった．日本では，676年の大和国山野伐採禁止令が記録

に残る森林保全制度の最初のものとされている．また，造林は積極的な森林の保全を意味し，常陸国鹿島神宮で866年にスギやクリなどの植栽記録があり，わが国最初の造林記録となっている．

中世から近世にかけて，日本の人口は1400年の1,100万人から1710年の3,100万人へと約3倍に増加した．これに伴って日本の森林，特に里山の森林の衰退が進み，17世紀後半には各地に「はげ山」や粗悪林地が出現した．そして，豪雨時には土砂流出や河川の氾濫が頻発し，渇水時には流量が極端に細って舟運が妨げられた．このため，江戸幕府は1666年に畿内に「諸国山川の掟」を発し，水源地域での根株の掘取を禁止し，砂防植栽を奨励した．この後，幕府や各藩は頻繁に森林の保全・保護対策を進め，以下に示す各種の禁伐林・伐採制限林が誕生した．

・水野目林・田山：水源かん養林．
・砂除林：土砂流出を防止．
・留山：木材資源を確保するための禁伐林．
・巣山：鷹狩用の禁伐林で木材資源の確保．
・留木：伐採を禁じられた樹種で，ヒノキを守るために誤伐の言い訳を封じた「木曾の五木」は有名．

森林を荒廃から守るこのような制度は「治水のもとは治山にあり」と説いた熊沢蕃山，河村瑞賢，角倉了以らの活動によるところが大きい．しかし，実際には，幕府や藩の財政源である木材資源の確保を目的としたものも多かったようである．

江戸幕府のこのような努力にもかかわらず，森林の荒廃は治まらなかった．明治期になっても，むしろ近代産業の発達による産業用燃料の確保もあって，森林はさらに荒廃した．明治政府はようやく1897年に，従来の禁伐林などの制度を統一した保安林制度を中核として，最初の森林法を制定した．以降，保安林は徐々に増大し，すでに延べ1,000万haに達している．また，高度経済成長期の森林の乱開発を防止するため，1974年の森林法改正では新たに林地開発許可制度が導入され，国土保全を中心とした森林保全制度はほぼ完成した．

一方，明治後期には森林を中心として自然景観の美しさが注目されるようになり，国有林では1915年に山林局通牒「保護林設定ニ関スル件」が発令され，原生的な森林生態系を有する自然環境の維持のためや動植物などの保護のために保存すべき国有林野が保護林として選定された．その後，1919年に史蹟名勝天然

表 4.6 保安林の指定状況（万 ha）

保安林の種類	総面積	うち国有林野
水源かん養	666	350
土砂流出防備	215	80
土砂崩壊防備	5	2
その他の保安林 （飛砂防備，防風，水害防備，潮害防備，干害防備，防雪，防霧，なだれ防止，落石防止，防火，魚つき，航行目標，保健，風致）	98	44
合計（延面積）	984	475

注 1）：平成 14 年度末現在の数値であり，国有林野面積には官行造林地を含まない．

紀念物保存法，1931 年に国立公園法が制定され，法律にもとづく保護林制度が確立された．さらに 1950 年に前者が文化財保護法，1957 年に後者が自然公園法に改正された．また，1972 年にはすぐれた自然景観や環境を守る自然環境保全法も制定されている．

b. 保 安 林

1） 保安林制度　森林法にもとづき，水源かん養，土砂崩壊・土砂流出などの災害の防止，生活環境の保全など，特定の公共目的のために必要な森林を農林水産大臣や都道府県知事が指定し，整備する制度を保安林制度という．この制度で指定された森林が保安林である．

保安林制度は，営林監督（森林計画）制度，森林警察制度とともに，1897 年に制定された最初の森林法で 12 種類の保安林が規定されたことにより発足した．現在の保安林制度は 1951 年に改正された森林法にもとづくもので，治山事業の中核である保安施設事業を実行するための区域を指定する（事業終了後は保安林に指定される）保安施設地区制度とともに，保安林に指定した森林にいわゆる公益的機能を十分に発揮させ，安全・快適な国民生活に貢献しようとするものである．また，保安林の整備を計画的に行うため，1953 年には保安林整備臨時措置法が期間 10 年の時限立法として制定され，以後 2003 年まで 4 度延長された．この法律は，①保安林の指定や解除，森林施業など管理にかかわる基本方針，②保安施設事業の実施，③特定保安林の指定，④国による保安林の買い入れなど，保安林の機能を確保するための施策の展開について定めている．保安林制度は治山事業とともに日本の森林の保全に大きな役割を果たしている．

2） 保安林の種類　保安林は森林法第 25 条の保安林の指定目的にもとづい

て17種類が規定されている（表4.6）．このうち，水源かん養保安林は，森林の河川流量調節機能を高度に発揮させることによって洪水の緩和，水資源の確保などを目指すもので，重要河川や水害の頻度の高い河川の上流水源地帯に指定され，全保安林面積984万haの2/3を占めている．また，土砂流出防備保安林は，表面侵食や表層崩壊による山腹からの土砂流出を森林によって防止することを目指すもので，指定対象地は下流に重要な保全対象があるはげ山・崩壊地・土砂流出の著しい地域などである．これらに土砂崩壊防備保安林を加えたもの（第1～3号保安林）はまとめて流域保安林と呼ばれ，対全保安林比率は90％に及ぶ．近年は，森林の保健・レクリエーション機能や快適環境形成機能に期待する国民の要望に応えて，保健保安林の指定が増加している．

3) 指定施業要件　保安林に指定された森林は，目的とした保安林の機能を損なわないようにするため，木材の伐採，立木の損傷，林内放牧，下草や落葉落枝の採取，樹根や土石の採掘，開墾その他の地形の変更などを行う場合，都道府県知事の許可が必要とされている．特に，伐採などの森林施業については，指定施業要件が定められ，保安林の種類によっては択伐が指定されたり，なだれ防止保安林，落石防止保安林，火災防備保安林などのように伐採が禁止されているものもある．また，原則として，伐採跡地には植栽が義務づけられている．これらの行為制限に違反した場合は処罰される．

　一方，保安林の所有者は，こうした行為制限で受けた損失に対する補償，各種税制上の優遇措置，資金の融資や各種補助金の助成などが受けられる．

c. 保　護　林

1) 保護林の歴史と種類　自然の森林生態系を，手を加えずにそのまま残しておく保護林制度は1915年の山林局通牒（国有林公文書）に始まるが，太平洋戦争後では，経済の高度成長に伴う森林の乱開発・自然破壊の進行に対抗した自然保護運動の高まりや海外からの自然保護思想の導入を受けて，1972年に自然環境保全法が成立した．この法律にもとづき，原生自然環境保全地域，自然環境保全地域，都道府県自然環境保全地域が選定された．また，自然公園法においても，特別地域やその中の特別保護地区が指定されるようになった．

　一方，国有林では，森林の生物多様性保全機能の重要性にかんがみ，1989年に森林生態系保護地域の制度が発足し，1991年までに全国で26地域が設定された．さらに，そのなかから1993年に，白神山地と屋久島が世界遺産として登録された．

現在，法律などで設定されている主な保護林・保護地域は以下のとおりである．
○国有林における保護林
　各種森林生態系の保護を望む国民の要請に応えて，国有林は，1989年に，従来の保護林制度を見直して新たな保護林設定要領を制定し，以下の7種類の保護林を設定した．
・森林生態系保護地域：次項2) 参照．
・森林生物遺伝資源保存林：森林生態系を構成する生物全般の遺伝資源を保存．
・林木遺伝資源保存林：林業樹種と希少樹種の遺伝資源を保存．
・植物群落保護林：旧学術参考林．希少な高山植物や学術上価値の高い樹木群落などを保存．
・特定動物生息地保護林：希少化している野生動物とその繁殖地・生息地を保護．
・特定地理等保護林：特殊な地形・地質を保護．
・郷土の森：地域の自然・文化のシンボルとしての森林を保存．
○自然環境保全法にもとづく保護地域
　地形，地質，植生，天然林など，特異なあるいは優れた自然環境をもつ区域や海域を対象として自然環境の保全そのものを目的として制定された自然環境保全法により以下の地域が指定されている．その大部分は森林地域である．
・原生自然環境保全地域：特に原生状態を維持している地域として，遠音別岳，十勝川源流部，南硫黄島，大井川源流部，屋久島の5か所が選定されている．それぞれの地域は人為による改変をできるだけ避けるため，保安林の区域と重複しないように設定されている．
・自然環境保全地域：2000年現在，太平山，白神山地，早池峰，和賀山，大佐飛山，利根川源流部，笹ヶ峰，白髪岳，稲尾岳，崎山湾の10か所が指定されている．その大部分は野生動植物保護地区である．
・都道府県自然環境保全地域：上記に準ずる地域として都道府県の自然環境保全条例により2000年現在524か所が指定されている．
○自然公園法にもとづく保護地域
　自然公園は，すぐれた自然景観を保護するとともに，その利用を促進するために設定された地域制（所有の別に関係なくある地域全体が指定される）の公園であり，以下の3種の自然公園がある．

・国立公園：わが国の風景を代表する傑出した自然の風景地．
・国定公園：国立公園の風景に準ずる優れた自然の風景地．
・都道府県立自然公園：都道府県を代表する風景地．

　自然公園のなかのすぐれた景観の保護のため特別地域が設けられ，普通地域と区別される．さらに，特別地域の中に特別保護地区および海中公園地区が指定されている．特別保護地区の施業の基準は禁伐であり，それ以外の特別地域は制限の厳しさによって第一種から第三種までに区別されている．なお，普通地域では特に施業上の制限はない．

○文化財保護法にもとづき文部科学省が指定する天然記念物（4.3.2項参照）

　希少な種，巨樹・老木，わが国固有の動植物相，地域を代表する自然林および二次林などが指定されており，他に地方公共団体の条例によって指定される天然記念物がある．

○条約などによる保護林

　「世界の文化遺産および自然遺産の保護に関する条約（世界遺産条約）」にもとづき登録された地域や，ユネスコの「人間と生物圏計画（MAB計画）」にもとづき認定された生物圏保護地域がある．

2) 森林生態系保護地域　　抜本的に見直された1989年の保護林設定要領にもとづき，国有林内に設けられた保護林の一種である．原生的な天然林生態系をそのまま保全することにより，自然環境の維持，動植物の保護，遺伝資源の保存，森林施業・管理技術の発展，学術研究などに貢献することを目的としている．わが国の主要な森林帯を代表する原生的な天然林の区域で，原則として1,000 ha以上の規模の区域，あるいは，その地域でしか見られない特徴をもつ希少な原生的天然林の区域で，原則として500 ha以上の規模の区域が指定された．2003年現在27か所が指定されている（表4.7）．

　森林生態系保護地域の構造は次のようである．すなわち，ユネスコのMAB計画の考え方を取り入れ，森林生態系の厳正な維持を図る保存地区（コアエリア）と，それを取り囲み，外部の環境変化が直接森林に及ばないようにする緩衝帯としての保全利用地区（バッファゾーン）の二重構造になっている．

　保存地区の森林は原則として人手を加えず，自然の推移にゆだねるものとするが，モニタリングなどの学術研究的行為，大規模な非常災害のための応急処置，標識などの設置などは許される．また，保全利用地区の森林は保存地区の森林と同質であることを原則とし，木材生産を目的とする森林施業は行わないが，森林

表 4.7 森林生態系保護地域の概要

名　称	面積(ha)	特　徴
日高山脈中央部	66,353	日高側山地は針葉樹林および針広混交林，十勝側は広葉樹林であり，中腹以上はダケカンバ帯，ハイマツ帯に至る
漁岳周辺	3,267	大雪山など道央のエゾマツ，トドマツ林と渡島半島のブナ林との移行地域として重要で，ブナを欠く広葉樹林から針広混交林，さらにはダケカンバ帯に至る
大雪山忠別川源流部	10,872	下部のエゾマツ，トドマツの北方針葉樹林からダケカンバ帯，ハイマツ帯に至る
知床	35,460	冷温帯汎針広混交林，高山植生，海浜断崖植生
狩場山地須築川源流部	2,732	下部はブナ天然林の集団としての北限，上部はダケカンバ帯，ハイマツ帯に至る
恐山山地	1,187	ヒノキアスナロおよびブナなどを中心として土地的・気候的極相を示す冷温帯森林
早池峰山周辺	8,145	ブナ，ヒノキアスナロなどの天然林とアカエゾマツの南限
白神山地	16,971	ブナを中心とした冷温帯落葉広葉樹林
葛根田川・玉川源流部	9,391	下部はブナ極相林，上部はオオシラビソを主とする天然林
栗駒山・栃ヶ森山周辺	16,309	ブナ林の天然林，山頂付近はミヤマナラとハイマツの低木混交林
飯豊山周辺	27,251	ブナ帯から高山帯までの典型的な垂直分布
朝日山地森林生態系保護地域	69,954	原生的なブナ林などが維持され，低地から高山帯まで変化に富んだ植生がみられる
吾妻山周辺	11,695	顕著な亜高山帯針葉樹林とブナ，シラベ林の北限
利根川源流部，燧ヶ岳周辺	22,835	ブナ，オオシラビソなどの天然林，ミヤマナラなどの多雪地広葉樹低木林
佐武流山周辺	12,793	日本海側の典型的な豪雪地帯のブナ林，亜高山帯はオオシラビソ，シラベ，キタゴヨウの針葉樹林
小笠原母島東岸	503	亜熱帯植生，山地にシマホルトノキ，オガサワラグワなどの湿性高木林
南アルプス南部光岳	4,566	ブナからハイマツ（分布の南限）に至る垂直分布
中央アルプス木曽駒ヶ岳	4,140	下部のヒノキ林から亜高山帯のコメツガ，オオシラビソ，シラベの亜高山性針葉樹林，さらには山頂付近のハイマツ帯に至る
北アルプス金木戸川・高瀬川源流部	8,099	山地帯のクロベ，亜高山帯のシラベ，オオシラビソ，ダケカンバ，高山帯のコケモモ，ハイマツなどの本州内陸型の代表的な植生
白山	14,826	ブナ，ハイマツ，オオシラビソ（分布の西限）
大杉谷	1,391	スギ，タブ，ブナ，トウヒなどの垂直分布
大山	3,193	日本海型ブナ林地域，亜高山帯のダイセンキャラボク群落
石鎚山系	4,245	暖温帯性のウラジロガシから亜寒帯性のシラベまでの垂直分布
祖母山・傾山・大崩山周辺	5,978	アカガシなどの常緑広葉樹からツガ，ブナ，ヒメコマツなどの垂直分布
稲尾岳周辺	1,045	シイ林を中心とする暖温帯常緑広葉樹林帯，山頂付近は一部モミ，ツガの混生
屋久島	15,185	世界的に稀な高齢ヤクスギ群とヤクシマチシダなど多数の固有種を含むシダ類や豊富な蘚苔類に特徴づけられる植生
西表島	11,585	スダジイの優占する常緑広葉樹林，ガジュマルなどの群落，メヒルギなどのマングローブ林
合計	389,971	

資料：林野庁業務資料.
注1）2002年4月1日現在.

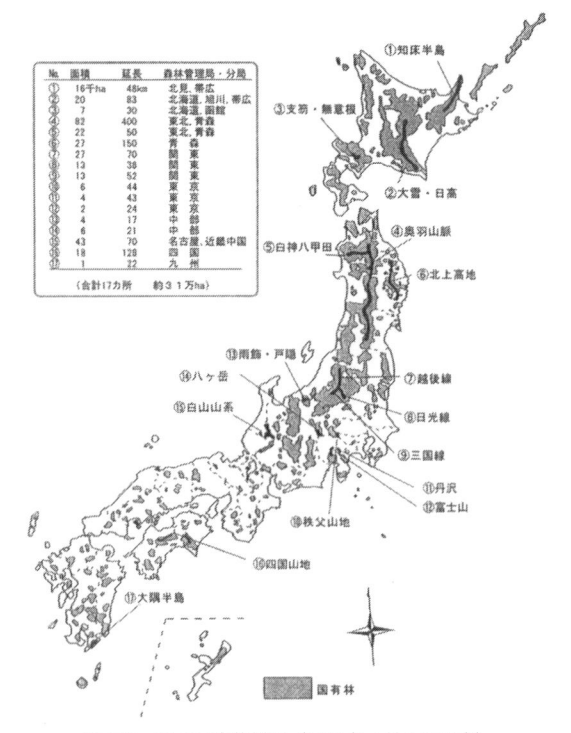

図 4.28　緑の回廊位置図（2003 年 4 月 1 日現在）

教育や小規模な森林レクリエーションの場としての利用は許される．

　3）生態的回廊　　近年，分断された保護林を連結して野生動植物の生息・生育地の保護および生物多様性の回復を図る生態的回廊（コリドー）の設定が進んでいる．1996 年，当時の青森営林局が南北 400 km で 8 か所の保護区を結ぶ「緑の回廊」を設定したのが国内最初のものであり，2002 年現在 17 か所が設定されている．回廊の総面積は約 31 万 ha で，回廊の平均幅は約 2.4 km である（図 4.28）．　　　　　　　　　　　　　　　　　　　　　　　　（太田猛彦）

4.3.2　天然記念物と森林・樹木

a. 天然記念物とは

　「天然記念物」というと，「もの珍しいもの」「絶滅に瀕しているもの」…そんなイメージで捉えられることが多い．「天然記念物」という言葉の有名さとはうらはらに，残念ながらその理念や目的への理解は乏しいのが現実のようである．

天然記念物とは,「動物植物及び地質鉱物のうち学術的上貴重で,日本の自然を記念するもの」とされている(表4.8).すなわち,学術的な価値があり,日本を代表する自然であり,単に数の多寡のみが基準となっているわけではない.

表 4.8 天然記念物の指定基準(文化財保護委員会告示第二号(1951年)より)

天然記念物
　以下に掲げる動物植物及び地質鉱物のうち学術上貴重で,わが国の自然を記念するもの
一,動物
　(一) 日本特有の動物で著名なもの及びその棲息地
　(二) 特有の産ではないが,日本著名の動物としてその保存を必要とするもの及びその棲息地
　(三) 自然環境における特有の動物又は動物群聚
　(四) 日本における特有な畜養動物
　(五) 家畜以外の動物で海外よりわが国に移植され現時野生の状態にある著名なもの及びその棲息地
　(六) 特に貴重な動物の標本
二,植物
　(一) 名木,巨樹,老樹,奇形木,栽培植物の原木,並木,社叢
　(二) 代表的原始林,稀有の森林植物相
　(三) 代表的高山植物帯,特殊岩石地植物群落
　(四) 代表的な原野植物群落
　(五) 海岸及び沙地植物群落の代表的なもの
　(六) 泥炭形成植物の発生する地域の代表的なもの
　(七) 洞穴に自生する植物群落
　(八) 池泉,温泉,湖沼,河,海等の珍奇な水草類,藻類,蘚苔類,微生物等の生ずる地域
　(九) 着生草木の著しく発生する岩石又は樹木
　(十) 著しい植物分布の限界地
　(十一) 著しい栽培植物の自生地
　(十二) 珍奇又は絶滅に瀕した植物の自生地
三,地質鉱物
　(一) 岩石,鉱物及び化石の産出状態
　(二) 地層の整合及び不整合
　(三) 地層の褶曲及び衝上
　(四) 生物の働きによる地質現象
　(五) 地震断層など地殻運動に関する現象
　(六) 洞穴
　(七) 岩石の組織
　(八) 温泉並びにその沈澱物
　(九) 風化及び侵蝕に関する現象
　(十) 硫気孔及び火山活動によるもの
　(十一) 氷雪霜の営力による現象
　(十二) 特に貴重な岩石,鉱物及び化石の標本
四,保護すべき天然記念物に富んだ代表的一定の区域(天然保護区域)

特別天然記念物
　天然記念物のうち世界的に又国家的に価値が特に高いもの

わが国の天然記念物制度は古く，1919年の「史蹟名勝天然紀念物保存法」の制定に端を発する．郷土の自然の荒廃を嘆いた，当時の植物学の権威，三好學によりドイツの制度が導入されたものである．その後，1950年に国宝保存法などと統合されて文化財保護法と姿を変えながらも，郷土の自然を守る制度として，80年あまりの歴史をもつ．

天然記念物制度の特筆すべき点は，対象が自然物でありながら，史跡や埋蔵文化財，美術工芸品などと同様に文化財として保護されていることにある．自然を文化財として指定することには違和感を感じる人が多いかもしれない．しかし，文化の形成において地域の自然が大きな役割を占めていることは明らかである．私たちが育んできた文化を守り育てていくにあたって，その文化が拠ってたつ地域の自然を理解し，守ることの重要性は論を待たない．

近年，自然の保護を考えるにあたって，われわれ人間が自然とどのようなかかわりをもって社会を築いていくべきかという観点の重要性が語られるようになってきた[1]．自然を人間から切り離した存在として考えるのではなく，地球という生態系の中で，人は自然とどのような関係性をもつべきかという視点を重視すべきであるとの指摘である．天然記念物制度は，古い制度であるにもかかわらず，「人と自然との関係性」という視点を包含した制度であるとみなすことができよう．

天然記念物に指定されている自然を，人とのかかわりという観点から整理してみると，以下の三つの範疇に分けられる．

　①わが国の文化形成の基盤であり，風土や地域特性を示す自然
　②人間生活と密接な関係をもち続けてきた二次的自然
　③人によって「創出」された自然

たとえば，①には，日本の自然の成り立ちを知ることのできる地質現象や化石類，日本列島の生物地理学的な特性を示す固有種や分布限界の動植物，極相林などの原生的自然などが含まれる．②には，人間がかかわり続けることによって維持されてきた二次的自然や，地域文化の直接的舞台となってきた社叢や巨樹・名木などが，③には，並木や人工林，品種改良されてきた家畜・家禽類などが含まれる．

このように，天然記念物には，さまざまなレベルでの人と自然とのかかわりを示すものが含まれており，「なぜ自然を守らなければならないのか」という根元的な問題を考える素材を提供してくれる．

b. 天然記念物の森林・樹木

2004年1月1日現在，国によって指定されている天然記念物は966件である（表4.9）．このうち，植物を主な要件とする指定物件は535件と半分以上を占め，さらに，天然保護区域（23件）においても植物群落が重要な構成要素となっている（なお，天然記念物には，この他に地方自治体により指定されているものもあり，市区町村指定まで含めるとその総数は13,000件に及ぶ）．

植物関係の天然記念物のうち，最も数が多いのは，単木，いわゆる巨樹・名木である．天然記念物制度ができた当初，郷土の自然の象徴として多数指定されたこともあり，並木などの単木群も含めると，現在，54種269件指定されている．このうち，裸子植物が14種，被子植物が40種であり，特異的な変種を指定してあるものもある．同一樹種で指定が多いのは，スギ41，イチョウ26，クスノキ25，ケヤキ15件などで，この他サクラ類も各種のサクラを合わせれば29件指定されている．いずれも全国の社寺などで地域のシンボルとして人々に親しまれている樹種である．また巨木には，それぞれの樹種が生育限界にまで成長した例としての生物学的意義もある．

森林群落に関する天然記念物は天然保護区域を含めて，200件あまりに達する．その内容は多様で，全容の紹介は困難だが，大きくみれば以下のように分け

表 4.9 天然記念物の分野別指定件数（2004年1月1日現在）

全指定件数 966				例
├天然保護区域	23			大雪山・尾瀬・月山・上高地・大杉谷・与那覇岳天然保護区域　など
├動物	191	┬地域定めず	96	カモシカ・オオサンショウウオ・トキ・コウノトリ・土佐のオナガドリ・秋田犬　など
		└地域指定	95	鹿児島県のツルおよびその渡来地・御前崎のウミガメ及びその産卵地　など
├地質・鉱物	217			根尾谷断層・昭和新山・秋吉台・エゾミカサリュウ化石　など
└植物	535			
├単木		268		蒲生のクス・根尾谷淡墨ザクラ・三春滝ザクラ・法量のイチョウ・朝鮮ウメ・東根の大ケヤキ・杉の大スギ・宝生院のシンパク・熊野の長フジ・日光杉並木街道附並木寄進碑　など
├森林		182		野幌原始林・富士山原始林・歌才ブナ自生北限地帯・屋久島スギ原始林・竜良山原始林・平林寺境内林・宇佐神社社叢・鰐浦ヒトツバタゴ自生地　など
└草本・藻類など		85		阿寒湖のマリモ・岩手山高山植物帯・エヒメアヤメ自生南限地帯・吐山スズラン自生地　など

られる．まず，天然保護区域に代表されるように，比較的人為の影響を受けていない自然林で，大雪山（北海道）から沖縄の与那覇岳天然保護区域まで，全国ほぼ50か所の極相林が指定されている．次いで多いのが，地域の潜在自然植生を表していると考えられる各地の社叢・社寺林で，40件ほどが指定されている．また，トガサワラ，ハリモミなど特定の種に注目して指定されている森林や，「ツバキ自生北限地帯」（青森・秋田県）のように，生物地理学的価値から指定されているものもある．武蔵野の雑木林の面影を残すとして指定された「平林寺境内林」（埼玉県）や「鰐浦ヒトツバタゴ自生地」（長崎県）のような二次林や「橡平サクラ樹林」（新潟県）などの人工林も含まれている．さらには，直接的な指定対象はエヒメアヤメやスズランなどの草本ではあるが，人里近くの林で柴刈りや肥料用の落ち葉かきなど人間による利用が繰り返されてきたため，それら草本の生育環境が維持されてきた，いわゆる里山の二次的自然が指定されている例もある（個々の天然記念物については文献[2]に詳しい）．

しかし，日本を代表する植生があまねく指定されているかというと，残念ながらそうではない．森林の指定物件を総覧すると，常緑広葉樹林の指定が多い一方で，ブナ林など落葉広葉樹天然林は少ない．また，渓畔林など特有の地形条件に成立する森林の指定も数えるほどであり，二次的自然についても十分ではない．「日本の自然を記念するもの」として指定に値する自然はどんなものなのか，今後のさらなる検討が必要である．

c. 保護のあり方

従来は，天然記念物の保護に関して，「手をつけずに大切に保存しなければならない」という考え方が強かった．「天然」記念物なのであるから，人為を排して自然の流れに任すべきであるとの考え方である．こうした考え方により，良好な状態が保たれてきた自然植生がある一方で，手が加えられることがなかったために，指定時の良好な状態がむしろ失われた指定地もあった．人為の関与によって保たれてきた二次植生などにこうした例がみられる．

天然記念物保護の基本となるのは，悪影響が生じる行為を規制して良好な状態を保とうとする「行為規制」である．文化財保護法第80条には，「天然記念物に関してその現状を変更し，または，その保存に影響を及ぼす行為をしようとするときは文化庁長官の許可を受けなければならない」と規定されており，罰則規定もある．

植物関係の天然記念物は原則として地域指定であり，いわゆる「種指定」では

ない．したがって，保護対象は，指定地域およびそこに影響を及ぼす周辺地域である．どの程度の行為が要許可行為かについては，個々の天然記念物の特性によって異なる．たとえば，森林の指定地に立ち入るだけでは普通は許可を要しないが，湿原の場合などは，歩道をはずれて湿原に踏み込むだけで「現状を変更する行為」に相当し，許可を得なければならない．

　すべての天然記念物を対象にこうした行為規制が行われているが，行為規制のみによってすべての天然記念物を保護できるわけではない．たとえば，人工林などもともと人為によって成立した群落，さらには，人為の関与によって遷移の進行が妨げられていた二次植生や遷移の途中相に出現する群落などでは，行為規制をかけるだけでは不十分であり，適切な管理行為が必要となる．また，人為とかかわりなく成立したものであっても，周辺環境の変化や，多数の見学者などの影響がある場合には適切な整備や管理が必要である．行為規制によって「囲い込んで大切にしておく」だけでは保護できない天然記念物は多い[3]．

　それでは，どのような管理が必要なのか．天然記念物は多様であり，それらに対して一律的な管理内容を示すことは不可能である．個々の天然記念物の特性やその来歴を勘案して，必要な管理内容を定める必要がある．つまり，個々の天然記念物それぞれについて管理計画を立て，保護方針を定めることが求められる（文化財行政では「保存管理計画」といわれている）．

　保存管理計画策定のためのフローを図4.29に示した[3]．この作業の特徴は，指定対象が良好な状態にあったと考えられる天然記念物指定時の状況を復元して現況と比較することにより，当該天然記念物の置かれている状況の問題点を抽出しようとするところにある．そのためには，現在の実態を調べるとともに，文献調査や聞き込み調査などにより，過去の状況調査を行う必要がある．過去の状況を掘り起こす行為は「地域の財産」としての天然記念物の価値を再認識することにつながり，また，過去の人為の関与のあり方が今後の管理手法の大きなヒントになる．こうした作業を経て，当該天然記念物のもつ価値を明らかにし，人とどのようなかかわりをもって維持されてきたかを十分理解した上で，望ましい状況（到達目標）を明らかにすることが管理計画の基本となる．その目標を達成するために，どのような管理行為を要するか，活用方策はどうか，また，現状変更規制のあり方はどうあるべきかなどの具体的な方針を立てていくことになる．人為のかかわりの少ない自然植生であれば，いかにして人為の悪影響を排除して良好な状態を保つのか，人間がかかわることによって維持されてきたものであれば，

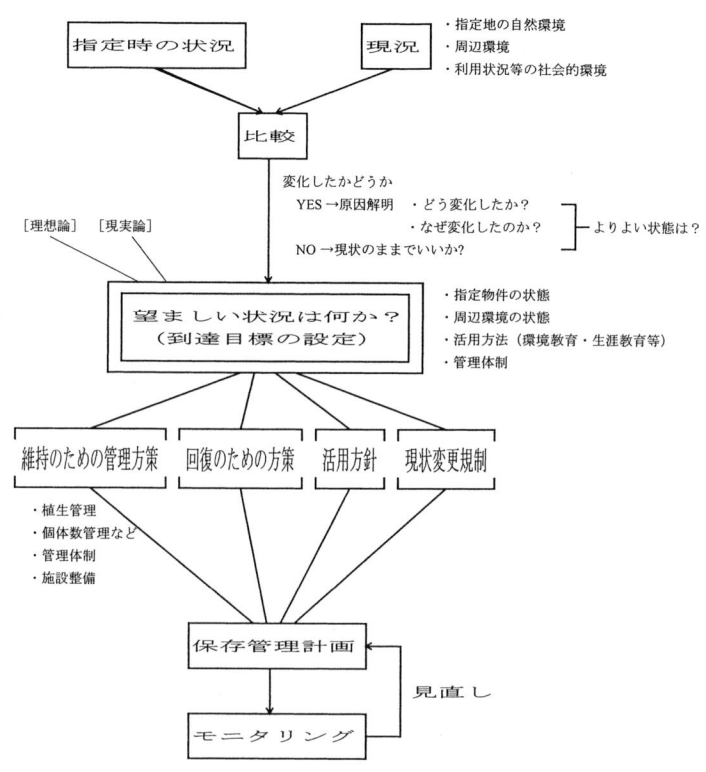

図 4.29 天然記念物保存管理計画策定についての考え方[3]

過去のかかわりを参考にいかなる管理を行うかが保全のポイントとなる．このようにして，現在では個々の天然記念物の特性に応じた積極的な保全への取り組みが始まっている．

d. 地域の自然のシンボルとして

天然記念物制度の目的は，単に指定された天然記念物を守ることにあるのではない．天然記念物を通じて自然の特性が理解され，地域の自然の中で育まれてきた文化を継承し発展させるために有効に活用されてこそ，天然記念物の存在意義がある．そのためには，天然記念物の価値を多くの人に知らせるための働きかけが重要である．最近では富山県「杉沢の沢スギ」など天然記念物エコ・ミュージアムと呼ばれている施設づくりが行われている例や[4]，住民参加で保全活動が行われているところもふえている．単に「囲い込んで守る」のではなく，地域のシンボルとしての天然記念物が，地域の「誇り」につながるような活用方法を考え

ていくことが今後の天然記念物保護にとって必要不可欠なのである．

(蒔田明史)

文　献

1) 鬼頭秀一：自然保護を問いなおす，254p，ちくま新書，1996
2) 加藤陸奥雄他（監修）：日本の天然記念物，1101p，講談社，1995
3) 蒔田明史：天然記念物をいかに保全すべきか．文化財の保護（東京都教育委員会）**29**, 11-22, 1997
4) 池田　啓：天然記念物やコウノトリを素材とした地域づくり．ミュージアム・データ（丹青研究所）**55**, 1-8, 2001

5. 森林の価値

5.1 森林の価値とは何か

21世紀に世界が共有すべき基本的価値の一つとして，国連ミレニアム宣言（2000年9月）は自然の尊重を取り上げている．人類は，18世紀後半の産業革命以降の急速な人口の増大によって，何よりも食糧不足が懸念された．食糧とは有機物であり，生物資源である．そこで，国際生物学事業計画（IBP；International Biological Programme, 1965～1974年）により初めて地球上の生物資源量（バイオマス）が調査され，どの程度毎年収穫すれば今後永続的に生物資源が利用可能であるかを試算する手掛かりが得られた．そして，陸地の3割を占める森林に，地球上のバイオマス1兆8,000億tの9割が存在することが明らかにされた（表5.1）．

本来，森林（silva）は野蛮人（savage）の語源（森に住む人）であり，文明（civilization：都市の住民civisが語源）に対するアウトローの概念であった．文明の発達とともに森林は切り開かれて減少の一途をたどった昨今，人間活動に伴う自然環境への負の影響が顕在化するにつれて，森林はバイオマスという物質資源としての価値のみならず，人間の生存の基盤であるとする社会的共通資本としての価値認識が生まれた．このような背景から，2000年3月には国連大学における「森林と持続可能な開発に関する国際会議—森林の価値」会議，2001年11月には日本学術会議「地球環境・人間生活にかかわる農業及び森林の多面的な機能の評価について」答申などで，森林の価値とは何か

表5.1 地球上と森林バイオマス

地球表面積	510億ha	（直径1万3,000 km）
陸地面積	149億ha	（地球表面積の3割）
森林面積	49億ha	（陸地面積の3割）
地球バイオマス（乾重）		1兆8,410億t
森林バイオマス（乾重）		1兆6,500億t
熱帯雨林（17.0億ha）		7,650億t
雨緑林（7.5億ha）		2,600億t
温帯林（12.0億ha）		3,850億t
針葉樹林（12.0億ha）		2,400億t
総生産（乾重）/y		695億t

森林面積はその定義によって値が異なるので，FRA2000（FAO）では，陸地面積131億ha，森林面積は39億haとなっている．

について検討されてきた．

ここでは，森林の歴史的な価値，多面的な機能，そして今日的意義について考えてみたい．

a. 森林の歴史的価値

地球誕生以来，30数億年前に海の中で誕生した地球上の生命は，自らが放出した酸素が大気中でオゾンとなって，有害な紫外線を阻止して生活の場を陸上へと移して進化した．地球上で最初の森林がヒカゲノカズラ類・トクサ類・木生シダ類によって形成されたのは，古生代石炭紀の3億5,000万年前のことであった．これが現在の化石燃料となって人間の活動のエネルギー源となっている．

5,000年前にメソポタミア地方で書かれた世界最古の物語「ギルガメシュ叙事詩」では，レバノンスギの守護神である森の神フンババがギルガメシュ王によって征伐され，森は切り尽くされたという．西洋社会における都市文明の誕生は，自然の征服を意味し，森林破壊と時を同じくするのであった．2001年の「森林と国民との新たな関係の創造に向けて」と題する森林・林業白書では，メソポタミア・シュメール文明の崩壊とレバノンスギの伐採，ギリシャ文明の衰退と森林の荒廃，中国文明発祥の地黄土高原における文明の衰退と森林の減少など，今までの文明の盛衰と森林の存亡の歴史についてグローバルな観点から述べられている．

地球上における人類の文明発祥の地である温帯林は，8,000年前には少なくとも現在の3倍あったといわれる．森林の破壊は都市の発展とともに温帯林から始まった．一方，地球上の人口は，西暦元年当時は3億人だったと推測される．その後の人口の増加は穏やかで，17世紀の人口は約7億人であった．18世紀に始まった産業革命以降，人口は急速に増大し，20世紀初頭の1930年には100年の間に倍の20億人，1975年には50年足らずの間に倍の40億人，そして1999年10月には60億人に達した．このような人口の増大がもたらす人間活動によって，化石燃料の使用は急増し，わずかこの50年間で地球に蓄えられた化石燃料の9割を消費したといわれる．その結果，大気汚染，酸性雨などによって引き起こされる森林衰退現象（3.2節参照）は，20世紀文明が都市の発展した温帯林に及ぼした大きな影響の一つである．

また，このような森林の破壊は人間によるものだけではない．1904年にニューヨークで初めて発見されたクリ胴枯病（Chestnut blight）は，当時の米国東部の広葉樹の1/4を占めるアメリカグリを事実上全滅させて，その後ヨーロッパに

持ち込まれて世界的に蔓延した．また，1920年にオランダで最初に発見されたニレ立枯病（Dutch elm disease）は，1950年代初頭までにオランダのニレの95％を枯死させ，その後米国で蔓延した．現在，マツ材線虫病（Pine wilt disease）が，アジアで蔓延して北半球のマツ林の脅威となっている．

このように，バイオマスの宝庫である森林は，人類の文明発展の基盤であって，われわれには地球上の森林を保全し再構築して次世代に引き継ぐ義務がある．

表 5.2 森林の多面的機能

自然環境保全	気候緩和，温暖化緩和
	水源かん養（洪水緩和，渇水緩和）
	土壌保全
	自然災害（土砂流出・崩壊・侵食）防止
生活環境保全	大気浄化
	水質浄化
	潮害防止，飛砂・風害防止，雪害防止
	保健休養
教育・文化	教育
	風致保全
	保健休養
	レクリエーション
	文化
生物多様性保全	遺伝子保全
	生物種保全
	生態系保全

b. 森林の多面的機能

森林の機能として歴史的に注目されてきたものは，ギルガメシュ物語にあるように木材生産や林産物生産の機能であり，市場の成立によって取り引きされる物質資源としての経済財としての価値である．一方，木材生産以外の機能は，市場の成立しない（市場外経済）環境財であり，そのサービスに対して対価の支払いが行われない外部経済として認識される[注1]．森林のこのような機能は，従来，公益的な機能と呼ばれ[注2]，自然環境保全，生活環境保全，教育・文化機能，生物多様性保全，などの機能が挙げられている（表5.2）．このような多面的な機能は，森林生態系の複雑な仕組みによって成り立つものであって，これらの機能を経済学的に，定量的に評価することはきわめて難しい．しかし，近年，地球上における森林減少・劣化に伴う森林の多面的な機能の維持にはさまざまな施策が必要であり，一般に，このような施策の評価に対して費用対効果分析手法が用いられる．したがって，森林の多面的機能の評価には，定性的なもののみならず，定量的にもわかりやすい説明が必要である．

注1) お金をもらうことなく利益を与えたり，お金を払うことなく不利益を与えたりすることを指し，前者を外部経済，後者を外部不経済という．外部不経済の代表的な例は，大気汚染・酸性雨などの環境問題である．

注2) 農業経済学分野では農業生産活動に伴って生じる外部経済を多面的機能，林業経済学分野では林業生産活動に伴って生じる外部経済を公益的の機能と呼んできたが，ここでは両者を多面的機能と呼ぶ．

環境経済学の分野では，多面的機能の具体的な評価法として，評価する機能を市場財によって代替させる間接的非市場評価法（代替法，replacement cost method），アンケートを用いて人々の支払い意志額を尋ねる直接的非市場評価法（仮想評価法，CVM；contingent valuation method），レクリエーションなどのために支出する旅行費用と時間費用の合計によって評価するトラベルコスト法（TC；travel cost method），外部経済効果が土地（地代）やサービス（賃金）の価格に反映されるというヘドニック法（Hedonic price method）などがある．

また，国民総生産（GNP；gross national product）などの経済指標は，天然資源の枯渇や環境の負荷の影響を受けないことから，真の豊かさを表していないとする批判に対して，環境政策と経済政策とを両立させる統合された環境・経済勘定システム，いわゆるグリーンGDP（環境・経済統合勘定）について検討が進められている．これは，環境の見地から環境悪化を貨幣評価換算して国内純生産（NDP；net domestic product＝国内総生産（GDP；gross domestic product）から固定資本の老朽化等による減耗を差し引いた額）から差し引いたもので，環境調整済国内純生産（EDP；eco domestic product）と呼ばれる．

森林の多面的な機能の評価についてみると（カッコ内はそれぞれ1972年と1991年の試算額），林野庁では水源かん養機能（7円/m^3，18.5円/m^3），土砂流出防止・土砂崩壊防止機能（それぞれ400円/m^3，1,400円/m^3），酸素供給機能（94円/kg，254円/kg）について代替法で算出し，さらに，野生鳥獣保護機能，保健休養機能についても加算して，合計12兆8,000億円（1972年），39兆2,000億円（1991年，1972年のデータにデフレーターを掛けて求められた），そして2001年には国民の森林に対する期待に応じた評価方法に改善して74兆9,900億円の定量的評価額とした．そこで，日本学術会議の答申（2001年）で新たに試算された森林と農業の定量的評価例を表5.3に示した．

一方，地球上の生態系サービスの外部経済評価は"*Nature*"（1997）で試算され話題を呼んだ．海洋，沿岸，陸上，森林，湿地など16のバイオームの生態系サービスの総額は，地球のGNP18兆US＄を大きく上回り，約2倍の33兆US＄に達した．この試算では，森林は4兆7,000億US＄で地球生態系サービスの14％を占めた．そして，生態系サービスとして17カテゴリーに分けられた内容についてみると，養分循環機能が最大で，次いで温暖化緩和機能，物質生産機能で，これらの機能は合わせて森林の生態系サービスの7割を占める（表5.4）．これらの試算は，生態系サービスに関する評価事例を参考にして事項ごとに評価手

表 5.3 森林と農業の多面的機能の定量評価

	多面的機能	定量評価額	評価手法
森林	自然環境保全 温暖化緩和 （二酸化炭素吸収）	1兆 2,391億円 (1兆 2,400億円)	森林のバイオマス増加と伐採による減少の差から森林の二酸化炭素換算貯蔵量（9,753万 t-CO_2）を算出し，火力発電所における二酸化炭素回収コスト（1万 2,704円/t-CO_2）に換算
	水源かん養 （洪水緩和）	6兆 4,686億円 (5兆 5,700億円)	洪水調節量（110万 7,121 m^3/sec）を試算し，治水ダムの減価償却および維持経費（503万円/y・(m^3/sec)）に換算
	（渇水緩和）	8兆 7,407億円 (8兆 7,400億円)	森林地帯降雨量から蒸発散量を差し引いて（裸地流出計数 0.9 を乗じた値）貯留量を算出し（5,912 m^3/sec），利水ダムの減価償却および維持経費（14億 7,860万円/y・(m^3/sec)）に換算
	自然災害防止 （土砂流出防止）	28兆 2,565億円 (28兆 2,600億円)	有林地と無林地の侵食土砂量の差から土砂侵食防止量（51億 6,100万 m^3）を算出し，砂防ダムの減価償却費（5,475円/m^3）に換算
	（土砂崩壊防止）	8兆 4,421億円 (8兆 4,400億円)	有林地と無林地の崩壊面積の差から崩壊軽減面積（9万 6,393 ha）を算出し，山腹工単価(8,758万円/ha)に換算
	生活環境保全 水質保全 （水質浄化）	14兆 6,361億円 (12兆 8,100億円)	流域貯留（渇水緩和）量（1,864億 m^3）を算出し，雨水利用施設の集水量当たりの減価償却および維持経費（69円/m^3）に換算
農業	洪水防止 水源かん養	3兆 4,988億円	
	（河川流況安定） （地下水かん養）	1兆 4,633億円 537億円	
	土壌侵食防止	3,318億円	
	土壌崩壊防止	4,782億円	

森林および農業の多面的な機能の評価額は，それぞれ 67兆 8,000億円（65兆 1,000億円），5兆 8,000億円と試算される（カッコ内は，林野庁試算）．ただし，林野庁の試算（2001年）では，保健休養機能 2兆 2,500億円（トラベルコスト法），酸素供給機能 3兆 9,000億円（タンクローリーの液体酸素価格（55円/kg）に換算），野生鳥獣保護機能 3兆 7,800億円（上野動物園資料による餌代に換算）の 9兆 9,300億円が加算されて，合計 74兆 9,900億円と試算されている．一方，日本学術会議の試算（2001年）では，保健休養機能は一部定量評価可能，酸素供給機能は大気中に十分存在することから評価せず，野生鳥獣保護機能は定量評価不可能としている．また，物質生産機能として，木材 3,838億円，きのこ等 2,888億円が算出されている．

法が異なるものと思われるが，評価方法の詳細は明らかではない．

一方，経済協力開発機構（OECD ; Organization for Economic Cooperation and Development）では，農業環境指標として指標群を大分類し，農業の環境への影

表 5.4 森林の生態系サービスの評価（文献[1]より抜粋）

サービス	機能	%
ガス制御	大気組成の制御などの気候緩和	—
気候制御	温暖化緩和	14.6
撹乱制御	異常気象に対する気候緩和	0.2
水制御	灌漑などの水文の制御	0.2
水供給	水源かん養	0.3
侵食防止	土壌保全	9.9
土壌生成	土壌保全	1.0
養分循環	養分貯蔵や循環などの土壌保全	37.3
廃棄物処理	廃棄物処理や汚染防止	9.0
受粉	生物種保全	—
生物制御	生態系保全	0.2
生息地	生物種および生態系保全	—
食糧生産	物質生産機能	4.4
原料生産	物質生産機能	14.2
遺伝資源	遺伝子保全	1.7
レクリエーション		6.8
文化		0.2

響指標として，土壌（水や風による土壌侵食），水質（水質状況指標），国土保全（水保持と土壌保持能力），温室効果ガス（排出量），景観（景観の構造，文化的特徴，景観管理，費用および便益），生物多様性（遺伝子，種，生態系の多様性），野生生物生息地の七つの項目について検討が行われている（カッコ内は指標細部の内容）．

われわれは，有機物という食糧のみならず，地球上の生態系サービスなしには生存することができない．にもかかわらず，これらのサービスは市場価格が付けられない外部経済であったために，今までこのような機能について社会に十分に認識されてこなかったのである．

c. 新しい価値観

わが国の GDP は，1996 年に 500 兆円を超えた[注3]．そのなかで，農業は総生産額が 10 兆円で国内総生産の 2%，森林は木材の生産額が 3,000 億円台できのこ類の生産額を合わせても 6,000 億円程度で国内総生産の 0.1% を占めるにすぎない．しかし，「もの」の豊かさから「こころ」の豊かさを重視する新しい価値観が高まるなかで，農業や森林の多面的な機能の定量的評価は，すでに述べたように少

注3) 世界の GDP は約 31 兆 US$（2000 年）で，上位 5 か国は，米 9.8 兆 US$，日 4.8 兆 US$，独 1.9 兆 US$，英 1.4 兆 US$，仏 1.3 兆 US$ である．

なくても農業で6兆円,森林で約70兆円と試算されている.わが国の国家予算が80兆円程度であるので,農林業の外部経済がいかに大きいものかを窺うことができる.

21世紀は,コンピュータの発達によるIT革命によって,自然からあるいはこころの豊かさからさらに遠ざかる社会の仕組みがつくりあげられようとしている.ものの豊かさを追求して多くの幸せをもたらした20世紀の科学技術は地球上の資源を涸渇させ,地球は経済学者ボールディング(K. E. Boulding)のいう宇宙船地球号に譬えられるようになってしまった.地球規模で自然の循環系である生態系と人工の循環系である経済との乖離が顕在化して,地球上の資源の有限性が明らかになったのである.このようななかで,再生(持続)可能な資源を扱う学問分野が注目を集めている.20世紀に身勝手さと便利さを追求して豊かさを謳歌した人類は,逃げ道がない行き詰まり問題への対応として,持続可能性(sustainability)への進化という新しいパラダイムの構築を模索している.このような価値観の大きな転換は,神中心から人間中心の文化に転換した14,15世紀のルネッサンスの時代と類似している.

21世紀は,自然の系であるエコロジーと人工の系であるエコノミーの調和なくしては考えられない.人のこころの豊かさを欠く非日常の世界が普遍化するなかで,人類を育んできた森林の多面的な機能を実感するためには,まずは森林と親しむことを考えることが不可欠である. 〔鈴木和夫〕

文　献

1) Costanza, R. *et al.*: The value of the world's ecosystem services and natural capital. *Nature* **387**, 253-260, 1997
2) FAO: Global Forest Resources Assessment 2000, 479p, FAO, 2001
3) 深見正仁:わかりやすいグリーンGDP―環境・経済統合勘定の試算―. 資源環境対策 **34**, 1489-1496, 1998
4) 古井戸宏通:森林資源とその利用を把握する枠組み―森林資源勘定の研究動向. 林業技術 **645**, 18-21, 1995
5) 濱谷稔夫:「森林の価値」論に代えて. 森林文化研究 **23**, 186-188, 2002
6) ジェイク・ペイジ:森林, 176p, 西部タイム, 1985
7) 国際連合大学:森林の価値, 44p, 国際連合大学, 2001
8) 国際連合広報センター(UNIC):国連ミレニアム宣言, http://www.unic.or.jp, 2000
9) 森田恒幸・川島康子:「持続可能な発展論」の現状と課題. 三田学会雑誌 **85**, 532-561, 1993

10) 日本学術会議：日本の計画 Japan Perspective, 141p, 日本学術会議, 2002
11) 林野庁（編）：林業統計要覧, 191p, 林野庁, 2002
12) 林野庁計画課（編）：森林の公益的機能評価について, 110p, 林野庁, 2001
13) 柴田和雄・木谷 収（編）：バイオマス上, 282p, 学会出版センター, 1981
14) 四手井綱英：森林の価値, 228p, 共立出版, 1973
15) 鈴木和夫：樹木医学, 325p, 朝倉書店, 1999
16) 只木良也：森林環境科学, 164p, 朝倉書店, 1996

5.2　景観としての森林

5.2.1　日本の景観と森林

a.　日本の景観の特徴

　わが国は、脊梁山脈を軸として南北に細長く、山岳や湖沼が数多く存在し、それらから流れ出る河川は、一気に四方の海に注ぎ込んでいる．かつて西欧から日本を訪れた外国人が日本の川を滝のようだと表現したように、大陸に比較して平地が狭く、地形は変化に富んでいる．気候は亜寒帯から亜熱帯に属し、年降雨量が多いため、多様で豊富な植生に恵まれる．このような自然環境が、日本の景観のベースを形成している．

　1894年に出版された『日本風景論』[1] は、日本の景観に、わが国で初めて自然科学的な分析を加え、さらに世界に誇るべき風景であることを解説した名著である．著者志賀重昂は、その冒頭で、日本の景観の特徴は「瀟洒」（すっきりとあかぬけたさま）、「美」、「跌宕」（のびのびしていること）の3キーワードで表せるとした．「瀟洒」は秋の景観に典型的に現れるとし、公孫樹（イチョウ）に代表される黄色系、18種にも達する紅色系のカエデが一斉に紅葉する日本の景観は、自然詩人ワーズワースを産んだ英国など欧米諸国の秋の景観では到底及ばぬ素晴らしいものだとしている．「美」は春の景観に代表されるとし、初春の梅から晩春の桜が全国を飾る日本の景観の美しさを賛美している．このように志賀が紹介解説するまでもなく、わが国の景観は、樹木と深くかかわってきている．

　そして、このような景観を成立させている4条件を「日本には気候、海流の多変多様なる事」、「日本には水蒸気多量なる事」、「日本には火山岩の多々なる事」「日本には流水の侵食激烈なる事」として整理し、各条件ごとに景観の特徴を科学的に解説している．

　「気候海流の多変多様」の条件では、日本の国土に生物が多く生育生息し、植

物が多く特に桜と松が景観を特徴づけているとしている．また，「火山の多々」条件では，火山国であるが故に名山が多いことを力説し，特に富士山は世界の名山の標準になるべき最も優れた山であるとまで断言している．

　志賀が山岳景観の素晴らしさを紹介したことによって，それまで国民が抱いてきた「風景は日本三景（松島，厳島，天橋立）」に代表される白砂青松すなわち「海の景」という明治以前までの既成概念を容赦無く打ち砕き，一気に「山の景」へと人々を開眼させたのである．また，名山の標準を説くなかで「…草樹の倉卒（にわかなさま）秀潤（すぐれていきいきする）せるあり境遇の変化多々にして…」と植生の多様さの醸しだす趣の重要性を述べている．

　志賀は，山岳や森林の有する景観的価値を国民に示して明快に認識させた．一方で，江戸時代まで親しまれてきた名勝的風景が蔑ろにされていくことに対しても危惧を顕にしている．「日本風景の保護」と題する章では，「小利小功に汲々として…森林を乱伐し或は名木，神木を斬り，或は花竹を薪となし…櫻樹を斬り印材となし…」などの例を挙げ，名所旧跡の破壊を憂いている．「日本の社会は日本本来の人文を愈々啓発せん為益々日本の風景を保護するに力めざるべからず」として，名所図絵に表れた風景の感化の著大さとその保護を強調している．

　以上，わが国の景観は樹木，森林と深くかかわっている．ちなみに最近行われた2,079人に対するアンケート調査（1989～1997年）によれば，好きな樹木の種類は，293種にも及び，そのなかで，上位5位にランクされた樹木は，サクラ，ケヤキ，ブナ，イチョウ，マツの順であり，シラカンバ，カエデが6位，7位に挙げられている[2]．アンケート対象者が都会に住んでいる若者が多いにもかかわらず，ブナが上位にランクされているのは，ブナ林の保護など天然林に対する憧れや森林生態に社会的関心が強まってきた時代の影響が反映されていて興味深い．

b. 森林と国立公園

　前述したように，すでに明治期に森林伐採による自然景観の破壊が問題となっていたが，その後の木材需要は急速に進展し，第二次世界大戦後の復興，経済成長時期にかけては，全国各地で森林の大面積伐採や奥地天然林の伐採，スギ，ヒノキによる人工林化が急激に進んだ．わが国の景観のベースとなっている森林および自然は，その資源的価値が優先され，環境的価値が認識されて保全が制度化されるのは，1971年の自然環境保全法によってである．それにもとづいて自然環境保全地域が全国で543か所指定されているが，面積はわずか約10万haで，

国土の 0.26% にすぎない．実際には，自然環境保全法制定以前から指定されてきた自然公園地域が国土の 14% を占めており，これがわが国の自然環境特に景観の保全に深くかかわってきている．したがって，わが国の自然景観の変遷については，自然公園を抜きにしては語れない．なかでも，国立公園が果たしてきた役割は大きい．

国立公園法が制定されたのは 1931 年である．これによって優れた日本の自然風景が国立公園として 1934 年から指定開始される．同年には，瀬戸内海，雲仙，霧島，阿寒，大雪山，日光，中部山岳，阿蘇の 8 か所にすぎなかったが，その後順次指定されて，現在は 28 か所 200 万 ha の面積を占めている．中部山岳国立公園の上高地は，日本のアルピニストの発祥の地でもあり，穂高や梓川に代表される山岳，森林，水を備えた美しい景観は，最も人気のある観光地となっている（図 5.1）．

ちなみに国立公園の土地所有別面積は，国有地が 60% を占めており，その大部分が国有林である．また，国立公園面積の 70% は特別保護地区，特別地域が占めており，その場所では，禁伐，択伐など景観の保護を図るために森林施業に制限が加えられている．

5.2.2 森林景観とスケール
a. 空間レベルと景観計画

森林景観の望ましい保全や利用を計画する場合，あるいは各種事業が森林景観

図 5.1 日本を代表する山岳景観で来訪者が多い上高地（中部山岳国立公園）

に与える影響を予測評価する景観アセスメントを実施する場合において，対象とする空間のスケールによって分けて考えることが大切である．すなわち「計画（アセスメント）レベル」に対応して検討する内容は異なり，必要となるデータの種類・精度も異なってくる．森林を含めた自然環境を対象としたときには，広い地域の景観から地点の景観まで段階的総合的に計画を進めていくことが必要で，そのためには景観計画，景観アセスメントを地域（Macro），地区（Meso），地点（Micro）の三つのレベルに分けて検討することが必要である．レベルの内容および検討方法に違いがあることから，それぞれの計画を「上から」「横から」「中から」の景観計画と呼んでいる（図5.2，表5.5）．

1）地域（Macro）レベル　地域レベルでは，広い地域を対象として，上空から地域全体を眺めわたして計画するようなレベルなので「上からの景観計画」といえる．広く景観資源の分布や地形，植生（森林），土地利用状況などを把握して景観を検討するレベルである．この場合は，森林も含めた貴重な自然資源や人文資源の位置・規模や，地域内における景観を眺める視点（展望地，展望ルートなど）を把握し，地域の中でどの部分が保護保全に，あるいは利用に適した景観潜在力を有しているのか，すなわち地域の有している「景観のポテンシャル」を検討することとなる．計画作業にあたっては，5万分の1スケールの各種地図から得られる平面情報を用い，地域の保全や利用のゾーニングや道路の路線選定に適したルート，施設開発に適した地区などが評価（決定）項目となる．したがって，このレベルでは「ロケーション」が計画内容を表すキーワードとなる．

2）地区（Meso）レベル

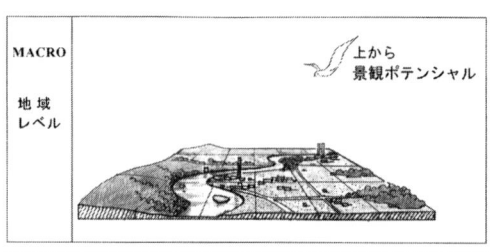

図 5.2　空間レベルと景観

表 5.5 景観計画・アセスメントのレベル

レベル	方法	検討内容	評価項目
Macro (地域)	上から (平面)	景観ポテンシャル Landscape potentiol	路線選定 地区選定 ゾーニング ロケーション
Meso (地区)	横から (立面)	眺望景観 Prospective landscape	施設配置 景観施業 風致伐採 レイアウト
Micro (地点)	中から (三次元)	囲繞景観 Close-range landscape	形状, 色彩 テクスチュア 植栽デザイン デザイン

地区レベルでは，地区内で実際に人間の眺める景観を対象とするので「横からの景観計画」といえる．地区の地形情報と地表情報をもとに具体的な地上の視点から眺めた眺望状況すなわち「眺望景観」を検討対象とする．計画作業にあたっては 5,000 分の 1 スケールの図面から得られる立面情報を用いる．評価（決定）すべき項目は，地区内での施設の配置や森林の伐採方法（位置，形状，伐採率など）などになる．このレベルのキーワードは「レイアウト」である．

3) 地点 (Micro) レベル　地点レベルは，ある視点（場所）における景観体験者（人間）の身近な景観すなわち「囲繞景観」を検討するレベルであり，人を中心とした視点近傍を対象とするので，「中からの景観計画」といえる．計画（設計）作業では，個別施設のデザインや樹木による修景や植栽方法などの細部についての検討を行う．このレベルでは，三次元（空間的）情報が用いられる．評価（決定）項目としては，人工物の形状，色彩，テクスチュア，植栽樹木の種類，位置，本数，樹高など細部に及ぶことになる．このレベルでは，「デザイン」がキーワードといえる．

このように計画対象とする空間のスケールによって定まるレベルを明確に認識し区別して，各レベルにあったデータや手法を選択することが必要である．

b. 眺望景観と森林

景観を計画的に考える場合，視点から眺めた「遠くの景観」と視点近傍の「身の回りの景観」に分けて扱うことが効果的で，前者を「眺望景観」，後者を「囲繞景観」という．

富士箱根伊豆国立公園の富士山，日光国立公園の男体山などに代表される景観は雄大な「眺望景観」の代表的なものである．森林はこのような眺望景観を構成する重要な要素となっているので，著名な展望地から眺められる森林の施業には充分な配慮が必要である．一般的に，森林の皆伐跡地は，周辺の「地」に対して「図」となるので目立つ存在となり，特に大面積の場合には影響が大きく，伐区の幾何学的形状も周辺に馴染まない．また，造林地であっても，その形状や色彩が周辺から目立って景観に違和感を与える場合がある．

したがって，皆伐施業を行う場合には，伐区の面積はもとより位置，形状について十分検討する必要がある．景観的影響を軽減するには等高線沿いに伐区位置を設定することなどが効果がある．わが国の国有林においても風致施業を目的として，いくつかの伐区設定が試みられている．静岡県富士山の地形的特徴である緩斜面を活用したモザイク伐区，北海道斜里岳で試みられたデザイン伐区，兵庫県山崎営林署管内で行われた楔型伐区などが，その代表的事例として挙げられる．米国では，伐区形状を自然崩壊地に似せて不規則な形とし，周辺に馴染ませる工夫を行っている．英国風景式造園の発祥の国である英国でも，森林の景観デザインに関する理論と実践がまとめられており[3]，森林の景観施業については，直線を嫌い，非対称形を重んじる風景式造園手法が応用されている．

景観的に重要な地区においては，皆伐でなくて択伐を行うにあたっても，景観的に影響の少ない択伐本数（率）を検討する必要がある．また，最近関心が高い混交林への転換や育成についても樹種構成や混交率について景観的に検討を進める必要があろう．

c. 囲繞景観と森林

美しく快適な森林内での体験は都市では味わえない良さがあるが，温暖多雨なわが国の気候条件下では，放置し自然に任せたままだと下層木や下草の成長が旺盛で繁茂し，むしろ快適な活動を妨げる場合もある．このような森林には，人手を加え適切な維持管理が必要となる．樹林内を散策する場合にはむしろ強度の間伐と下刈を行った方が，利用者に快適な活動体験を与えられるし，森林内での自己のオリエンテーションを明確にすることもできる．これらの森林施業には，林業はもとより造園で用いられる「見え隠れ」「区切り」「ビスタ[注1]」などさまざ

注1) 一定方向に軸線（axis）をとった景観構成手法で，森林を直線状に伐開したり並木状に植栽して見通す方向に視線誘導を図ったもの．

まな植栽デザインの手法が参考となろう．森林内に設けられたキャンプ場においても，立木密度が多すぎて，暗く，湿度が高いために活動の快適性を妨げてしまっている場合も少なくない．また，遊歩道や自転車道の両側などは適度な伐採を加えて，見通しを確保した方が好ましい場合が多い．特に遊歩道沿いは，鬱蒼と閉鎖した森林は，歩行者に圧迫感を与えてしまう．

森林内の散策道（トレイル）での利用者の景観体験をオンサイト（現場）で直接把握する写真投影法によれば，地形や樹種（針葉樹・広葉樹）の組み合わせによって利用者の好む林内景観はパターンに分けることができ，水辺の景観が高く評価された[4]．さらに，利用者の満足感は，その地点の景観と深くかかわっており，さらにその満足感が次の地点の満足感と連動するというシークエンシャルな構造を有することを明らかにしている[5]．また，林内景観に対する好き嫌いを決定づける要因として，樹林の奥深くまで見通せる景観が挙げられ，林外まで見通せる林内では，視点周囲の情報量が多く，安心感や行動の意志決定に効果がある[6]．したがって，囲繞景観の森林景観保全は，このような例を参考にして，そこで行われる活動に合わせてきめ細かく行うことが望ましく，伐採を控えたり，消極的な手入れに留まらず，積極的な風致施業の効果を十分に考慮して行うことが必要である．

5.2.3　森林景観シミュレーション

実際に森林景観の適切な保全や利用を検討するには，理論とともに具体化する技術が必要である．以下には，景観予測評価技術である景観シミュレーション（予測）の方法について紹介する．

a.　景観ポテンシャルシミュレーション

広い地域の景観ポテンシャルは，対象地域にメッシュアナリシスの手法を応用し，地域が有する景観的な潜在力（重要度）を分析することによって把握できる．そして，その結果にコンピュータグラフィックス技術を活用し，可視化することによってシミュレーション画像としてわかりやすく呈示することが効果的である．

地域の景観的な重要度を算出するデータとして，数値地形データ，航空写真，植生図を利用して作成されたのが地域の景観ポテンシャルを示した三次元画像である（図5.3）．

このような方法により，言葉や文章で示したのでは理解されにくい地域の有す

図 5.3 地域景観のポテンシャル
実際のポテンシャルの高低はカラーで表示してある．

る景観ポテンシャルの状況をわかりやすい情報として表現することが可能となった．

b. 眺望景観シミュレーション

このレベルのシミュレーションは，コンピュータの容量や能力の進展に従って日進月歩で急速に進歩を遂げてきた．

図 5.4 は，最初（1970 年代）に試みたコンピュータグラフィックスによる森林景観のシミュレーションである．シミュレーション（予測）は地形と植生の 2 種類のデータを用い，まず，数値地形モデルから視点から眺望した山の景観を稜線

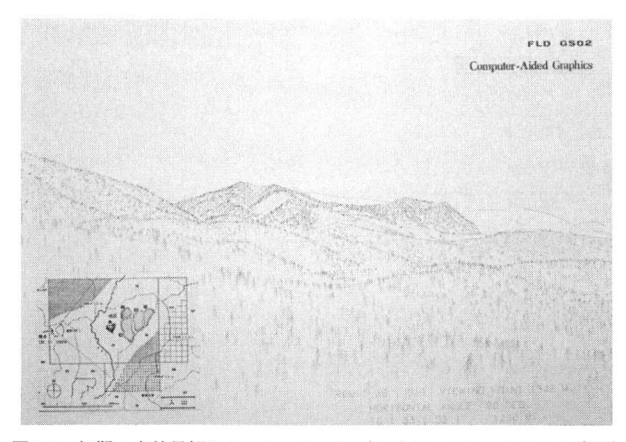

図 5.4 初期の森林景観シミュレーション（ワイヤーフレームによる表示）

図 5.5　秩父演習林の森林景観（実写）（上）と秩父演習林森林景観シミュレーション（下）

を描画することによって表し，その上に樹木を実際の位置，樹種（針広別），樹高，本数に併せて表現している．使用したデータは，5,000分の1森林基本図から作成した数値地形データと，森林調査簿から作成した植生データである．この段階では，樹木は二次元のシンボルで単色（モノクロ）表示であった．

　1990年代以降，コンピュータ技術の急速な進展によって，カラー情報はもとより大量で複雑なデータ処理と画像解析手法が活用できるようになった．フランスでは，植物の成長を予測し，それを三次元の景観モデルとしてシミュレーション可能な手法 AMAP が開発された．そこで，筆者らは，AMAP 手法開発グルー

図 5.6 東京大学農学部キャンパス景観シミュレーション

プとの共同研究で森林景観のシミュレーションを始めた．東京大学秩父演習林をフィールドとして，地理情報システム（GIS）で，現場の情報を処理し，さらにAMAPを活用してシミュレーションした結果，複雑な森林景観が再現できるようになってきた（図5.5）．この景観シミュレーションでは，何年後であろうと樹木が成長した将来の森林景観を予測することが可能である．さらに，季節変化も追うことができるようになってきている．

c. 囲繞景観シミュレーション

単木や構造物の詳細なデータを準備できれば，身近な「囲繞景観」のシミュレーションも容易に検討できるようになってきている．ちなみに東京大学農学部キャンパスの景観をシミュレーションしたものが図5.6である．人間がこのような身近な環境を知覚する場合，視覚以外の聴覚とか触覚など五感が大きく関係してくる．したがって，囲繞景観を体験する際には，視覚以外の感覚も影響してくる．

最近では，サイバーフォレスト研究として，「眺望景観」にかかわる景観記録だけでなく，森林内の樹木の芽や葉の成長の時系列映像記録や，鳥や昆虫などの鳴き声や葉のそよぐ音など「音環境」の経時的自動記録を行っており，「囲繞景観」にかかわる数多くの森林環境データ収集を行っている．そうした貴重なオンサイトデータを記録保存するだけでなく広く研究教育に活用されるようにウェブ上で公開している[注2]．

5.2.4 森林景観の創造

1993 年には環境基本法，1997 年には環境影響評価法も制定され，人と自然との共生がキーワードとなってきているが，最近は，都市再生，自然再生など「再生」が新しいキーワードとなってきた．その結果，森林に関しても従来からの保護，保全に加え新たに「創造」が課題になってきている．

過去の森林の創造事例としては，明治神宮の森が「人が造った森」として有名である．樹木もまばらであった土地に，全国から集められた献木 10 万本を長期的計画のもとに植栽し見事な森に生育させた成功例として知られている．造成当時，神社には不可欠とされていたスギの樹を都市環境に合わない樹種と見抜いて主木から外し，目標とする将来の林相を照葉樹林とした点など学ぶ点は多い．今や都心にあって，地域の環境・景観にとっては欠かせない貴重な森林となってはいるが，一方で，あくまでも神社の神聖な森であるので，林内は立入禁止となっている．したがって，今後は地域の環境や美しい景観に貢献するだけでなく，住民が自然と触れあえる身近な森林の創造が必要となってこよう．

そのような意味から，兵庫県尼崎で試みられている「尼崎 21 世紀の森構想」は，興味深い．かつて尼崎臨海地域は，わが国を代表する阪神工業地帯の一翼を担うと同時に公害発生や水質汚濁などの環境破壊で問題となり，近年の産業構造の変化により工場などの遊休地化が進み地域活力が低下して，その再生が急務の課題となっていた．そこで，兵庫県は瀬戸内海臨海工業地帯に「21 世紀の森」づくりを提唱し，その一環として，尼崎南部 1,000 ha を森構想区域としたのである．この森づくりは，21 世紀を時間軸とする長期的なプロジェクトであり，「拠点地区」「丸山地区」「フェニックス事業用地」を先導整備地区として位置づけ，おおむね 20 年かけて重点整備し（展開期），50 年かけて地域全体に波及させ（概成期），それ以降成熟させていく（持続発展期）という壮大な計画である．

拠点地区の先導的な森づくりを進める「中央緑地」（29 ha）の基本計画では，「地域が育てる森」から始めて「地域を育てる森」をめざすことを基本理念としている．目標とする森の姿は，①地域の原生的自然である照葉樹林ゾーン，②適切な維持管理により四季折々の自然が楽しめる落葉広葉樹林ゾーン，③散策やレクリエーションなどができる開放的で明るい疎林ゾーンを考えている（図 5.7）．

この森構想は，1,000 ha の土地と 21 世紀 100 年をかける長期的な事業である

注 2) サイバーフォレスト（次世代森林環境研究基盤）http://cyberforest.fr.a.u-tokyo.ac.jp/

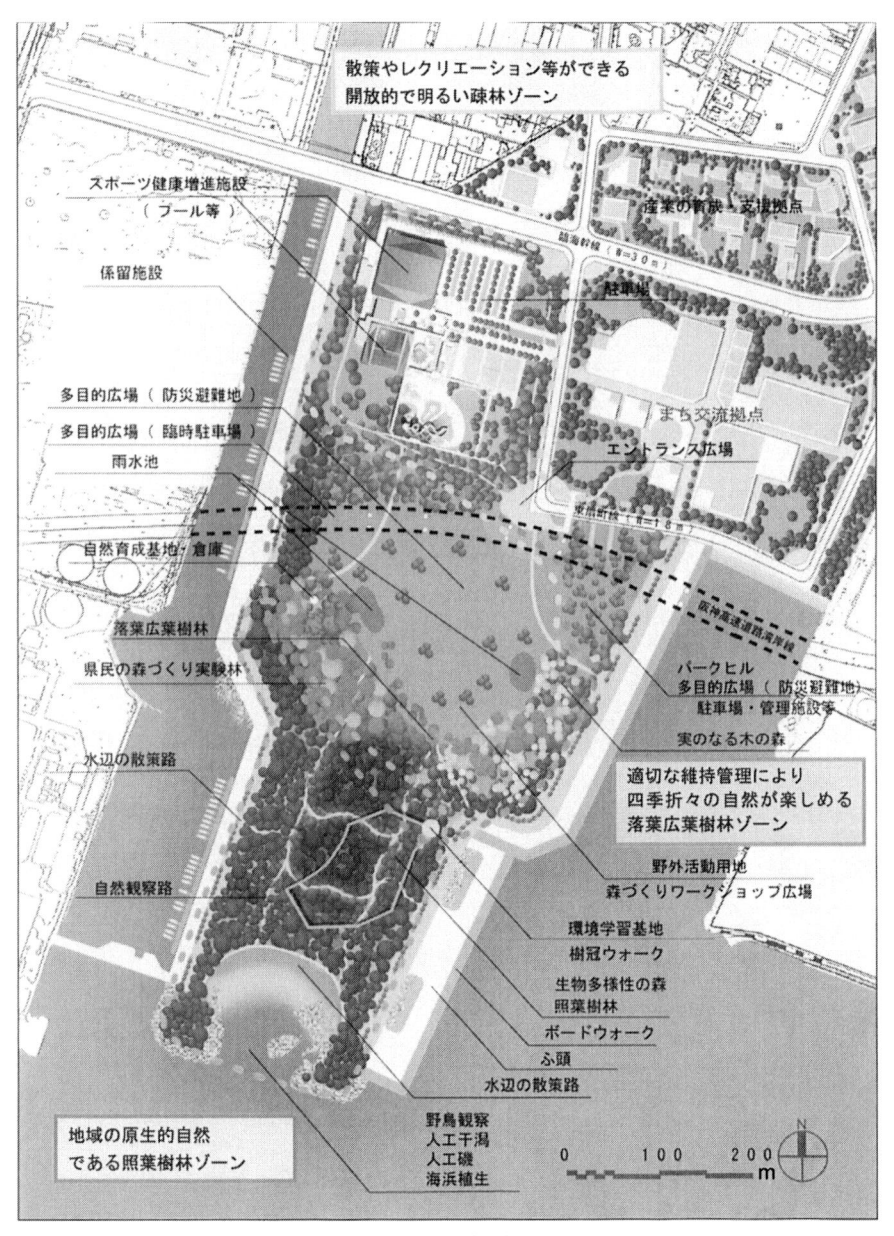

図 5.7 尼崎 21 世紀の森「中央緑地基本計画」

ので，県民，企業・団体と行政の協働による息の長い取り組みが不可欠である．したがって，すでに「尼崎21世紀の森づくり協議会」を設立し，さらに協議会の中に「森」「まちづくり」「産業」「企画」の4部会を設けて，具体的な活動を続けている．

(熊谷洋一)

文　献

1) 志賀重昂：日本風景論（第13版），文武堂，1901
2) 岩田秀樹：日本人の樹木と景観の志向に関する研究，東京大学修士論文（森林風致計画研究室），1998
3) Lucas, O. W. R. : The Design of Forest Landscape, Oxford University Press, 1991
4) 奥　敬一，深町加津枝：林内トレイルにおいて体験された景観型と利用形態の関係に関する研究，ランドスケープ研究 **63**（5），587-592，2000
5) 奥　敬一，深町加津枝：林内トレイルのシークエンス変化に伴う景観体験および満足度評価の変動，ランドスケープ研究 **64**（5），729-734，2001
6) 藤本和弘：樹林のレクリエーション利用とそのイメージに関する基礎的研究，造園雑誌 **42**（2），23-29，1978
7) 熊谷洋一：美しい景観を楽しむために，現代幸福論，東京大学公開講座65，東京大学出版会，1997
8) 熊谷洋一他：持続的レクリエーション利用のための森林景観管理に関する研究，平成5年度文部省科学研究補助金研究成果報告書，1994
9) 斉藤　馨他：景観計画におけるコンピュータグラフィックスの応用，NICOGRAPH 論文集 **7**，248-259，1991
10) 斉藤　馨他：リアルな森林景観シミュレーション，NICOGRAPH 論文集 **9**，226-236，1993
11) 斎藤　馨他：GIS，CAD，植物成長モデルを応用した景観シミュレーション手法に関する研究，ランドスケープ研究 **58**（5），197-200，1995
12) 兵庫県：尼崎21世紀の森構想，2002
13) 橘　俊充，市川和幸：臨海部における緑の拠点の形成—「尼崎21世紀の森」の推進—，ランドスケープ研究 **67**（2），137-140，2003

5.3　ふれ合い活動の場としての森林

5.3.1　ふれ合い活動の場としての価値の高まり
a.　森林をさまざまに楽しむ人が増えている

森林を楽しむ人たちが増えている．楽しみ方はさまざまで，ハイキングやピクニックはもちろん，鳥や草花などの観察会，写真や絵画，木工や染色などのクラ

図 5.8 森林の管理作業をレクリエーションとして楽しむ人たちも現れてきた

フト,そして森林を会場として美術展や音楽会を開催したり,下草刈りや間伐などの森林管理作業をレクリエーションとして楽しむ人たちも出てきた（図5.8）.

近代化の過程で,森林は木材資源生産の場としての認識が支配的であったが,ここへ来て地域の人々や自然を求める都市住民の生活の場としての認識が高まりつつある.居住地周辺の森林と共生する,いわば森林を「庭」として楽しむような新たなライフスタイルも生まれつつあると考えられる.観光やレクリエーション活動,あるいは教育などとも関連した「ふれ合い活動」の場としての森林の価値が高まってきているといえよう.

ここでいう森林のふれ合い活動の場としての価値とは,森林空間の有する快適性や季節感,清々さや神聖さなどの性格やイメージを活かしてさまざまな活動が展開される「空間」としての価値,各地域における森林をはじめとする自然物とのかかわり方,つまり日々の衣・食・住において,あるいは農林業や工芸など地域の産業のなかで森林とどのようにかかわってきたのかといった「歴史・文化」としての価値,そしてそれら地域のライフスタイルや文化を象徴する「景観」としての価値,また,学校教育,社会教育,あるいはクラフトをはじめとする創作活動の素材としての「生物環境」としての価値などの側面を指している.こうした人々の生活や営みの場として活用したり,活用してきた側面がふれ合い活動の場としての森林の価値である.

b. 人とふれ合いながら形成してきた森林の価値

また,ここで注目しておく必要があるのは,屋久スギや白神山地のブナ林など

自然性の高い貴重な森林とともに，居住域周辺の里山など身近な森林への関心が大きく高まっている点である．近年では農村や田園に対する関心も高くなっており，心やすらぐ田園景観や自然と共生する暮らしの体験を求めて農山村を訪れる人々が増えてきた．里山や棚田，藁葺きの集落をはじめ農山村をテーマとした写真集なども書店に並んでいる．つまり，「森林」そのものへの関心もさることながら，人と自然とが深くかかわってきたライフスタイルや，それによって形成された二次的な自然環境に対する関心が高くなっていると理解できる．

こうした人と自然との共生が生みだした農村や森林への関心は，わが国だけの話ではない．従来，原生自然と歴史的な人工物に焦点をあててきた「世界遺産」に，1992年から文化的景観の概念が導入された．この文化的景観とは，人が動的に関与しながら維持されている景観を指した概念であり，1995年にはフィリピン・コルディレラの棚田が文化的景観として指定された．世界的な傾向として，19世紀頃から育まれてきた「原生自然」の非日常的で清浄な景観に対する傾斜から，人々が環境と共生しつつ時間をかけて形成してきた身近な景観へと，その関心の比重を移してきていると考えられる．

自然性の高い森林の場合は，ふれ合い活動を行う場合でも，その環境の保護に関して細心の注意が必要である．しかしながら，二次的な森林の場合には，より多様なかかわり方が可能になるため，利用者の興味や関心の程度に合わせた活用が可能となる．人々の暮らしや営みとかかわって形成された二次的な森林環境への関心の高まりは，森林との多様なふれ合いを求める現代の人々の希求ともかかわっていると考えられる．

5.3.2　ふれ合い活動の観点からの新たな森林の保全・管理

では，新たなふれ合い活動の場を発揮する森林とはどのような形態を有しているのか，さらにはその資源性を増進させるにはどのような整備が必要であるのか．当然，従来からの生産林としての良し悪しとは異なる判断基準が存在するはずである．自然や森林に対する新たな動きをさらに充実させていくためには，人々が森林にどのような活動を求めているのか，そしてその活動をより豊かに，より快適に行うためには，「どこに」「どのような」森林が必要であるかを明らかにする必要がある．豊かな生活という観点からの適正な森林の配置や，整備・管理の水準が設定され，生活の場としての森林環境が整えられていくことになる．

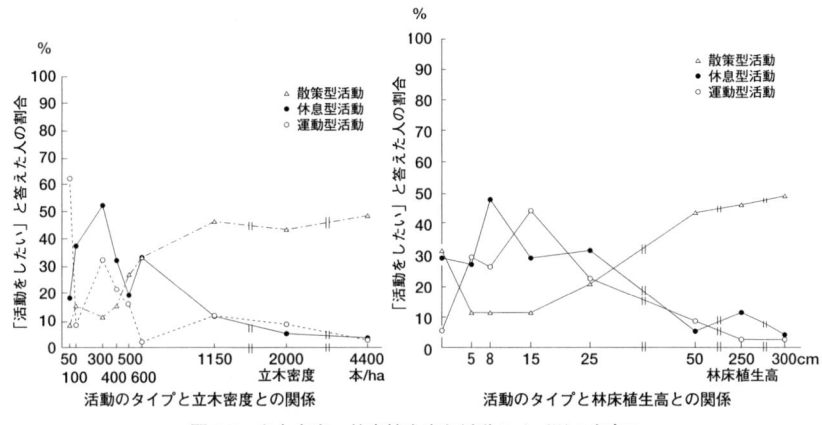

図 5.9 立木密度・林床植生高と活動タイプ別の志向[1]

a. 人が楽しく過ごす森林の形態

基本的には,「活動選択に関して自由度の高い,舞台としての森林」が求められる.そのためには生物相の面でもまた景観面でも「多様性を有した森林」であり,林内でのさまざまな活動を誘発する「快適で明るく活動しやすい森林」が必要となる.たとえば,自然観察にしても散策にしても,やはり人工林の一斉林よりも樹種の多様な雑木林の方がより豊かな活動や体験が期待できる.また,躊躇なく林内に入り込め,滞留・滞在型,移動型の活動が活発に行われるためには,林床が整えられると同時に,明るさや見通しを得るための適切な樹木の密度が必要である.森林の樹種,樹木の密度や下草の状態など,森林内の状況によっても人々が行いたい活動は異なる.たとえば図 5.9 は,森林の樹木の密度(立木密度)と,そこで活動したいと答える人の割合との関係を休息型,散策型,運動型の活動区分別に調査したものである.300 本/ha 程度の立木密度の森林において,休息型および運動型活動を行いたいと答える人が最も多いこと,散策型活動は反応が異なり,1,150 本/ha 程度までは活動希望率が徐々に増加し,それ以上の密度になると横ばい状態になることが読み取れる.また,林床の植生高との関係からは,林床に 50 cm 以上の植生が繁茂した林では快適性が損なわれることがわかる[1].

b. 森林の立地や性格と展開されるふれ合い活動

そして,一口に森林とのふれ合い活動といってもさまざまなものがあり,活動タイプによって要求する森林や立地の条件が異なる.図 5.10 は自然とのふれ合

い活動が行われている場所の立地特性を活動別に分析した結果の一部である．立地特性の分析軸として，自然性の程度とアクセスの利便性が抽出され，活動タイプによって実施地の立地特性が異なっていることがわかる．たとえば，学習性の高い自然観察型の活動はあまり立地を選ばないが，自然体験型の活動はアクセスの利便性が高い，もしくは比較的都市性が高い環境下で多く行われていることがわかる[2]．

また表5.6は1999年の時点で全国の何らかのかたちで森林保全を目的に掲げているテーマコミュニティにアンケート調査を実施し，その性格を整理した結果である．活動内容や参加者の属性などから六つのタイプに区分することができた．タイプごとに活動内容の性格や集まる頻度，団体規模や参加者の構成などに種々の特徴があり，各々がフィールドとしている森林のタイプも異なっていることがわかる[3]．

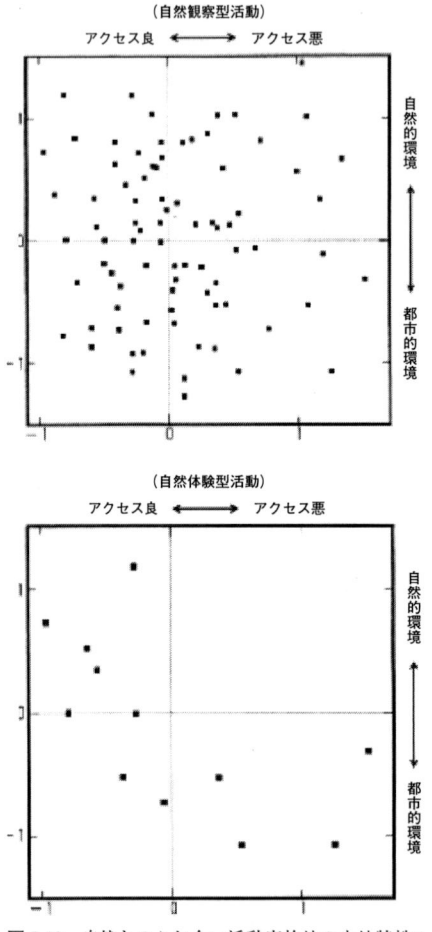

図 5.10 自然とのふれ合い活動実施地の立地特性[2]

つまり，森林のタイプや規模，集落（居住地）との位置関係などによって，そこを活動の場とするテーマコミュニティの性格もある程度決まるということである．学校教育をはじめとする地域におけるさまざまなふれあい活動や，その他のテーマコミュニティの活動を誘発したり，活性化させるための空間整備，組織運営に関する計画論を構築していくことは，自然環境の保全，管理にとっても重要な課題であると考えている．

表 5.6 活動団体のタイプ分類（薄い網掛け部分はタイプ内の75％以上の団体が有する性格）[3]

	森林のタイプ	活動対象地			活動内容					参加者の属性				タイプ分類	団体数
		所有	面積	空間の多様性	内容	頻度	管理の比重	情報発信	地域交流	会員数	参加者数	年齢層	居住範囲		
I	人工林	私有	小	低い	管理学習	低い	高い	—	あり	—	少	広がりあり	10 km圏外	人工林型	14
II	雑木林	私有	小	低い	レク重視	—	低い	あり	なし	—	—	40代以下	—	雑木林・レク型	6
III		—	—	林地は限定的	学習	中程度	中以上	—	—	中以下	少	40代以上	—	雑木林・学習型	19
IV		公有	小	—	多様	—	中以上	あり	なし	多い	中以上	家族参加	5 km圏内	雑木林・多様型	15
V	複合	—	大	林地以外の要素少	学習	低い	高い	あり	—	多い	—	—	10 km圏外	複合・学習型	7
VI		—	大	高い	多様	中以上	高い	あり	あり	中以上	広がりあり	—	5 km圏外	複合・多様型	18

5.3.3 森林環境の保全と管理
a. わが国における森林の概況

平成2～4年に環境庁（現，環境省）が実施した第4回自然環境保全基礎調査における植生自然度（人為による影響の程度という観点から植生を10区分した尺度）の全国構成から，わが国の国土全体における人為の加わり方の概要を知ることができる[4]．この調査によると自然度の高い（自然度8以上）植生が約1/4（24.4％），人為の加わった植生（自然度4～7）が1/2弱（47.0％），そして農地が1/4弱（22.8％）であることがわかる．またわが国の国土の2/3は森林に覆われているが，さらにその2/3つまり国土の4割あまり（43.7％）が人為の加わった森林（自然度7，自然度6）であることもわかる．現在，わが国を覆っている植生の多くが，人々の生活や生業とかかわりながら形成され，管理されてきたものであるといえよう．

昭和30年代の中期頃までは，まだまだ燃料として薪が使われるなど，里山や草地など里地の二次的な自然環境は日常生活や第一次産業とも深くかかわっていた．しかしながらその後，近代化が急激に進展する過程で，国際的な競争力の低下に伴う農林業の構造的不振や農業における機械化や化学肥料化などにより両者は徐々に遊離していった．このように第一次産業を通して森林や農地を管理することが難しくなってきたこと，また農林業や生活の近代化により自然環境とのか

かわりに必然性がなくなったことなどから，人為の加わった多くの自然環境の管理を，地域の人々によって持続的に管理されてきた地域循環型の従来の仕組みに依存することは難しくなってきた．その結果，里地・里山の二次的な自然環境は放置されたり，都市的な土地利用への転換が図られて，衰退や荒廃が進んでいる．そして今では，こうした旧来の人と自然との循環系にもとづいて維持，管理されてきた二次的自然環境において，景観面からもまた国土保全の面からも，そして身近な生態系の保全の面からも問題が指摘されている．つまり，森林と人とのかかわりが変化してきたため，森林に管理の手が行き届かなくなってきたことが，近年のわが国における自然環境保全に関する最大の問題であるといえよう．

b. わが国における森林の将来像

したがって全国の4割以上を占める二次的な森林環境，さらにはおよそ7割を占める二次的な自然環境の今後の取り扱いについてもっと論議し，その将来像を明確にする必要がある．森林を維持してきた価値観や仕組みが変化してきており，新たな要請に応じた森林のあり方，そしてそれを支える新たな森林管理のあり方について議論する必要がある．二次的な森林環境の一部は原生自然に戻していくことも選択肢の一つとして検討する必要があろう．しかしながら，現実的に，またわが国における人と自然とのかかわりの歴史を継承していく上でも，多くの部分は新たな仕組みのもとに二次的な自然環境として，管理を継続，復活させる必要があると考えている．

その際，現代の人々に求められている役割を最大限に果たす森林を形成する必要があり，水源かん養や生物多様性の保全，そして保健・休養など森林が有する公益的な機能を十分に発揮できる森林に誘導していく必要がある．そのためには各々の機能を最大限に発揮させる森林に誘導するための技術をより明確にし体系化することとともに，各機能の受益者負担を組み込んだ現実的な森林管理の新たな仕組みの構築すること，そして何より国民全体で森林を支えるために積極的に管理していくことに対してコンセンサスを得ることが重要である．特に，二次的な森林環境の保全と自然性の高い森林の保護とは性質が異なるという点に関して十分なコンセンサスが必要であろう．自然保護と称して，森林を遠ざけてしまうのではなく，ふれ合い活動を通して，森林を身近な存在として認識し，人の手を入れていくことの豊かさや大切さを訴えていくことが重要であると考えている．

c. 森林におけるふれ合い活動と受益者負担

そして，受益者負担を組み込んだ森林管理の仕組みの構築も急務といえる．農

林業などの第一次産業や日常生活におけるかかわりを通して地域の農地や森林を循環的に管理する仕組みが成立しなくなったとすれば，地域の自然を保全管理する新たな仕組みを検討していく必要があろう．近年の森林や農地に対する認識や価値の変容を考えると，基本的には「域外の人々」特に都市生活者が，環境面での機能の受益者としてさまざまなかたちで地域の運営管理に参加する仕組みが考えられるのではないか．つまり，従来は「地域の住民」だけが「地域の自然」を管理してきたのに対し，今後は「地域の住民」と「域外の人々」とが共同して管理する，新たな循環型共生の仕組みを形成していく必要があると考えている．

こうした協働型の地域運営は，地域サイドから求められているだけではなく，冒頭に述べたとおり，来訪者サイドからも受け入れられ，求められるようになってきている．首都圏における森林公園での例であるが，利用者に森林の管理費用に対する負担意識を尋ねたところ，8割近い利用者が「負担してもよい」と答えている．自然環境には人為による管理を必要とするものも多いこと，そのためには経費も労力も必要であることに対する認識は徐々にではあるが広まってきていると考えられる．

また合わせて，その負担許容額を尋ねたところ，中央値で一人当たり640円という金額を得ることができた．その数値をもとに，横軸に年間利用者数をとり，受益者負担額の総計と，全国16か所の森林公園における実際の年間管理費用と

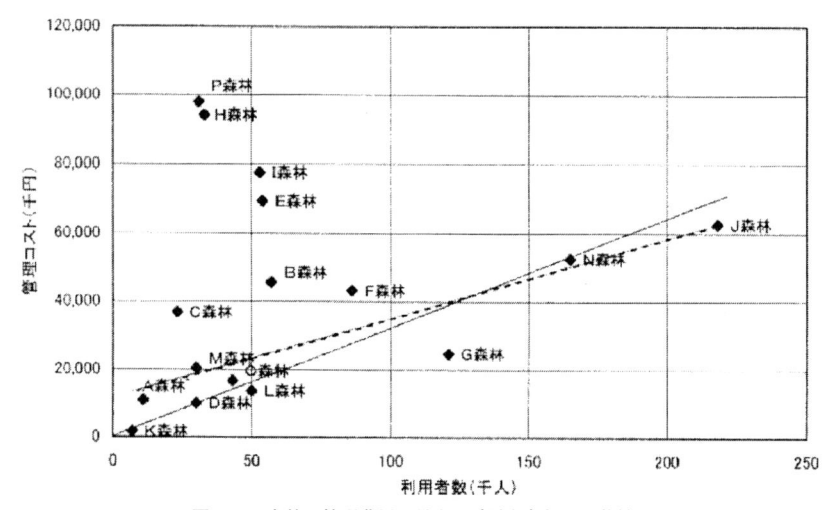

図5.11 森林の管理費用に対する受益者負担の可能性[5]
――――：管理費用推計，――：受益者負担収入．

利用者数から求めた管理費用の推計線とを比較したものが図5.11である．この図によると，年間13万人程度の利用者数が期待できれば，年間管理費用の100％を受益者負担でまかなえる結果となっている．そして，現状での保健・休養型森林の利用者数の平均的な値である5万人前後の利用者数があれば，支払意志額の総計は年間管理費用の1/2から2/3程度の割合になると試算された[5]．このように受益者負担などをも視野に入れた，新たな森林管理の仕組みについて具体的に調査検討を重ねていく必要がある．

今日，社会の大きな構造的変革期を迎えており，今後は森林の新しい楽しみ方や管理のあり方，地域の個性的な景観の保全や創造などを視野に入れ，森林との新たな共生像を明らかにしつつ，それを支える森林を保全・整備・管理する方策の体系を構築していくことが重要な課題といえよう． （下村彰男）

文　　献

1) 藤本和宏：樹林空間の活動と評価に関する研究，東京大学大学院農学系研究科修士論文，1978
2) 御代一秀：自然とふれあう活動の立地特性に関する研究，東京大学大学院農学系研究科修士論文，1994
3) 荒巻まりさ：市民による森林管理・利用活動の実態に関する研究，東京大学大学院農学生命科学研究科修士論文，2000
4) 環境省：環境白書，2001
5) 下村彰男他：森林のレクリエーション利用における受益者負担に関する考察．日本観光研究学会研究発表論文集 **14**，83-88，1999

5.4　森林・自然の保護の倫理

5.4.1　環境倫理
a. 環境倫理学の二つの主張

環境にかかわる倫理を考える学問を環境倫理学というが，環境倫理学の主張の一つは生命そのものに価値を認めることである．その最も急進的な立場は，生命以外をも含めて「自然は固有の価値をもつ．その結果，自然は少なくとも存在する権利を保有している」というものだといわれる．もちろん権利というものは主張できなければ意味がないし，自然は権利を主張するわけではない．したがって，この立場は地球の自然（その主要な構成者は生き物である）の権利を明確に

し，さらに養護する責任をもつ道徳的行為者として人間を位置づけるものということができる．しかし，生命に価値を見いだすことはすべての原生自然の厳格な保存を要求するものではなく，害虫防除や医療行為を否定するものでもなく，また草食主義でなければならないわけでもない．日本でもかつては人体と居住空間の内外には20種を超える動物が人間に依存するかたちで生活していた．そのなかには寄生虫や衛生害虫，その他害虫と呼ばれるものが少なくなかった．こうした動物と池や里山の動植物との違いをどのように考えたらいいのかはわからなくても，同じ発想で取り扱いたいと思うものはいないだろう．

環境倫理学は1970年代に米国で発達したものではあるが，環境にかかわる倫理は米国の独占物ではなかった．1960年代以前の日本でも，不必要に生き物を傷めることは，たとえそうする人がいるとしてもそれはいけないことだと教えられもし，また一般にはそう受け止められていた．「ぼくらはみんな生きている…」という歌があるが，この歌は生き物の生命に対する共感をうたったものであり，この歌詞にある「生き物は友達だ」とする見方は日本の社会で広く受け入れられている．したがって，生き物が権利をもつということを理解するのは難しくても，人が人間らしくあるには生き物のいのちを大切にする気持ちがなくてはならないという主張の理解は可能である．この理解の上に，生き物に対して圧倒的な影響力をもつようになった人間には生き物のいのちに対して義務と責任があるという環境倫理の主張を展開できるのではなかろうか．

環境倫理のもう一つの重要な主張は倫理の対象が将来の世代の人たちであることである．もちろんそのことは将来の世代の人々がどのように考えるかとは無関係に，われわれは将来の世代の人たちの利益を考慮して倫理的に行動しようというところにある．21世紀を迎えるにあたって採択された国連ミレニアム宣言は一定の基本的な価値の認識が21世紀の国際関係には不可欠であるとし，その一つとして自然の尊重を挙げている．そこでの具体的な行動の目標の一つは私たちが共有する環境の保護である．人間の活動によって修復不可能な被害を受け，そのニーズに十分な資源を供給できなくなった地球にすむという脅威から，すべての人類特に私たちの子孫を解放するためいかなる努力も惜しんではならないこと，またすべての環境対策において保全と管理という新たな倫理を採用することを決意すると述べている．将来の世代の人々を倫理の対象とみなすことはすでに共通の理解となっている．

b. 環境倫理の根拠

以上で環境倫理の二つの主張を明らかにした．では環境倫理のよって立つ根拠は何であろうか．それは地球は一つの生態系であるという事実である．生態系のなかではすべての生き物はそれ自身が生きる主体であるとともに他の生き物とつながりをもち，生活を通して酸素の放出，サンゴ礁の形成，肥沃な土壌の熟成，気候の緩和などさまざまな環境形成に参加している．生態系を構成するすべての生き物は尊重されなければならないし，その生息環境は適切に保全されなければならない．また，地球が一つの生態系であることは資源にも浄化能力にも限りがあることを意味している．大量消費は資源の枯渇をもたらし，海の汚染や温暖化といった環境破壊は広い範囲に長期間にわたる影響を及ぼし，将来の世代の人たちに決定的な負の遺産を残す可能性が高い．地球は一つの生態系であるという事実を直視するなら，人類には生態系の一員としての責任ある行動が必要であることを否定できる人はいないだろう．

5.4.2 森林環境

a. 生物の集団

環境倫理には二つの主張があり，環境倫理の根拠は地球は一つの生態系であるという事実にあることを上記で明らかにした．以下はそのことを森林を例に考えてみよう．

森林とは外観的には樹木の集団である．しかし，森林には樹木以外に多くの植物，さらにそれ以上に多くの動物が生息している．たとえば環境省の指定する自然環境保全地域である熊本県の白髪岳では，環境省の調査によれば周辺を含めて300種あまりの植物が目録に収録されており，そのうち約半数が木本類である．他方，動物は1,500種あまりを確認していて，その95%は昆虫類である．哺乳類は15種，鳥類は58種である．種数のみならず生活においても昆虫類は多様で，樹木の内樹皮，葉，細根，球果，芽などを食うものが樹上，地表，地中に広がり，森林を立体的に利用している．動物は個体数も多く，落ち葉の積もったところに置いた足の下だけにでも何万という動物がいるほどである．森林とは単に樹木の集団であるにとどまらず，多様な生物の集団である．

日本列島には亜熱帯から亜寒帯までの気候条件，海辺から高山までの地形的条件，活発な火山活動などの環境条件に対応してさまざまなタイプの森林が存在し，そこにはそれぞれの環境条件に適応した多様な生き物が生活している．多様

な森林とそこにすむ生物は日本列島の自然環境を特徴づけている．しかし，列島の平坦地のほとんどは農地や居住地としてすでに開発されており，残された森林も 40% はスギ，ヒノキなどの人工林となっている．森林の開発はそこに生活する動植物を群集ごと排除し，人工林もまた植えつけられた植物種とそれに依存する昆虫類以外のものを排除する傾向にある．また人工林の樹木の年齢は均一で，遺伝的・生理的にも変異が小さく，林内の温度や光の分布も一様で，生物の生息空間としては貧弱である．それに対して天然林の樹木の種構成は多様で，年齢も不揃いで，そればかりか大量の倒木や朽ち木もある．林内の温度，湿度，光の分布は地点ごとに微妙に異なる．また同一の種の植物でも個体ごとに遺伝的・生理的にも変異が大きい．したがって天然林にはさまざまな種の小動物が生息している．生き物はその生息に適した環境のなかでしか生息できない．天然林は列島を特徴づける自然として，また多様な生物種の生息環境として重要である．

　森林の生物は植物も動物もすべて人間とは独立の存在である．これは農作物や家畜が人間の手によってつくりだされたもので，栽培あるいは飼育をしなければ存在し続けられないものであることとは著しく異なる．樹木についてみると，天然生の稚樹を植えつけて人工林をつくることも天然林のすぐれた個体の種から育てた苗木を植林することも広く行われているが，樹木が独立の存在であることには変わりはない．樹木の一生は長く，樹木自体には年齢に応じてさまざまな動物と微生物がすむ．他方，樹木が多様な他種の植物との競争を生き抜き，異常気象や予期されない病害虫の発生といった事態にも生存し続ける可能性を保持するには遺伝的に多様な，独立の存在であることは重要である．したがって天然林施業のなかで素性の悪い個体を排除することが方法的にも量的にもどの程度許されるべきかについてはまだまだ検討の余地がある．またすぐれた品種が育種によって選抜あるいは育成されたとしても，その利用は人工林に限られるべきであって，安易に天然林に導入すべきではない．

　人類は木材を使って文明をつくりあげてきた．現在でも木材は燃料として，あるいは建築，製紙をはじめさまざまな分野で使用されている．木材としての収奪の程度があまりに激しいと，ついには個体群として存続できなくなり絶滅に至る．絶滅の危機にあるレバノンスギはその一例である．森林が生物の集団であることを考えると，特定の種の絶滅はその種だけに限らず多様な種の絶滅に結びつく可能性がある．たとえば，日本列島のアカマツ・クロマツにはそれらに依存するかたちで 70 種を超える昆虫種が生活しているし，ロシアではナラ類に依存す

る昆虫類は1,400種にのぼるといわれている[1].

　天然林の伐採にあたって注意すべき最重要事項は森林とその環境が持続可能なものであるべきこと，また生物多様性の保全が維持されることである．

b. 生態系としての森林

　森林は一つの生態系であることはいうまでもない．森林の生物は生態系の一員として他種の生物とさまざまな関係をもちながら生活し，生態系のなかのエネルギーの流れと物質循環に関与している．

　森林の生産はすべて植物が行う光合成に始まるが，植物が生産したものの一部分は半翅目，鱗翅目，甲虫目，膜翅目などを主とする食植生の昆虫類に食われる．こうした昆虫類は食べたもののほとんどを噛み砕いたかたちで糞として排泄するが，昆虫自体もそのほとんどの個体は発育途中に食肉性の昆虫類，は虫類，鳥類，哺乳類といった昆虫食性の動物に食われる．動物に食われる以外の，植物が生産したものの大部分は落葉や落枝として地上に落ちる．動物の糞も死体もまた同様である．こうした落葉や糞のような物質は食腐性の昆虫類やその他の土壌動物に食べられて噛み砕かれた糞として排泄されるが，動物の死体もまた食腐性の土壌動物，鳥類，哺乳類によって食われる．以上のようなさまざまな過程を経て，動物が排泄する糞や落葉は最終的には菌類や細菌類によって分解される．食うものと食われるものの関係を通して森林のなかをエネルギーが流れ，物質は循環する．

　森林の昆虫類は通常はきわめて低い密度でしか生息していないが，個体数の増加を抑制しているものは昆虫食性の鳥類と哺乳類，捕食性あるいは寄生性の昆虫類など各種の天敵である．言い換えるなら昆虫類や土壌動物などの無脊椎動物は鳥類や哺乳類の食物として，鳥類や哺乳類の群集を支えている．多様な種の樹木が存在し，多様な小動物が生活する森林には鳥類や哺乳類の食物は時間的にも立体的にも連続して存在するため，鳥類や哺乳類も多様なものが生息できる．

　生きた植物組織を食べる昆虫類の個体群密度が上昇し，摂食量が大きくなれば樹木の成長が抑えられる．特に大発生ともなれば成長低下はいうまでもなく，常緑針葉樹では枯死することがある．大発生によって樹木の葉が一時に失われると，同じ種の樹木を食べる他種の昆虫類には食物不足が生じる．逆に大発生した昆虫類を食べる天敵には一時的に大量の食物が出現するが，大発生は永久に続くものではないため，その後には食物不足におちいる．樹木の失葉や枯死は林内に射し込む日射量を変化させ，落葉の分解を進めたり，下層植生の枯死あるいは繁

茂を引き起こす．

　鳥類や哺乳類は植物の種子を運ぶ．列島の各地にあったマツ林がマツノザイセンチュウによって枯れた跡地はヒノキの人工林となっている例が多いが，そのまま自然の遷移にゆだねられたところも少なくない．そうしたところもだいたいにおいて樹木が成育して森林となっているが，森林を構成する樹木には鳥類によって種子が運ばれてきたものが多い．動物は種子散布によって森林の更新に貢献している．森林には本来、無用な動物は存在しない．

c. 公共の福祉

　森林は木材を生産し，洪水を防ぎ渇水を緩和する．あるいは土砂が川に流出するのを防止し，防風機能ももっている．さらには景観を構成する主要な要素としてすぐれた景観の創出に重要な役割をもち，住民のみならず旅行者の快適な気持ちを与え，生活を質的に高める効果をもつ．特に近年は地球の温暖化との関係で，森林の植物が二酸化炭素を吸収する働きが重視されている．森林はさまざまな点で公共の福祉に貢献しており，そのことは古くから認識されていて，江戸時代の儒学者である熊沢蕃山はそれを「山林は国の本なり」と表現している．

　公共の福祉に貢献する森林機能は森林が森林であるかぎりにおいて等しく有するものであるが，天然林であるか人工林であるかによって機能の発現には偏りがある．たとえば木材の生産は人工林の方が効率的に実行できることは明らかであり，土砂が川に流出するのを防止し，常に澄んだ水を流出させるには一時的にせよ林冠が破壊される人工林よりも天然林の方が優れていることはいうまでもない．しかし，公共の福祉に貢献するという観点に立つなら，森林に期待する機能の発現を所有者だけが関心をもつ特定の機能に限定することは問題である．どのような機能の発現を期待するかには公共の意向が反映されるべきである．

5.4.3　森林の保全と倫理

　森林はこれまでまず林産物の収穫の場であり，次いで開発の対象であると考えられてきた．それが徹底的に追求されたらどうなるのか．その事実を，年間の降水量が400 mmに満たない中国・華北平原にみてみよう．

　華北平原は黄河の流域を中心として中国の東部の北半分を含む広大な平原である．ここは世界で最も早く文明が開けたところである．春秋時代には平野の中にも未開の森林が残されていたといわれるが，今は集落の中と耕地の周囲などに植わるものを除いて木立はない．農地に立つと村落さえ見えないほど遠くまで畑が

広がっているのも珍しくはない．森林は開発の対象として徹底的に破壊されてきたことがわかる．森林ばかりか大型の哺乳類，果物を食う鳥類も含め，農地にとって不用あるいは有害だとみなされる一切の動植物はすべて可能なかぎり排除の対象として取り扱い，他方，生活に必要あるいは有用なものは可能なかぎり獲得することに徹している．しかし，単純な環境条件では病害虫は発生しやすい．このため農作物には農薬を頻繁に散布する必要があり，農作物の安全性には常に危惧が抱かれている．

山地も同様な状態にある．北京の北に位置する燕山山脈は，西側にあって早くから森林が消滅した太行山脈と異なり第二次世界大戦後まで森林が残っていたが，今は中国北部の他の山岳地と同様に樹木がまばらに散在するはげ山になっている（もちろん作物や果樹の栽培が可能な場所はすべて開墾されている）．伐採跡地のほぼ全域で天然更新による油松（*Pinus tabulaeformis*）の稚樹の発生があったといわれている．しかし，開墾されたところはいうまでもなく，開墾されなかったところも降水量が少ないため（2001年は渤海に面した避暑地として知られる北戴河では90 mm未満であった）樹木はなかなか大きくはならない．

中国の農家1戸当たりの平均耕地面積はわずかに0.1 haにすぎず，農民の生活が苦しいことは想像に難くない．したがって作物の非収穫部分，樹木，灌木，草は燃料とされる．森林が伐採されるまでは山村では落葉や落枝，下層植生の採取で燃料がまかなわれてきた．しかし，森林が消滅した今はそうはいかない．生えてきたマツの生育にかかわるほど強度に燃料が収奪される．こうして山はますます痩せる．農家の周囲には燃料とする松の枝葉が積み上げられていて，秋も深くなるとその山はずっと大きくなるという．灌木もすっかり刈り払われている土壌はぱさぱさしていて砂漠化が進行している．

河北省は乾燥した気候であるが，河口に近い平野には本来なら水は豊かにあった．しかし，1998年には黄河の断流が137日に達したことが示すように，中流での水需要の増大の結果として下流にゆくほど水流は痩せ細るため，雨の少ない年には小運河や小川，ため池はほとんど干上がる．そればかりか北京の地下水位は毎年1.5 mほどずつ低下していて，40年ほどで60 mも低下したという．その理由は地下水の過剰な汲み上げにあり，主因は農地の灌漑水の利用であるといわれている．あまりに広大な平原をすべて畑や都市に変えたことが持続不可能なまでに水需要を拡大したといえる．また，はげ山となった山岳地帯には川はあっても水はない．かつては森林で覆われて水が流れていたと思われる北京の北方に位

置する燕山山脈の谷川も，今は畑の中にあって涸れはてている．森林の消滅は水資源を痩せ細らせている．

　人間は森林から木材をとり，燃料をとり，農地をつくった．森林は消え，広大な畑とはげ山がある．有史以来の長い時間，木材の収穫や耕地の拡大によって得られる価値に比べて失われる森林の価値は小さいものとみなされてきた．しかし，森林を失った今，森林は生活を営む上で最も大切な燃料と水の供給源であったことがわかる．華北北部の農家はそれぞれに高い塀と壮大な門を廻らせ，堅固な住まいと中庭をもち，伝統的な生活環境の整備に関心が高い．しかし，生物群集や森林・河川環境の質的向上にはそれほど関心が払われない．すでに50年近くも見なれてきた景観以外の河川や森林のありさまを想像し，それを現実のものとするために努力することには第二義的にしか意義を見いだしがたいのである．農村社会の経済基盤が変わらないかぎり事情は次世代においても同じであろう．

　森林の破壊は結局のところ人類の生息環境を劣化させ，将来の世代の人々にも大きな負の遺産を残す恐れがあることを華北平原と燕山山脈の例は明らかにしている．もちろんそこには降水量が少ないという条件が決定的に働いていることは明らかで，仮に同じことが行われても降水量の多い日本列島では森林が回復し，生物多様性が維持されたであろう．しかし，地球上には破壊された森林の回復には絶望的なほど長い時間を要し，しかも現実にはそれさえも期待できないところが少なくない．森林のもつ価値の認識は今では世界の共通理解となっている．国連ミレニアム宣言では，自然がもつ多様な価値を将来の世代の人々が享受できる可能性を閉ざさないように，保全と管理という新たな倫理を採用するという決意が表明されている．森林に関連しても①あらゆる種類の森林の管理，保全および持続可能な開発をめざす集団的努力の強化，②生物多様性の保全と砂漠化の防止，③持続不可能な水資源開発の停止，といった項目を課題として挙げている．森林とその環境の保全は倫理的な課題となっている．豊かな降水量に恵まれ，伐採の後に森林が再生することを疑う必要がない日本列島の常識に満足するだけではなく，降水量が少ない国や貧しい国々の状況の改善のために協力できることは何かを考え，行動するべき時が来ている．

5.4.4　環境倫理と環境教育

　環境倫理は地球は一つの生態系であるという自明の事実にもとづくものだから，広く認識され受け入れられるには生態系の営みについての理解が重要であ

る．特に自然と生活とのつながりが希薄になっている，機械化され都市化された社会では環境教育を通して生態系の営みを経験することが重要である．

　環境教育の目標は生態系を構成する生命そのものに価値を見いだし，また個人が生態系の一員としての自覚をもつことにある．そのためには，森林，河川などの生物の種構成と生活の営み，生態系のなかでの生物の役割を経験的に知ることと，また日常生活が地球の生態系のなかでどのような位置にあるかを確認することが重要である．しかし，1人の個人の行動が河川や海の汚染，二酸化炭素の濃度の上昇あるいは石油の埋蔵量の低下などを支配するわけではないため，環境保全のための行動を個人の判断と責任だけにゆだねるなら具体的な成果は現れないだろう．重要なことは，①環境教育によって市民が生態系を構成する生命そのものに価値を見いだし，生命の無意味な殺りくや絶滅に結びつく行為を自制すること，②個人の責任だけでは成果の現れない問題について将来の世代に負の遺産を残すことがないようにと適切な対策を政治と行政に求め，③環境保護のための政策を受け入れることのできる，そういった社会がつくられることである．特に地域の河川や森林の管理のあり方と保全といった生活に密接にかかわる具体的な問題については，環境教育に並行して政治や行政を市民のものとすること，いいかえるなら市民が意志決定し，行動する機関として政治や行政が機能しなければならない．環境教育は個人の生活と社会を変革するためのものであることが忘れられてはならない．
　　　　　　　　　　　　　　　　　　　　　　　　　　　　　（古田公人）

文　　献

1) ヴォロンツォフ, A. И. : 1960（高橋　清訳：森林保護の生態学的基礎，331p，新科学文献刊行会，1965)

環境倫理に関する参考文献
1) 加藤尚武：環境倫理学のすすめ，丸善ライブラリー，226p，丸善，1991
2) 加茂直樹・谷本光男（編）：環境思想を学ぶ人のために，318p，世界思想社，1994

索　引

あ　行

青葉アルコール　61
青葉アルデヒド　61
アカギ　58
アカゲラ　37
アクセスの利便性　278
亜酸化窒素　76
亜酸化窒素収支　76
アセチルコリン　230
アセチルコリンエステラーゼ
　　230
新しい価値観　5, 260
圧縮あて材　88
アナグマ　36
アナモルフ　18, 171
アブジシン酸　147, 151
「尼崎21世紀の森構想」　272
アメリカシロヒトリ　211
アメリカスズカケノキ　58
アラル海　141
亜硫酸ガス　119
アルカロイド　61
アレロパシー　57
暗色雪腐病　172
アンブレラ種　13, 36
アンブロシア・ビートル　28
アンモニア化成　75

異圧葉　97
硫黄酸化物　118
行き詰まり問題　261
石狩川源流原生林　19
一次汚染物質　118
一次菌糸　51
一次性昆虫　206
一次組織　88
1-ナフチルアセトアミド剤
　　233
萎凋病　92
一般名　228
遺伝子給源　44
遺伝子型　53
遺伝資源　46
遺伝子頻度　44
遺伝子プール　44

遺伝子フロー　54
遺伝子流動　45
遺伝的侵食　47
遺伝的組成　44
遺伝的多様性　42
遺伝的浮動　45
遺伝的分化　41
遺伝変異　42
遺伝率　43
伊藤一雄　166
囲繞景観　267
囲繞景観シミュレーション
　　271
イノシシ　35, 225
忌地　58, 186
インドール酪酸剤　232

ウイルス　237
『奪われし未来』　226
雨氷害　158
ウルティソル　76

永久凍土地帯　112
永続的利用法　236
栄養成長　53
営林監督制度　242
益鳥　219
疫病菌　238
エチレン　147
エネルギーの流れ　286
エピセリウム細胞　89
エーロゾル　117
塩害　160
塩基類の損失量　77
エンボリズム　89
塩類化　78, 134
塩類集積　140

横断面　88
オキシソル　76
オキシダント　118
オーキシン　147
オーキシン硫酸塩剤　233
オゾン　118, 124
オニノヤガラ　20
温室効果　63

温暖化　113
温暖化ガス　114
温度環境の異常　148
温度ストレス　148

か　行

開花　102
開芽　102
開芽期の遅延　104
開花積算温度　104
開芽積算温度　104
開芽度　106
害獣　219
外樹皮　88
外生菌根　20, 50
外生菌根菌　51
階層構造　8, 24
　　──の多様度　39
階段造林　159
皆伐　12
外部経済　5, 257
外部不経済　5, 257
カイメンタケ　196
化学的防除　208
拡散抵抗　97
核多角体病ウイルス　237
攪乱　8, 110
攪乱レジーム　10
確率過程　8
家系構造　46
家系変異　45
過耕作　134
過湿環境　144
果実食　31
過湿土壌環境　145
カシノナガキクイムシ　184
可視被害　119
過剰な森林伐採　137
カシ類突然死　183
かすがい連結　18
化石水　143
河川流量の減少　141
仮想評価法　258
褐色腐朽　194
渇水　82
カッピング　95

索引

活力評価 95
仮道管 89
可燃物 113
カーバメイト系化合物 230
河畔林 146
過放牧 133
カメノコロウムシ 212
ガラス状態 152
カラマツカタワタケ 195
カラマツ先枯病 170
顆粒病ウイルス 237
カルボキシレーション 97
枯れ草病理学 166
枯れ下がり 95
干害 157
灌漑農地 140
寒乾(干)害 156
環境教育 290
環境経済学 258
環境・経済勘定システム 5
環境・経済統合勘定 258
環境財 5, 257
環境造林 64
環境の不均一性 8
環境変異 42
環境倫理学 282
環孔材 89
感受性 164
冠水 144
乾性沈着 75
冠雪害 158
感染 164
感染力 164
乾燥化 133
乾燥気候限界理論 132
乾燥帯 132
寒天病理学 166
干ばつ 133, 157
寒風害 156
管理行為 252
管理費用 281

気温変動 107
キクイムシ 27
気孔コンダクタンス 121
キサントフィル回路 99
基準 4
気象災害 2, 155
希少種 12
キジ類 38
傷口材 203
キーストン種 13
寄生 24
寄生菌 18, 163

寄生者 239
寄生バチ 27
木曾の五木 241
キゾメタケ 197
キツツキ類 37
キツネ 36
機能の多様性 27
きのこ 50
キバチ 29
忌避剤 233
キビタキ 37
忌避物質 61
キャビテーション 89, 178
球果・種子昆虫 205
吸汁性昆虫 206, 213
休眠芽 85
強光阻害 98
共生 19, 49
共生菌 18, 163
共生微生物 29
協働型の地域運営 281
強風化土壌 76
極相林 71
巨樹・名木 250
キリ天狗巣病 165
ギルガメシュ叙事詩 256
キンイロアナタケ 197
菌害回避更新論 19
菌害木 19
近交弱勢 46
菌根 19
菌根菌 19
菌糸 51
近親交配 46
菌生菌類 18
禁伐林 241
銀葉病菌 238
菌類 16
　　――の多様性 16

空間採食者 37
「空間」としての価値 275
空中菌類 18
空洞化 89
クエンチング 99
ククメリスカブリダニ 239
クサギカメムシ 166
クマザサ 60
熊沢蕃山 241, 287
クマ剥ぎ 224
クリ胴枯病 166, 256
グリーンGDP 5, 258
クルミ 58
クロロシス 95, 120

クロロフィル(Chl)蛍光 99
クロロフィル計測器 95
クローン林業 47
群集 54
群集構造 27
くん蒸剤 229

景観 262
景観計画 265
景観的価値 263
「景観」としての価値 275
景観ポテンシャル 268
蛍光強度の低下 99
蛍光消光 99
蛍光反応 99
経済協力開発機構 259
経済的被害許容水準 207
形状比 159
形成層帯 88
系統変異 45
外科手術 199
ケッペン 132
堅果 32
原核生物 15
原価法 219
原形質流動の阻害温度 149
現状変更規制 252
原生自然 276
原生自然環境保全地域 244
原生的自然 249
原生動物 238
現地外保全 47
現地内保全 47

コアエリア 245
行為規制 251
公益的機能 64, 257
高温ストレス 148
光化学スモッグ 119
光化学反応 118
黄河の断流 141
公共の福祉 287
抗菌作用 59
光合成生産 62
光合成速度 97
後食 176
後食防止剤 230
降水量 80
後生芽 204
甲虫 22
黄土高原 134, 142
好熱性菌類 18
好濃性菌類 18
コウノトリの巣現象 95

索　引

酵母菌　17
コウモリガ　218
コガラ　38
呼吸　67
呼吸系阻害　229
呼吸系阻害剤　231
呼吸根　146
黒きょう病菌　238
国際生物学事業計画　255
国定公園　245
国内純生産　258
国内総生産　4
国民総生産　258
国立公園　245, 264
国立公園法　242, 264
国連環境計画　136
国連ミレニアム宣言
　5, 255, 289
「こころ」の豊かさ　260
枯草菌　238
個体群　52
個体群動態　24
個体群密度　24
コップタケ　50
コッホの原則　170
古典的生物的防除法　236
コーヒー　58
固有種　12, 249
五葉マツ発疹さび病　166
孤立化　13
コリドー　247
コルク形成層　88
コルク組織　88
根外菌糸体　51
昆虫　239
　──の種数構成　21
　──の多様性　22
昆虫寄生菌類　18
昆虫フェロモン　233
昆虫類　21

さ　行

細菌　237
材質劣化害虫　206
採食習性　37
サイトカイニン　147
細胞外凍結　151, 156
細胞質多角体病ウイルス
　237
細胞内凍結　151, 156
細胞分裂阻害剤　231
サクラ天狗巣病　165
ササラダニ　28
ササ類　32

さし木苗　47
さし木品種　47
殺菌剤　231
雑種強勢　48
殺そ剤　232
殺虫剤　229, 237
殺虫殺菌剤　232
殺虫成分　61
里地・里山　280
砂漠化　132, 148
砂漠化防止　136
砂漠化防止条約　137
砂漠気候　132
サバンナ　132
寒さの害　155
産業革命　256
産業植林　64
散孔材　89
酸性雨　118, 123
酸性降下物　118
酸性霧　129
酸性硫酸塩土壌　78
酸素欠乏　144
産地別開芽フェノロジー
　104
産地別平均開芽度　106
傘伐　12
産卵誘引剤　233

シイ・カシ類　183
ジェネット　52
志賀重昂　262
シクロヘキシミド　171
試験名　228
自己修復機能　111
自己施肥　76
支持根　116
子実体　50, 194
シジュウカラ類　38
市場外経済　257
糸状菌　238
自殖　46
自殖弱勢　46
史蹟名勝天然紀念物保存法
　249
自然
　──とのふれ合い活動
　　278
　──の循環系　261
　──の尊重　5, 255, 283
自然攪乱　111
自然環境保全基礎調査　279
自然環境保全法　242, 244,
　263

自然観察　277
自然公園法　242
自然性の高い森林の保護
　280
自然選択　44
持続可能性　261
持続可能な森林経営　3, 7
湿害　158
膝根　145
湿性沈着　75
湿地化　113
湿地林　146
質的形質　42
質的抵抗性　164
指定施業要件　243
四手井綱英　2
子のう　17
子のう菌類　17
自縛根　200
支払意志額　282
地盤沈下　78
指標　4
指標種　37
指標樹木　102
指標植物　102
師部　88
ジベレリン　147
ジベレリン剤　233
縞枯現象　130
シマサルノコシカケ　197
ジャガイモ疫病　165
社叢・社寺林　251
主因　164, 186
獣害　162
柔細胞　88, 92
周皮　88
受益者負担　280
樹冠　31
樹冠火　115
種間競争　26
種間雑種　48
樹冠遮断量　82
樹幹生活者　37
樹冠層　22
樹幹注入剤　230
種間変異　42
宿主　50
種子散布　33
樹枝状　20
樹脂道　177
樹種選定　11
樹脂流出型病徴　191
種多様性　42
樹洞　39

主働遺伝子 43
樹洞営巣性 39
種内競争 26
種内変異 42
種の絶滅 285
樹木
　——の活力 85
　——の構造 86
　——の生活形 101
　——の生活史段階 11
　——の生理 94
　——の病気 163
樹木医学会 166
樹木衰退 123
種類名 228
純生産量 110
漿果 32
傷害 163
傷害エチレン 179
傷害周皮 92
傷害樹脂道 93, 189
傷害組織 94
傷害に対する反応 92
条件的寄生菌 193
枝葉採食者 37
硝酸化成 75
蒸散速度 97
瀟洒 262
蒸発散量 80
商品名 228
情報伝達物質 61
食根性昆虫 206, 217
植食性昆虫 23
食性ギルド 24
植生自然度 279
食毒剤 229
植物遺体 24
植物寄生性線虫 174
植物季節 102
植物成長調整剤 232
植物測器 107
『植物の種』 165
植物の多様性 8
食物網 27
食物連鎖 27
食葉性昆虫 24, 205, 210
食料供給 32
諸国山川の掟 241
除草剤 232
白井光太郎 165
白神山地 243
シラカンバ 61
枝瘤 203
シロアリ 28

人為攪乱 113
人為災害 2
人為的インパクト 134
真核生物 15
新規加入制限 10
真菌類 16
神経系阻害 229
人口圧 135
人工の循環系 261
心材 92
心材腐朽 194
侵食 133
親水性溶質 151
真性抵抗性 164
浸透性殺虫剤 229
浸透率 44
侵入病害 180
侵略力 164
森林
　——の異質性 40
　——の開発 285
　——の価値 255, 275
　——の健全性 109
　——の生物 285
　——の多面的機能 4, 257
　——の炭素収支 69
　——の分断, 縮小 40
森林火災 114, 153
森林管理 10
森林景観 264
　——の創造 272
森林景観シミュレーション 268
森林警察制度 242
森林構造仮説 9
森林昆虫 25
　——の大発生 27, 208
森林衰退 123
　——の原因 125
森林生態系 7, 110
森林生態系サービス 260
森林生態系保護地域 243, 245
森林施業 220
森林節足動物群集 30
森林帯 112
森林蓄積 82
森林土壌 72
森林病害虫等防除法 2
森林保護 2
森林保護学 1
森林浴効果 62
森林流域の水収支 80
森林・林業白書 256

人類の生息環境 289
水害 144
水源かん養機能 79
水源かん養保安林 243
水質の悪化 143
スイショウ 146
水生菌類 18
衰退度評価 87
垂直抵抗性 164
水分環境の異常 139
水分通道 87
水分通道機能 89
水平抵抗性 164
水没林 144
スギ赤枯病 168
スギカミキリ 206, 214
スギタマバエ 213
スギドクガ 206, 212
スギノアカネトラカミキリ 206, 214
スギの衰退 125
スギノハダニ 213
ステップ 132
ステップ気候 132
砂除林 241
巣山 241

制圧植物 62
生活環 51
生合成阻害 231
生食連鎖 27
生態系サービス 7, 258
生態的回廊 247
生態的多様性 42
生態的地位 9
生態変異 45
セイタカアワダチソウ 57
成長期間の変動 107
生物学的種 171
生物活性物質 57
「生物環境」としての価値 275
生物間相互作用 7
生物5界説 15
生物災害 2
生物資源量 255
生物生産 67
生物多様性 3, 7, 42
生物多様性消失 13
生物的因子 163
生物的防除 208
生物農薬 236
　——の特徴 236

索引　　　　　　　　　　　　　　　　　　　　295

生物の自然発生説　165
生物被害　161
青変菌　29
生理活性診断法　85
世界遺産　243
世界遺産条約　245
世代交代　110
雪圧害　158
雪害　158
接触剤　229
摂食阻害物質　61
摂食様式　205
接線断面　88
節足動物　23, 30
絶滅危惧種　12
絶滅の確率　14
セラード　132
セルロース　28, 194
穿孔性昆虫　174, 206, 214
潜在的遺伝資源　47
漸進的大発生　209
選択性除草剤　232
線虫　239
線虫寄生菌類　18
剪定　203

素因　165, 186
藻菌類　16
早材　89
早生樹の短伐期施業　76
霜輪　156
ゾーニング　11

た　行

第一次森林法　2
耐乾性　135
大気汚染　118, 123
帯状伐採　12
対照流域法　81
滞水　144
帯水層　141
堆積腐植層　73
代替法　258
耐凍性　156
ダイバック　95
耐病性　164
対立遺伝子　52
タイワンリス　225
耕して天まで昇る　137
他感作用物質　57
他感物質　57
択伐　12
立枯病　168
脱窒　76

脱皮阻害　229
ダニ　239
タヌキ　36
多面的機能の定量評価　259
田山　241
多様性を有した森林　277
単一クローン　47
担子器　18
担子菌　50
担子菌類　18
担子胞子　18
単相　51
炭素固定　97
炭素循環　70
炭素貯留　73
炭疽病菌　238
タンニン　61
断片化　13

地域
　——の自然　281
　——の住民　281
　——のシンボル　253
地域品種　47
地域別開芽フェノロジー　107
地域レベル（マクロ）　265
地域レベル（ミクロ）　265
地域レベル（メソ）　265
チウロコタケモドキ　195
地下水の減少　142
地下水盆　141
地下部ジェネット　54
地球温暖化　152
地球上のバイオマス　255
地球生態系　284
地球生態系サービス　258
地区レベル　265
地上生活者　38
地中火　115
窒素化合物　118
窒素含量　95
窒素給源　75
窒素計測器　97
窒素飽和　75
地点レベル　266
地表火　115
地表攪乱　12
チャアナタケモドキ　195
虫えい昆虫　206, 213
虫害　162, 205
中規模攪乱説　10
鳥獣害　219
眺望景観　267

眺望景観シミュレーション　269
鳥類　37, 219
貯食　33
チリカブリダニ　239
地理変異　45
沈降圧　158
『沈黙の春』　226

通気組織　145
通水阻害　178
通道阻害　186
通道要素　89
ツキノワグマ　31, 224
ツチアケビ　20
ツノロウムシ　212

低温　150
低温害　155
低温ストレス　150
抵抗性　164
　——の変異　43
泥炭層　158
適応度　9
適応放散　23
適地適木　11
デザイン　266
跌宕　262
テーマコミュニティ　278
デモグラフィー　10
デリス　61
テレオモルフ　18, 171
テン　36
電子受容体　99
展着剤　233
天敵　12
天敵生物　236
天敵農薬　237
天然記念物　247
　——の指定基準　248
天然記念物エコ・ミュージアム　253
天然記念物保存管理計画　253
天然更新　19
天然保護区域　250
天然林　285

踏圧防止　203
等圧葉　97
凍害　155
ドウガネブイブイ　217
胴枯れ枯死　183
道管　89

凍結 151
ドウダンツツジ 59
トウヒの窓 95
洞爺丸台風 19
糖類 151
凍裂 156
特異的抵抗性 164
特殊植物 134
特定保安林 242
特別地域 245
特別防除 180
特別保護地区 245
都市化 124
土砂崩壊防備保安林 243
土砂流出防備保安林 243
土壌
　——の水分過剰 144
　——の地球的炭素循環への
　　寄与 72
土壌菌類 18
土壌層 24
土壌炭素 70
土壌炭素蓄積速度 74
土壌保全 72
土壌有機炭素 74
土壌流亡予測式 77
土壌劣化 78
突然変異 44
トップダウン効果 86
トップダウン調節 25
トドマツキクイムシ 19
トビムシ 28
留木 241
留山 241
トラベルコスト法 258
鳥の多様度 39
トリュフ 19

な 行

内外生菌根 20
内樹皮 88
内生菌根 20
内生菌根菌 17
苗立枯病 168
なだれ害 158
ナラ・カシ類萎凋病 181
ナラタケ 20
ならたけ病 171
ナラ類
　——の萎凋枯死 184
　——の衰退 181
二酸化硫黄 123
二酸化炭素 63, 70, 114

二次汚染物質 118
二次菌糸 51
二次性昆虫 206
二次遷移 116
二次組織 88
二次代謝物質 92
二次的自然 249
二次的な森林環境 280
　——の保全 280
ニッチ 9
ニホンカモシカ 223
ニホンキバチ 216
ニホンザル 32, 225
ニホンジカ 33, 222
『日本風景論』 262
乳化病菌 238
ニレ立枯病 166, 257
人間と生物圏計画 245

ヌマスギ 145
沼田大學 1

根株腐朽 194
根株腐朽菌 116
ネクロシス 120
熱ショックタンパク質 149
粘菌類 16
年流出量の減少 81
年流出量の増加 81

農業環境指標 259
農業総生産 260
ノウサギ 35
野ウサギ類 224
のう状 20
農薬 226
　——の安全性 226
　——の種類 229
農薬の利用法 236
農薬取締法 227
野ネズミ類 224

は 行

バイオマス 63, 255
排出規制 119
白きょう病菌 238
白色腐朽 194
ハクビシン 225
パーク・ビートル 29
はげ山 241
パスツール 165
伐期 12
発病 164
発病力 164

バッファゾーン 245
ハーディ・ワインベルクの法
　則 44
ハナイグチ 54
パルス蛍光測定法 99
ハルティッヒネット 20
ハールテッチ 165
半乾燥地 135
晩材 89
繁殖管理 48
ハンノキ 145
ハンノキキクイムシ 216
パンパ 132

美 262
火入れ 110
被害額の算定 219
ヒガラ 38
光飽和域 98
被災頻度 114
被食量 26
非生物的因子 163
微生物農薬 237
微生物病原説 165
微生物防除 208
非選択性除草剤 232
皮層 88
肥大成長 86
肥大皮目の発達 145
ヒタキ類 37
引張あて材 88
ヒートアイランド現象 126
非特異的抵抗性 164
人と自然との関係性 249
ヒノキアスナロ漏脂病 187
ヒノキカワモグリガ 206
ヒノキチオール 60
ヒノキとっくり病 186
ヒノキ漏脂病 187
非平衡的状態 10
ヒメコガネ 217
雹害 159
病害 162
病気 161
病原 163
病原性 164
　——の変異 43
表現型 44
病原力 164
費用対効果分析手法 257
標徴 164
病徴 164
病理学的伐期 198
ピレスロイド系殺虫剤 230

索　引

ファイトアレキシン　60
ファイトプラズマ　165
ファイトメータ　107
ファシディウム雪腐病　172
風害　116, 124, 159
風害木　19
フェノロジー　26, 101
不可視被害　120
腐朽害　193
複合クローン　47
複合病害　186
腐植物質　73
腐食連鎖　27, 68
腐生菌　18, 163
物質循環　286
物質フロー　51
フッ素化合物　118
物理的防除　208
不定根
　　――の形成　145
　　――の誘導　203
ブナアオシャチホコ　209
ブナの天然更新　168
フライングエフェクター　231
フラス　184
フランク　19
ふれ合い活動の場　274
ブレーシング　203
プレッシャチェンバー法　100
プレーリー　132
プロリン　151
分解　67
分解速度　68
文化財　249
文化財保護法　249
文化的景観　276
分子生態学　42, 52
糞生菌　18
分布変異　45
分裂組織　87

ベイモミ　60
ベッコウタケ　193
ヘドニック法　258
変換効率　68
変形菌類　16
辺材腐朽　195

保安施設事業　242
保安林　242
保安林制度　242

保安林整備臨時措置法　242
ホイッタッカー　15
防御層　201
防御能力　86
防御反応　92
胞子　51
胞子のう胞子　17
放射断面　88
法定病害虫等　161
放牧圧　135
保健保安林　243
匍行圧　158
保護林　243
保護林制度　243
母樹保残　12
圃場抵抗性　164
捕食　24
捕食者　27, 239
保全　161
保存管理計画　252
北方林　112
ボトムアップ効果　86
ボトムアップ調節　25
哺乳類　31, 219
ポリジーン　43
ボルドー液　168
ホワイトオーク　182

ま　行

マイカンギア　184
マイクロカプセル化農薬　231
マイクロサテライト　54
マイクロサテライトDNA　41
マイマイガ　210
マーカー　53
膜脂質の流動性　150
マツ枯れ　174
マツカレハ　206, 210
マツ枯れ防除　179
松くい虫被害　174, 215
松くい虫被害跡地造林　187
松くい虫防除特別措置法　180
マツこぶ病　165
マツ材線虫病　167, 174, 215, 257
マツタケ　179
マツノザイセンチュウ　174
マツノマダラカミキリ　174, 215
マツハバノタマバエ　213
マニヨン　166

マングローブ林　144

幹の過剰肥大　146
幹腐朽　194
実生苗　47
水環境　141
水欠乏ストレス　144
水資源　139
水ストレス　126
水対策　148
水伝導制限　100
水野目林　241
水保全機能　79
水ポテンシャル　126
水問題　139
水利用　140
溝腐症状　195
溝腐病　168
緑のダム　240
緑の地球仮説　25
南根腐病　197
宮部金吾　165
三好學　249

無機化　75
ムササビ　31, 225
無性世代　18

メジロ　37
メタセコイア　146
メタン　114
メラルーカ　58
免疫性　164
メンデル集団　44

木材腐朽菌　193
木材腐朽菌類　18
木部　88
木部樹液　89
木部母細胞　88
モミサルノコシカケ　195
モモンガ　31
モントリオール・プロセス　4, 111

や　行

屋久島　243
ヤチダモ　145
ヤツバキクイムシ　19, 216
ヤツバキクイムシ被害　131
山火事更新　153
ヤマガラ　38
ヤマドリ　38
ヤマネ　31

ヤンツェン-コンネル仮説　9

誘因　164, 186
誘引剤　233
誘引捕殺剤　234
有機塩素系殺虫剤　230
有機炭素蓄積量　69
有機物の分解　73
有機リン殺虫剤　230
有性世代　18
有性繁殖　53
遊走子　16
有蹄類　33
誘導防御　86
ユーカリ　66
ユーカリ類　58
雪腐病　19, 172

葉食　31
　——の変化　95
葉面積指数　83
葉緑体チラコイド膜　149
予測収益との差額　219
予防原則　110

ら 行

ライブオーク　182
落葉層分解菌類　18
落葉・腐食層　24

リグニン　28, 194
リグノチューバー　153
リーケージ　64
リス　31
リター　24
立地環境　82
立地環境因子　186
流域保安林　243
硫化水素　119
流況曲線　82
流出量　80
量的形質　43
量的抵抗性　164
緑化樹　142
林縁効果　14
林業的防除　207
林業と自然保護に関する検討
　　委員会報告　4
林業被害　219
林業用薬剤　228
リン酸　51
リン酸欠乏　95
鱗翅目　27
林地開発許可制度　241

林道の開設　131
リンネ　15
林木育種　48

「歴史・文化」としての価値
　275
レクリエーション　275
劣化　133
レッドオーク　181
連作障害　186

漏脂型病徴　191
ロケーション　265
ロッタリーモデル　9

わ 行

わい化剤　232
碗化症状　95

A

A_0 層　73
Amblyseius cucumeris　239
arbuscular 菌根　20
Armillaria mellea　166

B

Bacillus subtilis　238
Bacillus thuringiensis　238
Beauveria bassiana　238
Bt　238
BT剤　238
Bursaphelenchus xylophilus
　174

C

CCD　137
Chondrostereum purpurea
　238
C:N 比　75
CODIT モデル　201
Colletotrichum gloesporioides
　238
CPV　237
CVM　258

D

DNA 多型マーカー　55
DNA 分子マーカー　41

E

Endogone 属　16

F

Forest Health　3

Forest Plants and Forest
　　Protection　3

G

GDP　4
GNP　5, 258
GV　237

H

Heterobasidion annosum　166
Heterorhabditis 属　239
HSP　149
HSS 仮説　25

I

IBP　255
ICP-Forests　123
ISSR　53
ITS　55
IUFRO　3

L

LAI　83

M

MAB 計画　245
Metarhizium anisopliae　238
Monochamus alternatus　174

N

NDP　258
NO_x　124
NPV　237

O

OECD　260

P

PCR　55
Phytophthora palmivora　238
Phytophthora ramorum　183
Phytoseiulus persimilis　239
P-V 曲線法　100

R

Raffaelea quercivora　185
Rubisco　97
RuBp 再生産速度　97

S

SFM　4
SO_x　125
SPAD　95
"Species Plantarum"　165

SSR 53
Steinernema 属 239

T

"The Dictionary of Forestry"
2
"Tree Disease Concepts" 166

U

UNEP 136
USLE 77

編著者紹介

鈴木　和夫（すずき　かずお）

1944年水戸市生まれ．1973年東京大学大学院農学系研究科博士課程修了．
農林省林業試験場（現森林総合研究所）を経て，1989年東京大学農学部教授，1996年同大学院農学生命科学研究科教授．その間，カナダ環境省客員研究員，アルバータ大学客員教授，東京大学総長補佐，東京大学評議員，日本学術会議会員．
専攻は森林植物学および森林保護学．現在，森林・樹木の営みをテーマに，ストレスの森林・樹木に及ぼす影響および樹木と菌根菌との共生を研究テーマとしている．樹木医学会会長，日本林学会会長，国際森林研究機関連合（IUFRO）理事．
主な編著書に「森の百科」（朝倉書店），「樹木医学」（朝倉書店），「生物の多様性と進化」（朝倉書店），「森林の百科事典」（丸善），「森林保護学」（文永堂），「新編樹病学概論」（養賢堂），"Defense Mechanisms of Woody Plants Against Fungi"（Springer-Verlag），"Pathogenicity of the Pine Wood Nematode"（APS Press）など．

森 林 保 護 学

定価はカバーに表示

2004年4月1日　初版第1刷
2019年7月25日　　　第8刷

編著者　鈴　木　和　夫
発行者　朝　倉　誠　造
発行所　株式会社　朝　倉　書　店

東京都新宿区新小川町6-29
郵便番号　162-8707
電話　03(3260)0141
FAX　03(3260)0180
http://www.asakura.co.jp

〈検印省略〉

© 2004〈無断複写・転載を禁ず〉　シナノ・渡辺製本

ISBN 978-4-254-47036-9　C 3061　Printed in Japan

JCOPY　<出版者著作権管理機構　委託出版物>

本書の無断複写は著作権法上での例外を除き禁じられています．複写される場合は，そのつど事前に，出版者著作権管理機構（電話 03-5244-5088, FAX 03-5244-5089, e-mail: info@jcopy.or.jp）の許諾を得てください．

好評の事典・辞典・ハンドブック

火山の事典（第2版）	下鶴大輔ほか 編	B5判 592頁
津波の事典	首藤伸夫ほか 編	A5判 368頁
気象ハンドブック（第3版）	新田 尚ほか 編	B5判 1032頁
恐竜イラスト百科事典	小畠郁生 監訳	A4判 260頁
古生物学事典（第2版）	日本古生物学会 編	B5判 584頁
地理情報技術ハンドブック	髙阪宏行 著	A5判 512頁
地理情報科学事典	地理情報システム学会 編	A5判 548頁
微生物の事典	渡邉 信ほか 編	B5判 752頁
植物の百科事典	石井龍一ほか 編	B5判 560頁
生物の事典	石原勝敏ほか 編	B5判 560頁
環境緑化の事典	日本緑化工学会 編	B5判 496頁
環境化学の事典	指宿堯嗣ほか 編	A5判 468頁
野生動物保護の事典	野生生物保護学会 編	B5判 792頁
昆虫学大事典	三橋 淳 編	B5判 1220頁
植物栄養・肥料の事典	植物栄養・肥料の事典編集委員会 編	A5判 720頁
農芸化学の事典	鈴木昭憲ほか 編	B5判 904頁
木の大百科［解説編］・［写真編］	平井信二 著	B5判 1208頁
果実の事典	杉浦 明ほか 編	A5判 636頁
きのこハンドブック	衣川堅二郎ほか 編	A5判 472頁
森林の百科	鈴木和夫ほか 編	A5判 756頁
水産大百科事典	水産総合研究センター 編	B5判 808頁

価格・概要等は小社ホームページをご覧ください。